职业教育教学用书

Office 2010 综合实训

许昭霞 主 编

王阿芳 陈顺新 吕彩哲 副主编

電子工業出版社
Publishing House of Electronics Industry
北京・BEIJING

内 容 简 介

本书是全国职业学校计算机技术专业的系列教材之一，依据《中等职业学校计算机应用专业教学标准》，以及高职单招对口计算机类联考专业能力测试、职业技能测试考试大纲组织编写。

全书分为 9 章和 3 个综合练习，详细介绍常用办公软件文字处理（Word）、电子表格（Excel）和幻灯片（PowerPoint）的基本知识、常用功能和使用技巧，并配有丰富的练习题和翔实的解析。为了适用于教学，本书对经典理论题型（选择、判断、填空）进行了列举和解析，同时辅以大量的理论同步练习来提高学生的理论水平；使经典实操题型在题型描述、要点分析、上机指导中逐层铺开，同时辅以大量的实操综合练习来提高学生的实操能力。全书内容丰富翔实，语言浅显易懂，注重实用性和可操作性。

本书除了可以作为中等职业学校计算机应用专业教材，还可以作为计算机类对口高考的实训教材。

图书在版编目（CIP）数据

Office 2010 综合实训 / 许昭霞主编. —北京：电子工业出版社，2024.2

ISBN 978-7-121-47228-2

Ⅰ. ①O… Ⅱ. ①许… Ⅲ. ①办公自动化—应用软件—职业教育—教材 Ⅳ. ①TP317.1

中国国家版本馆 CIP 数据核字（2024）第 032755 号

责任编辑：郑小燕　　文字编辑：张志鹏
印　　刷：三河市鑫金马印装有限公司
装　　订：三河市鑫金马印装有限公司
出版发行：电子工业出版社
　　　　　北京市海淀区万寿路 173 信箱　邮编　100036
开　　本：880×1 230　1/16　印张：13.5　字数：311 千字
版　　次：2024 年 2 月第 1 版
印　　次：2024 年 2 月第 1 次印刷
定　　价：39.80 元

凡所购买电子工业出版社图书有缺损问题，请向购买书店调换。若书店售缺，请与本社发行部联系，联系及邮购电话：（010）88254888，88258888。

质量投诉请发邮件至 zlts@phei.com.cn，盗版侵权举报请发邮件至 dbqq@phei.com.cn。

本书咨询联系方式：（010）88254550，zhengxy@phei.com.cn。

前言 PREFACE

Office 是应用广泛的办公软件套装，Word、Excel 和 PowerPoint 是其中使用度最高的 3 款软件，能够制作各种文档、电子表格和演示文稿，可以完成大部分的文字处理工作。本书的编写以职业教育培养实用型人才和熟练操作人员为依据，重点介绍 Word、Excel 和 PowerPoint 的常用功能和使用技巧，培养学生应用 Office 解决工作与生活中实际问题的能力，使学生具有初步应用计算机进行现代化办公的能力，为学生职业生涯的发展奠定基础。本书可作为高职单招对口升学计算机类考试的实训教材，可以有效地提升学生的应试能力。

本书分为 9 章和 3 个综合练习，涵盖考试大纲中的所有知识点与技能点。第 1～5 章详细介绍了 Word 2010 的常用功能与使用技巧，包括 Word 2010 基础、排版与打印、图形对象、表格处理、高级应用；第 6～8 章深入浅出地介绍了 Excel 2010 的常用功能与使用技巧，包括 Excel 2010 基础、复杂计算、图表对象；第 9 章具体介绍了 PowerPoint 2010 基础。

本书面向职业学校的学生，在内容编排上删繁就简、突出可操作性；在说明方法上尽量做到简单明了、通俗易懂，并侧重于实践应用，符合社会需要。为了有效地提升学生的应试能力，本书包含丰富的理论题和实操题，有利于学生对知识的掌握和技能水平的巩固提升。

本书的教学参考学时为 108 学时，每学期按 18 周计算，每周 6 学时。

参加本书编写工作的有河北资源环境职业技术学院的许昭霞老师、石家庄电子信息学校的王阿芳、陈顺新、吕彩哲、刘伟、刘苑、魏小平等老师，还有河北科技大学澳联大信息工程学院的李梦瑶老师和香港大学的郝乐欣同学，以及石家庄工程技术学校的李穆娟老师，全书由许昭霞老师进行统编。

由于编者水平有限，书中难免出现疏漏和不足之处，恳切希望广大读者批评指正。

编　者

CONTENTS | 目录

Word 2010 基础

技能目标

- 掌握 Office 2010 启动与退出的方法。
- 掌握文档创建及保存的方法和技巧。
- 掌握输入字符的方法。
- 掌握利用鼠标或键盘移动光标的方法和技巧。
- 掌握将光标快速定位到书签的方法。
- 掌握插入超链接的方法。
- 掌握利用鼠标选中文本的方法和技巧。
- 掌握利用键盘选中文本的方法和技巧。
- 掌握移动、复制、删除和改写文本的方法。
- 掌握查找/替换文本的方法和技巧。

经典理论题型

一、选择题

1．在 Word 2010 中，下列有关保存文档操作的说法正确的是（　　）。

A．必须通过选择“保存”选项或单击“保存”按钮对文档进行保存

B．Word 自动保存的时间间隔不能改变

C．Word 没有自动保存功能

D．可以在“Word 选项”对话框中设置自动保存的时间间隔

题型解析：在 Word 2010 中，文档既可以通过选择“文件”选项卡中的“保存”选项或单击“快速访问”工具栏中的“保存”按钮进行保存，也可以通过 Word 自动保存功能进行保存。自动保存的时间间隔可以通过选择“文件”选项卡中的“选项”选项，在打开的“Word 选项”对话框中进行设置。因此，答案为 D。

2．在 Word 2010 中，下列有关查找操作的说法正确的是（　　）。

A．在查找时，既可以无格式进行查找，也可以带格式进行，还可以查找一些特殊的非打印字符

B．在查找时，只能带格式进行查找

C．在查找时，只能在整个文档范围内进行查找

D．在查找时，既可以无格式进行查找，也可以带格式进行查找，但不能查找一些特殊的非打印字符

题型解析：在 Word 2010 中，单击“查找”按钮时，既可以无格式进行查找，也可以带格式进行查找，还可以查找一些特殊的非打印字符，所以 B、D 错；查找范围既可以是整个文档，也可以是选定区域，所以 C 错。因此，答案为 A。

3．在 Word 2010 中，下列关于剪贴板的说法错误的是（　　）。

A．“剪切”是将选中的内容存放在剪贴板中并从文档中删除

B．“粘贴”是将剪贴板中的内容粘贴到当前光标所在的位置

C．在 Word 2010 中，剪贴板可以存储 24 项剪贴内容

D．剪贴板是内存中的一块区域

题型解析：在 Word 2010 中，剪贴板可以存储 24 项剪贴内容。因此，答案为 C。

二、判断题

1．在 Word 2010 中，在文档的任意位置三击鼠标都可以选中全文。（　　）

题型解析：只有在文档的文本选定区内三击鼠标才能选中全文，而在段落内三击鼠标只能选中本段落。因此，该叙述错误。

2．在 Word 2010 中，如果需要复制被选定的文字，那么在按住【Ctrl】键的同时用鼠标将其拖动到目标位置，即可完成文字的复制。（　　）

题型解析：在 Word 2010 中，若要复制被选定的文字，则应在按住【Ctrl】键的同时用鼠标将其拖动到目标位置，然后先松开鼠标再松开【Ctrl】键，才能完成文字的复制。因此，

该叙述错误。

三、填空题

1. 在 Word 2010 中，若要打开最近使用过的文档，则可以选择“文件”选项卡中的__________选项。

题型解析：在 Word 2010 中，若要打开最近使用过的文档，则可以选择“文件”选项卡中的“最近所用文件”选项，在出现的列表中可以快速查找最近使用过的文档。因此，本题答案为“最近所用文件”。

2. 在 Word 2010 中，最接近打印效果的视图是________。

题型解析：在 Word 2010 中，“页面视图”可以显示文档的打印结果外观，可显示的元素主要包括页眉、页脚、图形对象、分栏设置、页面边距等，是最接近打印效果的视图。因此，答案为“页面视图”。

理论同步练习

一、选择题

1. 在下列关于打开 Word 2010 文档的方法中，叙述错误的是（　　）。

A. 在 Word 2010 中，选择“文件”选项卡中的“打开”选项

B. 在 Word 2010 中，按下【Ctrl+O】组合键

C. 在 Word 2010 中，选择“文件”选项卡中的“新建”选项

D. 双击要打开的 Word 文档的图标

2. Word 2010 不能保存的文档类型是（　　）。

A. Word 文档　　B. HTML 文档

C. Word 97-2003 文档　　D. PSD 文档

3. 在 Word 2010 的编辑状态下，当工具栏中的“剪切”和“复制”按钮呈灰色时，表明（　　）。

A. 没有选定任何对象　　B. 选定的文本内容太长

C. 剪贴板上已经存放了信息　　D. 选定的对象为非文本

4. 在 Word 2010 的编辑状态下，对打开的文档 att.docx 进行编辑，选择“文件”选项卡中的“另存为”选项，将其保存为 new.docx 后，下列说法正确的是（　　）。

A. 文档 att.docx 中的内容不变，编辑后的内容保存在文档 new.docx 中

B. 文档 att.docx 改名为 new.docx

C．文档 att.docx 被删除，编辑后的内容保存在文档 new.docx 中

D．文档 att.docx 中的内容被文档 new.docx 的内容所覆盖

5．在 Word 2010 的默认状态下，将鼠标移至文本选定区，单击后可以选择的文本是（　　）。

A．一个词或一个词组　　B．一行

C．一段　　D．全文

6．在 Word 2010 的编辑状态下，若再次执行复制操作，则剪贴板中（　　）。

A．仅有第一次被复制的内容

B．仅有第二次被复制的内容

C．第一次复制的内容被第二次复制的内容覆盖

D．有两次被复制的内容

7．在 Word 2010 中，在执行“替换”命令时，不能查找的是（　　）。

A．分段符　　B．分节符　　C．项目符号　　D．制表符

8．在 Word 2010 中，在进行复制操作时，按下的组合键是（　　）。

A.【Ctrl+N】　　B.【Ctrl+C】　　C.【Ctrl+V】　　D.【Ctrl+O】

9．在 Word 2010 的编辑状态下，若要把选定的文字移动至其他文档中，则首先应单击的按钮是（　　）。

A．剪切　　B．粘贴　　C．复制　　D．格式刷

10．在 Word 2010 中，在执行“查找”命令时，如果查找的内容是“Jan”，但是“January”没有被查到，那么可能是勾选了（　　）复选框。

A．使用通配符　　B．区分大小写

C．全字匹配　　D．同音（英文）

二、判断题

1．在 Word 2010 中，打开文档是指将文档的内容从磁盘中调入内存并在屏幕上显示。（　　）

2．在 Word 2010 的编辑状态下，能显示水平标尺的一定是“页面视图”。（　　）

3．在 Word 2010 中，单击“开始”选项卡中的“编辑”选区中的“查找”按钮可以打开“查找和替换”对话框。（　　）

4．在 Word 2010 的编辑状态下，可将当前文档另存为纯文本（txt）格式。（　　）

5．Word 2010 的页面视图是以网页的形式来显示文档中的内容的。（　　）

6．在利用拖放法复制文本时，光标移至目标位置后，既可以先松开鼠标，也可以先松开【Ctrl】键。（　　）

7．为了快速定位，可以在相应的位置插入书签。（ ）

8．在 Word 2010 中，若要选取竖块文本，则需要在按住【Ctrl】键的同时利用鼠标拖出一块矩形区域。（ ）

9．按下【Ctrl+Space】组合键可以进行中文和英文输入法的切换。（ ）

10．在“自动更正”对话框中，可以设置句首字母大写。（ ）

三、填空题

1．在 Word 2010 中，在保存文件时，若保存类型选择“Word 文档”选项，则文件的扩展名是____________。

2．在 Word 2010 中，在__________视图下，分页符以水平虚线方式显示。

3．在 Word 2010 中，若将当前文件“old.docx”另存为“new.docx”文件，则当前打开的文件名为___________。

4．Word 2010 的操作界面采用__________和__________来代替 Word 2003 的菜单模式。

5．关闭 Word 2010 的程序窗口，可以选择__________选项卡的“退出”选项。

6．在 Word 2010 的编辑状态下，单击“段落”功能区的__________按钮可以打开“段落”对话框。

7．单击 Word 2010 的__________选项卡中的“剪贴板”功能区的扩展按钮，可以打开__________。剪贴板最多可以存储_______项剪贴内容。

8．在 Word 2010 中，单击工作窗口状态栏的“页面”按钮，会弹出__________对话框；单击“字数”按钮，会弹出__________对话框。

9．执行撤销操作可以使用的组合键是__________，也可以在__________单击“撤销”按钮进行撤销。

10．在 Word 2010 中，若要执行查找和替换操作，则可以使用的通配符有__________和__________，其中__________表示一个任意字符，__________表示若干个任意字符。

经典实例

实例 1 通过替换功能改变指定范围内文字的字体

实例描述

本实例分为三项内容。第一，新建一个空白文档，录入样文，并选中要改变文字字体的

范围（第 2 段）；第二，通过“替换”功能，将第 2 段中的文字“楷书”的字体设置为楷体；第三，将文档保存在 D 盘根目录下，文件名为“test.docx”。实例 1 的效果图如图 1-1 所示。

楷　书

楷书也叫正楷、真书、正书，《辞海》解释其“形体方正，笔画平直，可作楷模”，故名楷书。

楷书是我国封建社会魏、晋、南北朝到唐朝最为流行的一种书体。在楷书出现之前，我国已经出现了大篆、小篆和隶书三种书体。如今一般所说的楷书，是从汉隶逐渐演变而来的，其按照时期划分，可分为魏碑和唐楷。魏碑是指魏、晋、南北朝时期的书体，它可以说是一种从隶书过渡到楷书的书体。而狭义的楷书则是指唐朝以后逐渐成熟起来的唐楷，我们常说的楷书四大家“颜柳欧赵”，前三个就在唐朝。到了唐末，楷书已发展到顶峰，风格过于规整，于是其发展开始逐渐走下坡路。

如果说魏、晋是楷书的初始阶段，唐是楷书的成熟阶段，那么宋、元就是楷书的延伸阶段。唐朝楷书法度森严、结构严谨，到了宋、元时期，书法家们开始追求作品的美感，有的清秀俊朗，有的雍容典雅。

清朝的楷书以邵瑛所著的《间架结构摘要九十二法》为代表，在清末及民国初年达到家喻户晓、人手一册、学书之人案头必备的程度，至今仍有广泛影响力。

图 1-1　实例 1 的效果图

要点分析

本实例需要首先新建文档，并录入样文。然后选中第 2 段，将其中的文字“楷书”的字体设置为楷体。最后保存文档。

上机指导

操作过程分为“新建文档，录入样文并选中第 2 段”“替换指定文字字体为楷体”两个步骤进行。

步骤 1　新建文档，录入样文并选中第 2 段。

（1）在 Word 2010 中，首先选择“文件”选项卡的“新建”选项。然后双击“空白文档”按钮或单击“空白文档”按钮后，单击“创建”按钮。

（2）录入样文。

楷　书

楷书也叫正楷、真书、正书，《辞海》解释其“形体方正，笔画平直，可作楷模”，故名楷书。

楷书是我国封建社会魏、晋、南北朝到唐朝最为流行的一种书体。在楷书出现之前，我国已经出现了大篆、小篆和隶书三种书体。如今一般所说的楷书，是从汉隶逐渐演变而来的，其按照时期划分，可分为魏碑和唐楷。魏碑是指魏、晋、南北朝时期的书体，它可以说是一种从隶书过渡到楷书的书体。而狭义的楷书则是指唐朝以后逐渐成熟起来的唐楷，我们常说的楷书四大家"颜柳欧赵",前三个就在唐朝。到了唐末,楷书已发展到顶峰,风格过于规整,于是其发展开始逐渐走下坡路。

如果说魏、晋是楷书的初始阶段,唐是楷书的成熟阶段,那么宋、元就是楷书的延伸阶段。唐朝楷书法度森严、结构严谨,到了宋、元时期,书法家们开始追求作品的美感,有的清秀俊朗,有的雍容典雅。

清朝的楷书以邵瑛所著的《间架结构摘要九十二法》为代表,在清末及民国初年达到家喻户晓、人手一册、学书之人案头必备的程度,至今仍有广泛影响力。

(3)选取替换的范围(第2段)。

方法1:将光标放在第2段起始位置,按住鼠标左键并拖动鼠标,将光标移至第2段的段末。

方法2:将光标放在第2段起始位置,按住【Shift】键并在第2段单击。

方法3:将光标放在第2段的任意位置,三击。

方法4:将光标放在第2段第1行左侧,按住鼠标左键并在选取第1行的同时向下拖动鼠标,将光标移至第2段的段末。

方法5:将光标放在第2段左侧的空白处,双击。

步骤2 替换指定文字字体为楷体。

(1)打开"查找和替换"对话框。单击"开始"选项卡中的"编辑"功能区的"替换"按钮或按下【Ctrl+H】组合键,即可打开"查找和替换"对话框。

(2)在"查找和替换"对话框的"查找内容"文本框中输入"楷书"。

心灵手巧: 如果"查找内容"文本框中的字符与"替换为"文本框中的字符内容相同,那么"替换为"文本框中的内容可以为空。

(3)设置要替换的字体。确保光标在"替换为"文本框中,单击"替换"选区的"格式"下拉按钮,在下拉列表中选择"字体"选项,弹出"查找字体"对话框,在"中文字体"列表框中选择"楷体"选项,单击"确定"按钮,返回"查找和替换"对话框。

(4)完成替换。单击"全部替换"按钮,显示"共替换7处",并提示"是否搜索文档的其余部分",因为需要替换的是指定范围内的文字,所以此时应单击"否"按钮,然后单击"关闭"按钮,关闭"查找和替换"对话框。

(5)保存文档。选择"文件"选项卡中的"另存为"选项,打开"另存为"对话框,在"文件名"文本框中输入"test",在"保存类型"下拉列表中选择"Word 文档"选项,单击"保存"按钮,关闭对话框。

实例 2　利用通配符实现模糊查找，利用超链接实现光标快速定位

实例描述

- 新建一个文档，设置文档的自动保存时间间隔为 15 分钟，并录入样文。
- 将文档正文的第 3 段和第 4 段交换位置。
- 将文档中的“星型”利用查找替换操作更正为“星形”，利用同样的方法将“环型结构”“环星结构”“环状结构”更正为“环形结构”。
- 将文档第 1 段中的“星形结构”“环形结构”“总线型结构”“网状结构”分别超链接到第 2 段、第 3 段、第 4 段和第 5 段。
- 将编辑好的文档命名为“网络拓扑结构”进行保存；给文档加密，密码为“test”。

实例 2 的效果图如图 1-2 所示。

网络拓扑结构

网络拓扑结构是指用传输媒体互连各种设备的物理布局方式，即把网络中的计算机等设备连接起来的方式。网络的拓扑结构有很多种，主要有星形结构、环形结构、总线型结构、网状结构等。

星形结构　星形结构是指各工作站以星形方式连接成网。网络有中央节点，其他节点（工作站、服务器）都与中央节点直接相连，这种结构以中央节点为中心，因此又称为集中式网络。星形拓扑结构便于集中控制，因为端用户之间的通信必须经过中心站。这一特点也为其带来了易于维护和安全等优点。端用户设备因为故障而停机时也不会影响其他端用户间的通信。同时星形拓扑结构的网络延迟时间较小，系统的可靠性较高。但这种结构的缺点是中心系统必须具有极高的可靠性，中心系统一旦损坏，整个系统便趋于瘫痪。

环形结构　环形结构中的传输媒体从一个端用户到另一个端用户，直到所有的端用户连成环形。数据在环路中沿着一个方向在各个节点间传输，信息从一个节点传到另一个节点。显然，这种结构消除了端用户通信时对中心系统的依赖性。环形结构的缺点是单个发生故障的工作站可能使整个网络瘫痪。除此之外，在环形结构中，参与令牌传递的工作站越多，响应时间也就越长。因此，单纯的环形拓扑结构非常不灵活或不易于扩展。

总线型结构　总线型网络拓扑结构中所有设备都直接与总线相连，传输信息通常以基带形式串行传递，每个节点上的网络接口板硬件均具有收、发功能。在总线两端连接有端结器（或终端匹配器），避免信号反射，对总线产生不必要的干扰。这种结构具有费用低、端用户入网灵活、站点或某个端用户失效时不影响其他站点或端用户通信的优点，其缺点是一次仅能有一个端用户发送数据，其他端用户必须等待，直到获得发送权；媒体访问获取机制较复杂；维护难，分支结点故障查找难。

网状结构　网状结构中各节点通过传输线互相连接起来，并且每一个节点至少与其他两个节点相连。网状拓扑结构具有较高的可靠性，但其结构复杂，实际应用费用较高，不易于管理和维护，不常用于局域网。

图 1-2　实例 2 的效果图

要点分析

本实例需要设置文档自动保存的时间间隔，录入样文后需要进行第 3 段文字和第 4 段文字的位置交换，进行指定文字的查找替换，对指定内容添加超链接，保存文档时进行加密。

上机指导

操作过程如下。

步骤 1　新建文档，设置文档自动保存的时间间隔，录入样文。

（1）新建空白文档。在 Word 2010 中，选择“文件”选项卡的“新建”选项。双击“空白文档”按钮或单击“空白文档”按钮，然后单击“创建”按钮。

（2）设置文档自动保存的时间间隔。选择“文件”选项卡的“选项”选项，打开图 1-3 所示的“Word 选项”对话框。在列表中选择“保存”选项，在“保存自动恢复信息时间间隔”复选框后的增量框中输入“15”。

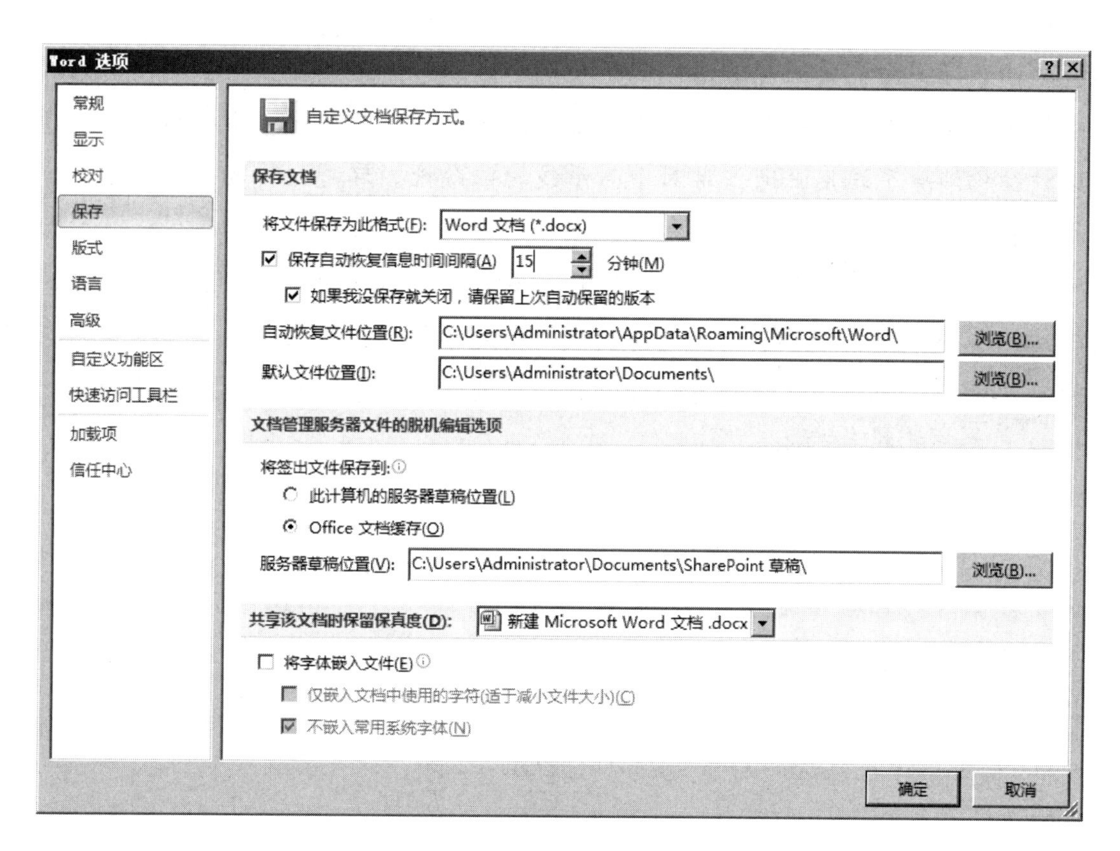

图 1-3　“Word 选项”对话框

（3）录入样文。

网络拓扑结构

网络拓扑结构是指用传输媒体互连各种设备的物理布局方式，即把网络中的计算机等设备连接起来的方式。网络的拓扑结构有很多种，主要有星型结构、环型结构、总线型结构、网状结构等。

星型结构　星型结构是指各工作站以星型方式连接成网。网络有中央节点，其他节点（工作站、服务器）都与中央节点直接相连，这种结构以中央节点为中心，因此又称为集中式网络。星型拓扑结构便于集中控制，因为端用户之间的通信必须经过中心站。这一特点也为其带来了易于维护和安全等优点。端用户设备因为故障而停机时也不会影响其他端用户间的通信。同时星型拓扑结构的网络延迟时间较小，系统的可靠性较高。但这种结构的缺点是中心系统必须具有极高的可靠性，中心系统一旦损坏，整个系统便趋于瘫痪。

总线型结构　总线型网络拓扑结构中所有设备都直接与总线相连，传输信息通常以基带形式串行传递，每个节点上的网络接口板硬件均具有收、发功能。在总线两端连接有端结器（或终端匹配器），避免信号反射，对总线产生不必要的干扰。这种结构具有费用低、端用户入网灵活、站点或某个端用户失效时不影响其他站点或端用户通信的优点。其缺点是一次仅能有一个端用户发送数据，其他端用户必须等待，直到获得发送权；媒体访问获取机制较复杂；维护难，分支结点故障查找难。

环型结构　环型结构中的传输媒体从一个端用户到另一个端用户，直到所有的端用户连成环型。数据在环路中沿着一个方向在各个节点间传输，信息从一个节点传到另一个节点。显然，这种结构消除了端用户通信时对中心系统的依赖性。环型结构的缺点是单个发生故障的工作站可能使整个网络瘫痪。除此之外，在环星结构中，参与令牌传递的工作站越多，响应的时间也就越长。因此，单纯的环状结构非常不灵活或不易于扩展。

网状结构　网状结构中各节点通过传输线互相连接起来，并且每一个节点至少与其他两个节点相连。网状拓扑结构具有较高的可靠性，但其结构复杂，实际应用费用较高，不易于管理和维护，不常用于局域网。

步骤 2　交换文本位置，对指定文字进行查找替换，对指定内容添加超链接。

（1）交换第 3 段和第 4 段的位置。选取第 3 段，操作方法与实例 1 相同。将选取的第 3 段的内容移至当前的第 4 段（“环型结构……”）之后，可以使用以下 2 种方法。

①拖放法。保持光标在第 3 段内，按住鼠标左键并拖动鼠标，使光标移至第 4 段（“环型结构……”）后面的位置，松开鼠标左键即可完成。

心灵手巧： 如果光标没有改变，就应该选择“文件”选项卡的“选项”选项，从打开的“Word 选项”对话框的列表中选择“高级”选项，再勾选“允许拖放式文字编辑”复选框，如图 1-4 所示。

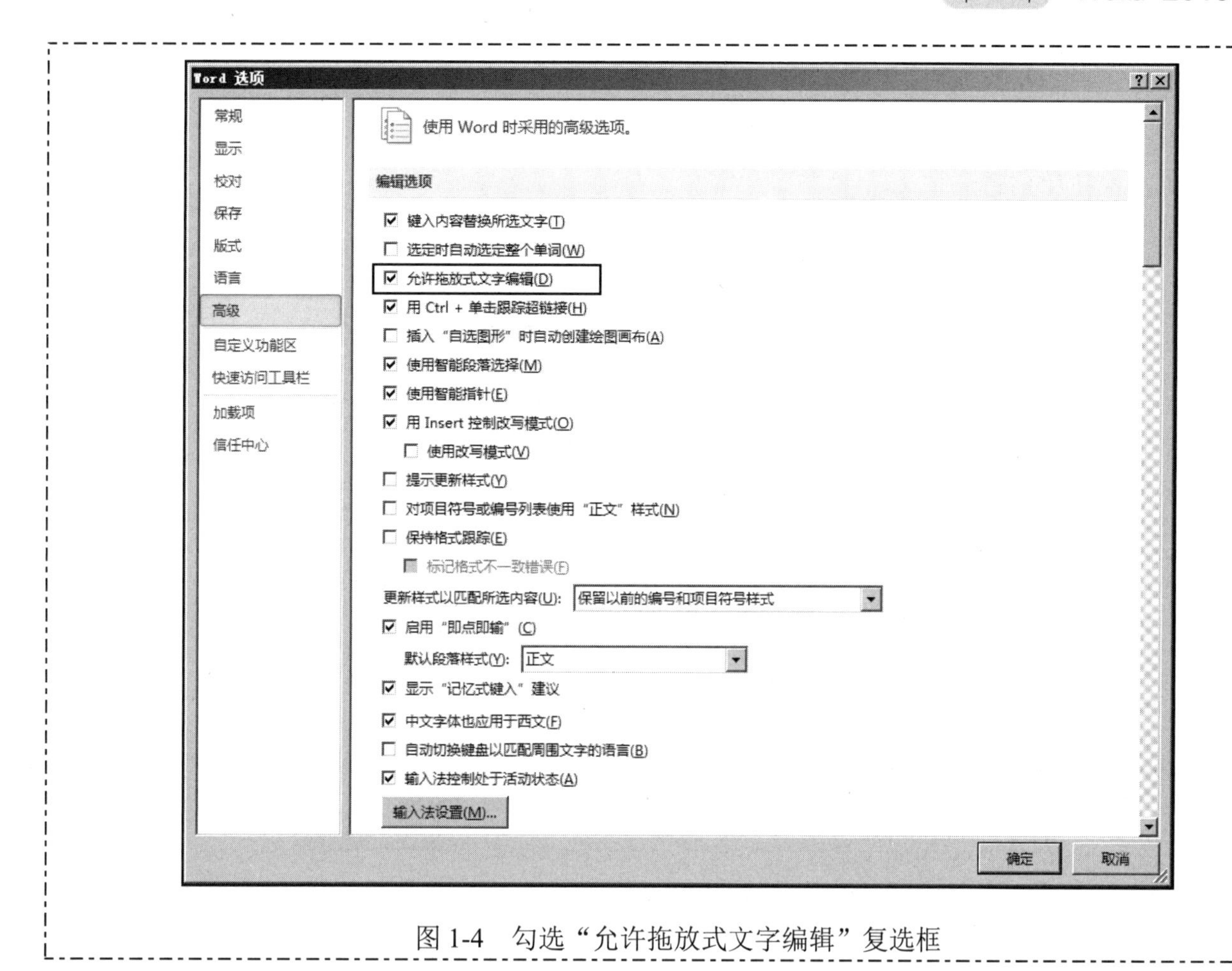

图 1-4　勾选“允许拖放式文字编辑”复选框

②剪贴板法。单击“开始”选项卡的“剪贴板”功能区中的“剪切”按钮；或者右击文字，在打开的快捷菜单中选择“剪切”选项；或者按下【Ctrl+X】组合键，将选中的文本存放到剪贴板中。把光标移至第 4 段（“环型结构……”）后面的位置，单击“剪贴板”功能区中的“粘贴”按钮；或者按下【Ctrl+V】组合键，完成第 3 段和第 4 段文本内容位置的交换。

（2）将样文中的“星型”替换成“星形”。按下【Ctrl+H】组合键，打开“查找和替换”对话框，在“查找内容”文本框中输入“星型”，在“替换为”文本框中输入“星形”，然后单击“全部替换”按钮，即可完成对“星型”的替换。

（3）将样文中的“环型结构”“环星结构”“环状结构”替换成“环形结构”。方法与前文类似，不同之处是在“查找内容”文本框中输入“环?结构”，单击“更多”按钮，在“搜索选项”选区中勾选“使用通配符”复选框，如图 1-5 所示。在“替换为”文本框中输入“环形结构”，然后单击“全部替换”按钮，即可完成替换。

心灵手巧：在“查找内容”文本框中可以利用通配符“?”来表示一个任意字符，利用“*”来表示若干个任意字符。

（4）添加超链接。首先要在超链接的目标设置添加一个书签。将光标移至第 2 段段首，单击“插入”选项卡的“链接”功能区中的“书签”按钮，打开“书签”对话框，在“书签名”文本框中输入“星形结构”，单击“添加”按钮，如图 1-6 所示。以此类推，分别给后面几段文本添加相应的书签。

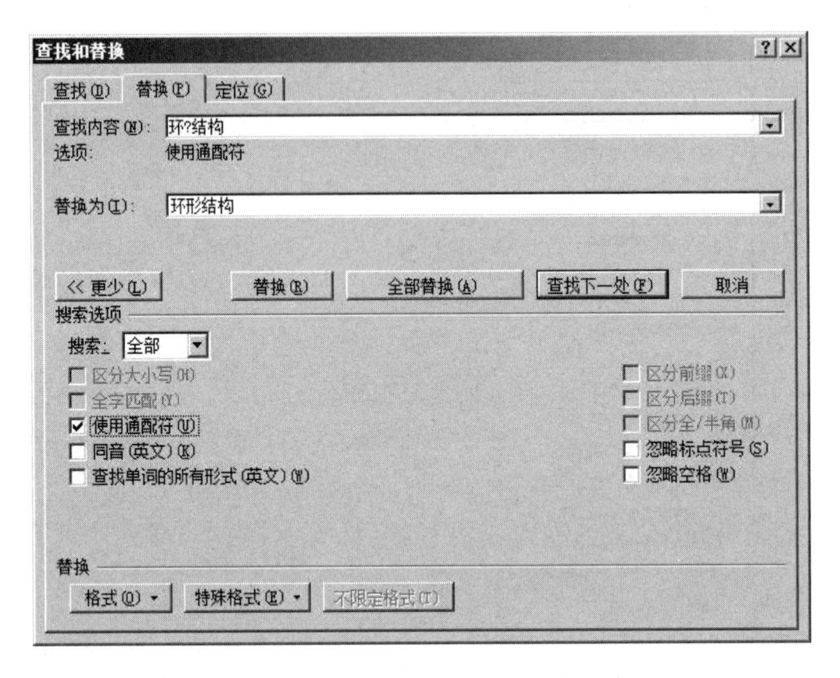

图 1-5 “使用通配符”复选框

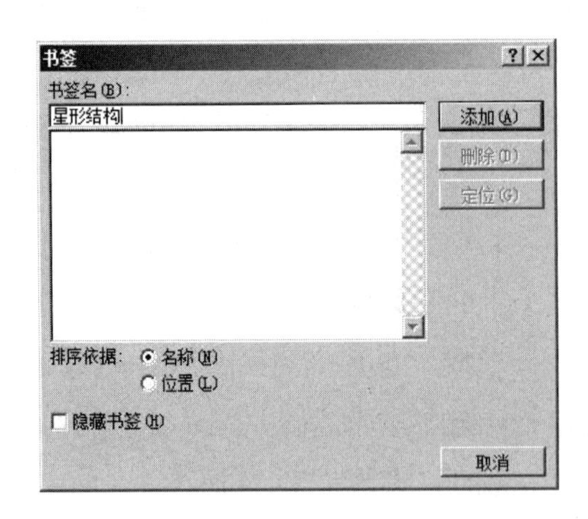

图 1-6 “书签”对话框

（5）选取文档第 1 段中的“星形结构”，单击“插入”选项卡的“链接”功能区中的“超链接”按钮，打开“插入超链接”对话框，如图 1-7 所示。在“链接到”列表中选择“本文档中的位置”选项，在“请选择文档中的位置”选区中选择“星形结构”选项，单击“确定”按钮，完成文本“星形结构”的超链接。另外几个超链接的添加方法与此相同。

步骤 3 对文档进行保存、加密。

（1）对文档进行保存。选择“文件”选项卡的“另存为”选项，弹出“另存为”对话框。在“文件名”文本框中输入“网络拓扑结构”，单击“保存”按钮对文档进行保存。

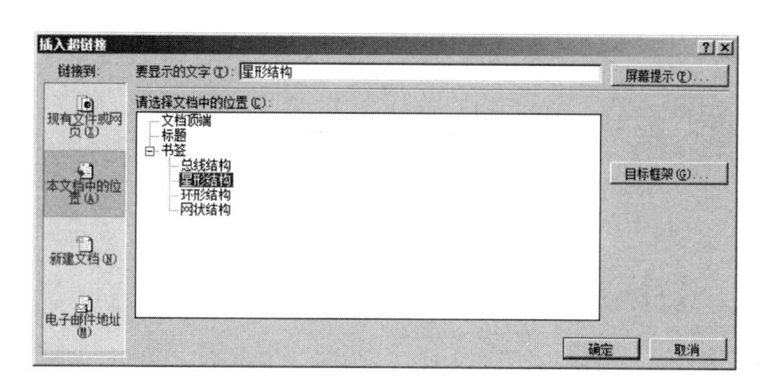

图 1-7 “插入超链接”对话框

（2）对文档进行加密。选择“文件”选项卡的“信息”选项，单击“保护文档”按钮，在下拉列表中选择“用密码进行加密”选项，如图 1-8 所示。在打开的“加密文档”对话框中输入密码“test”，如图 1-9 所示。单击“确定”按钮，完成文档加密。

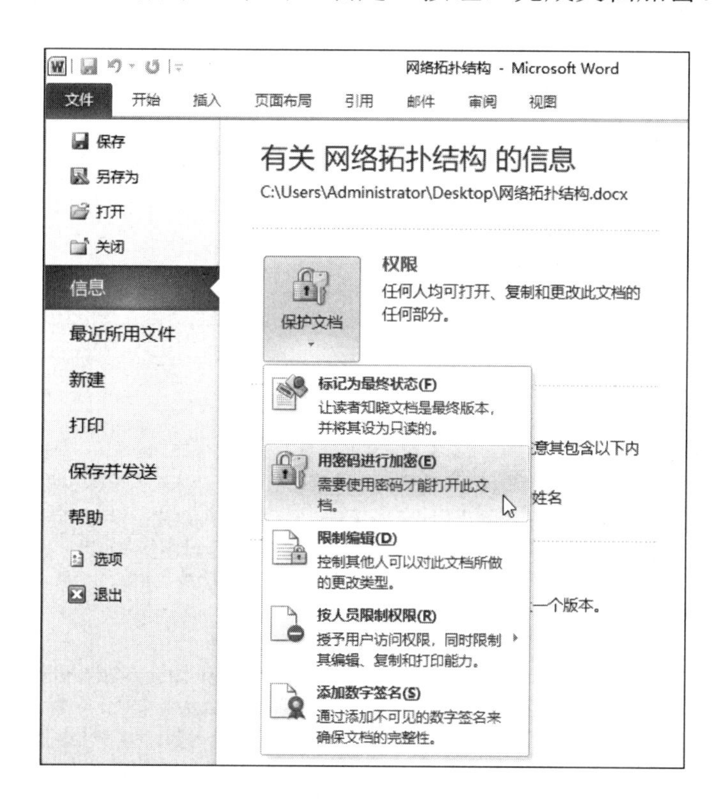

图 1-8 “用密码进行加密”选项

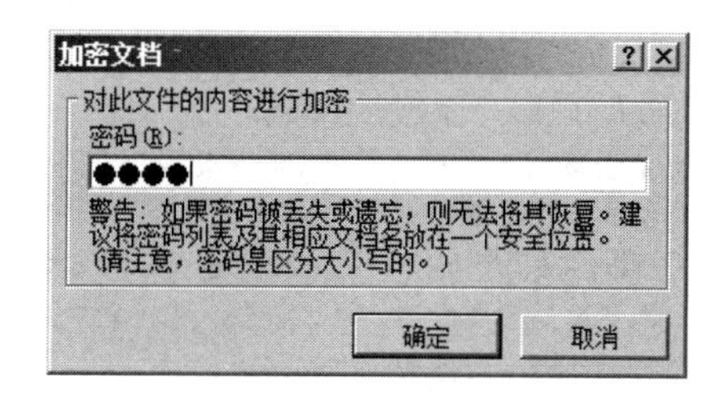

图 1-9 输入密码“test”

综合训练

训练 1 查找、替换及插入书签

按以下要求完成操作。

（1）新建文档，设置文档自动保存的时间间隔为 5 分钟。

（2）录入样文。

（3）在文首插入 1 行空行，录入标题“蜂蜜”。

（4）文中有些“蜂蜜”误写为“蜂密”，请利用查找替换的方法改正过来，并将这些文字设置为红色。

（5）删除第 4 段“我国现有的蜂种资源……”内容。

（6）在第 4 段（“巢蜜，又称格子蜜……”内容）段首插入书签，书签名为“巢蜜”。

（7）保存文档并将其命名为“蜂蜜”。

训练 1 的效果图如图 1-10 所示。

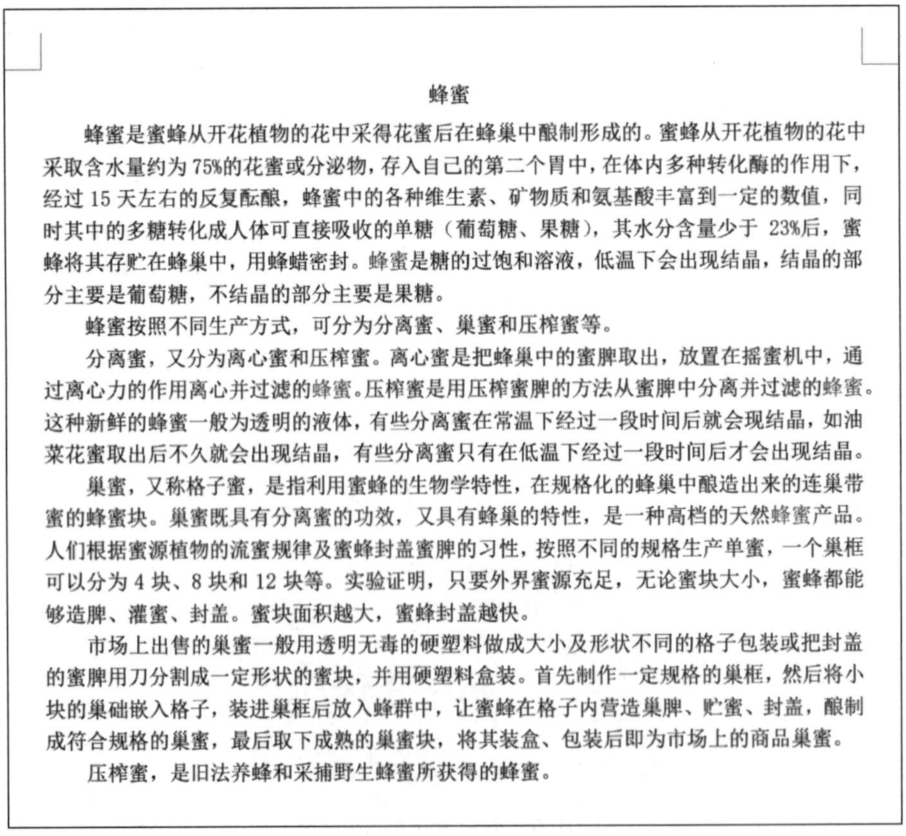

蜂蜜

蜂蜜是蜜蜂从开花植物的花中采得花蜜后在蜂巢中酿制形成的。蜜蜂从开花植物的花中采取含水量约为 75%的花蜜或分泌物，存入自己的第二个胃中，在体内多种转化酶的作用下，经过 15 天左右的反复酝酿，蜂蜜中的各种维生素、矿物质和氨基酸丰富到一定的数值，同时其中的多糖转化成人体可直接吸收的单糖（葡萄糖、果糖），其水分含量少于 23%后，蜜蜂将其存贮在蜂巢中，用蜂蜡密封。蜂蜜是糖的过饱和溶液，低温下会出现结晶，结晶的部分主要是葡萄糖，不结晶的部分主要是果糖。

蜂蜜按照不同生产方式，可分为分离蜜、巢蜜和压榨蜜等。

分离蜜，又分为离心蜜和压榨蜜。离心蜜是把蜂巢中的蜜脾取出，放置在摇蜜机中，通过离心力的作用离心并过滤的蜂蜜。压榨蜜是用压榨蜜脾的方法从蜜脾中分离并过滤的蜂蜜。这种新鲜的蜂蜜一般为透明的液体，有些分离蜜在常温下经过一段时间后就会现结晶，如油菜花蜜取出后不久就会出现结晶，有些分离蜜只有在低温下经过一段时间后才会出现结晶。

巢蜜，又称格子蜜，是指利用蜜蜂的生物学特性，在规格化的蜂巢中酿造出来的连巢带蜜的蜂蜜块。巢蜜既具有分离蜜的功效，又具有蜂巢的特性，是一种高档的天然蜂蜜产品。人们根据蜜源植物的流蜜规律及蜜蜂封盖蜜脾的习性，按照不同的规格生产单蜜，一个巢框可以分为 4 块、8 块和 12 块等。实验证明，只要外界蜜源充足，无论蜜块大小，蜜蜂都能够造脾、灌蜜、封盖。蜜块面积越大，蜜蜂封盖越快。

市场上出售的巢蜜一般用透明无毒的硬塑料做成大小及形状不同的格子包装或把封盖的蜜脾用刀分割成一定形状的蜜块，并用硬塑料盒装。首先制作一定规格的巢框，然后将小块的巢础嵌入格子，装进巢框后放入蜂群中，让蜜蜂在格子内营造巢脾、贮蜜、封盖，酿制成符合规格的巢蜜，最后取下成熟的巢蜜块，将其装盒、包装后即为市场上的商品巢蜜。

压榨蜜，是旧法养蜂和采捕野生蜂蜜所获得的蜂蜜。

图 1-10　训练 1 的效果图

录入样文。

蜂蜜

蜂蜜是蜜蜂从开花植物的花中采得花蜜后在蜂巢中酿制形成的。蜜蜂从开花植物的花中采取含水量约为 75%的花蜜或分泌物，存入自己的第二个胃中，在体内多种转化酶的作用下，经过 15 天左右的反复酝酿，蜂蜜中的各种维生素、矿物质和氨基酸丰富到一定的数值，同时其中的多糖转化成人体可直接吸收的单糖（葡萄糖、果糖），其水分含量少于 23%后，蜜蜂将其存贮在蜂巢中，用蜂蜡密封。蜂密是糖的过饱和溶液，低温下会出现结晶，结晶的部分主要是葡萄糖，不结晶的部分主要是果糖。

蜂蜜按照不同生产方式，可分为分离蜜、巢蜜和压榨蜜等。

分离蜜，又分为离心蜜和压榨蜜。离心蜜是把蜂巢中的蜜脾取出，放置在摇蜜机中，通过离心力的作用离心并过滤的蜂密。压榨蜜是用压榨蜜脾的方法从蜜脾中分离并过滤的蜂密。这种新鲜的蜂蜜一般为透明的液体，有些分离蜜在常温下经过一段时间后就会结晶，如油菜花蜜取出后不久就会出现结晶，有些分离蜜只有在低温下经过一段时间后才会出现结晶。

我国现有的蜂种资源主要以意大利蜜蜂与中华蜜蜂为主。

巢蜜，又称格子蜜，是指利用蜜蜂的生物学特性，在规格化的蜂巢中酿造出来的连巢带蜜的蜂蜜块。巢蜜既具有分离蜜的功效，又具有蜂巢的特性，是一种高档的天然蜂密产品。人们根据蜜源植物的流蜜规律及蜜蜂封盖蜜脾的习性，按照不同的规格生产单蜜，一个巢框可以分为 4 块、8 块和 12 块等。实验证明，只要外界蜜源充足，无论蜜格大小，蜜蜂都能够造脾、灌蜜、封盖。蜜块面积越大，蜜蜂封盖越快。

市场上出售的巢蜜一般用透明无毒的硬塑料做成大小及形状不同的格子包装或把封盖的蜜脾用刀分割成一定形状的蜜块，并用硬塑料盒装。首先制作一定规格的巢框，然后将小块的巢础嵌入格子，装进巢框后放入蜂群中，让蜜蜂在格子内营造巢脾、贮蜜、封盖，酿制成符合规格的巢蜜，最后取下成熟的巢蜜块，将其装盒、包装后即为市场上的商品巢蜜。

压榨蜜，是旧法养蜂和采捕野生蜂蜜所获得的蜂蜜。

训练 2　设置自动保存及密码权限

按以下要求完成操作。

（1）新建文档，设置文档的自动保存时间间隔为 15 分钟。

（2）录入样文。

（3）在文首插入 1 行空行，录入标题“舞蹈”。

（4）文中的“芭蕾”误写为“巴雷”，请利用查找替换的方法改正过来，同时加粗这些文字。

（5）将第 3 段（“2. 现代舞蹈……”内容）和第 4 段（“3. 民族民间舞蹈……”内容）交换位置，同时修正编号。

（6）将第 1 段中的文字“当代舞蹈”链接到第 5 段（“4. 当代舞蹈……”内容）段首。

（7）将文档进行保存并命名为“舞蹈”。

（8）对文档进行加密，密码设置为“123”。

训练 2 的效果图如图 1-11 所示。

舞蹈

舞蹈是一种表演艺术，是使用身体来完成各种优雅或高难度的动作，以有节奏的动作为主要表现手段的艺术形式。舞蹈根据不同风格特点可分为古典舞蹈、民族民间舞蹈、现代舞蹈、当代舞蹈和芭蕾舞蹈等。

1. 古典舞蹈：是在民族民间舞蹈基础上，经过历代专业舞者提炼、整理、加工创造，并经过长期艺术实践的检验流传下来的，具有一定典范意义和古典风格的舞蹈。

2. 民族民间舞蹈：是由广大人民群众在长期历史进程中集体创造和不断积累、发展而形成的，并在群众中广泛流传的一种舞蹈形式。它直接反映人民群众的思想感情、理想和愿望。

3. 现代舞蹈：是 19 世纪末到 20 世纪初在欧美兴起的一种舞蹈形式，其主要美学观点是反对当时芭蕾舞蹈的因循守旧、脱离现实生活和单纯追求技巧的形式主义倾向；主张摆脱芭蕾舞蹈过于僵化的动作的束缚，以合乎自然运动法则的舞蹈动作，自由地抒发人的真实情感，强调舞蹈艺术要反映现代社会生活。

4. 当代舞蹈（新创作舞蹈）：不同于上述三种舞蹈的新风格的舞蹈，它常常是根据表现内容和塑造人物的需要，不拘一格，借鉴和吸收各种舞蹈的风格、各种舞蹈的表现手段和表现方法，兼收并蓄为我所用，从而创作出不同于已经形成的舞蹈风格，具有独特新风格的舞蹈。

5. **芭蕾**舞蹈：是一种经过宫廷的专业舞者提炼加工、高度程式化的剧场舞蹈。**“芭蕾”**这个词本是法语“ballet”的音译，意为跳、跳舞，其最初的意思只是以腿、脚为运动部位的动作总称。法国宫廷的专业舞者为了重建古希腊时代融诗歌、音乐和舞蹈于一体的戏剧理想，创造出了**“芭蕾”**这种融舞蹈动作、哑剧手势、面部表情、戏剧服装、音乐伴奏、文学台本、舞台灯光和布景等多种成份于一体的综合性剧场舞蹈，在西方剧场舞蹈艺术中占统治地位达 300 余年。

图 1-11　训练 2 的效果图

录入样文。

舞蹈

舞蹈是一种表演艺术，是使用身体来完成各种优雅或高难度的动作，以有节奏的动作为主要表现手段的艺术形式。舞蹈根据不同风格特点可分为古典舞蹈、民族民间舞蹈、现代舞蹈、当代舞蹈和芭蕾舞蹈等。

1．古典舞蹈：是在民族民间舞蹈基础上，经过历代专业舞者提炼、整理、加工创造，并经过长期艺术实践的检验流传下来的，具有一定典范意义和古典风格的舞蹈。

2．现代舞蹈：是 19 世纪末到 20 世纪初在欧美兴起的一种舞蹈形式，其主要美学观点是反对当时芭蕾舞蹈的因循守旧、脱离现实生活和单纯追求技巧的形式主义倾向；主张摆脱芭蕾舞蹈过于僵化的动作的束缚，以合乎自然运动法则的舞蹈动作，自由地抒发人的真实情感，强调舞蹈艺术要反映现代社会生活。

3．民族民间舞蹈：是由广大人民群众在长期历史进程中集体创造和不断积累、发展而形成的，并在群众中广泛流传的一种舞蹈形式。它直接反映人民群众的思想感情、理想和愿望。

4．当代舞蹈（新创作舞蹈）：不同于上述三种舞蹈的新风格的舞蹈，它常常是根据表现内容和塑造人物的需要，不拘一格，借鉴和吸收各种舞蹈的风格、各种舞蹈的表现手段和表现方法，兼收并蓄为我所用，从而创作出不同于已经形成的舞蹈风格，具有独特新风格的舞蹈。

5．巴雷舞蹈：是一种经过宫廷的专业舞者提炼加工、高度程式化的剧场舞蹈。“巴雷”这个词本是法语“ballet”的音译，意为跳、跳舞，其最初的意思只是以腿、脚为运动部位的动作总称。法国宫廷的专业舞者为了重建古希腊时代融诗歌、音乐和舞蹈于一体的戏剧理想，创造出了“巴雷”这种融舞蹈动作、哑剧手势、面部表情、戏剧服装、音乐伴奏、文学台本、舞台灯光和布景等多种成分于一体的综合性剧场舞蹈，在西方剧场舞蹈艺术中占统治地位达 300 余年。

训练 3　添加链接快速定位

按以下要求完成操作。

（1）新建一个空白文档，并录入样文。

（2）将第 2 段（“时分多路复用是……”内容）和第 3 段（“频分多路复用利用……”内容）交换位置。

（3）将第 3 段（“时分多路复用是以……”内容）中的“时分多路复用”替换为“TDM”，并将其颜色设置为红色。

（4）将第 1 段中的“波分多路复用（WDM）”链接到第 4 段段首。

（5）将第 4 段中第 1 行到第 5 行矩形区域内的部分文字的字形设置为加粗。

（6）将文档保存为“多路复用技术”，密码设置为“DLFY”。

训练 3 的效果图如图 1-12 所示。

多路复用技术

多路复用技术是为了充分利用传输媒体，在一条物理线路上建立多个通信信道的技术。多路复用通常分为频分多路复用（FDM）、时分多路复用（TDM）、波分多路复用（WDM）、码分多址（CDMA）和空分多址（SDMA）。

频分多路复用利用通信线路的可用带宽超过了给定的带宽这一优点。频分多路复用的基本原理是：如果每路信号以不同的载波频率进行调制，而且各个载波频率都是完全独立的，即各个信道所占用的频带都不相互重叠，相邻信道之间用“警戒频带”隔离，那么每个信道就能独立地传输一路信号。

TDM 是以信道传输时间为分割对象，通过为多个信道分配互不重叠的时间片段的方法来实现的。TDM 将用于传输的时间划分为若干个时间片段，每个用户分得一个时间片段。TDM 通信是指各路信号在同一信道上占有不同时间片段进行通信。由抽样理论可知，抽样的一个重要作用是将时间上连续的信号变成时间上离散的信号，其在信道上占用时间的有限性为多路信号沿同一信道传输提供条件。

波分多路复用（WDM）利用**同一根光纤**传输多路不同波长的光信号，可以提高单根光纤的传输能力。因为光通**信的光源**在光通信的“窗口”中只占用了很窄的一部分，所以“窗口”中还有很**大的空间没**有利用。也可以认为波分多路复用是频分多路复用应用于光纤信道的**一种特例。**如果让不同波长的光信号在同一根光纤中传输而互不干扰，利用多个**波长适当错**开的光源同时在一根光纤中传输各自携带的信息，就可以增加所传输的信息容量。

码分多址是采用地址码和时间、频率共同区分信道的方式。码分多址的特征是每个用户有特定的地址码，由于地址码之间具有正交性，因此各用户信息的发射信号在频率、时间和空间上都可能重叠，从而使有限的频率资源得到利用。

空分多址是指将空间分割构成不同的信道，从而实现频率的重复使用，达到信道增容的目的。举例来说，在一个卫星上使用多个天线，各个天线的波束射向地球表面不同区域的地面上的地球站，即使它们在同一时间，使用相同的频率进行工作，它们之间也不会形成干扰。

图 1-12　训练 3 的效果图

录入样文。

多路复用技术

多路复用技术是为了充分利用传输媒体，在一条物理线路上建立多个通信信道的技术。多路复用通常分为频分多路复用（FDM）、时分多路复用（TDM）、波分多路复用（WDM）、码分多址（CDMA）和空分多址（SDMA）。

时分多路复用是以信道传输时间为分割对象，通过为多个信道分配互不重叠的时间片段的方法来实现的。时分多路复用将用于传输的时间划分为若干个时间片段，每个用户分得一个时间片段。时分多路复用通信是指各路信号在同一信道上占用不同时间片段进行通信。由抽样理论可知，抽样的一个重要作用是将时间上连续的信号变成时间上离散的信号，其在信道上占用时间的有限性为多路信号沿同一信道传输提供条件。

频分多路复用利用通信线路的可用带宽超过了给定的带宽这一优点。频分多路复用的基本原理是：如果每路信号以不同的载波频率进行调制，而且各个载波频率都是完全独立的，即各个信道所占用的频带都不相互重叠，相邻信道之间用“警戒频带”隔离，那么每个信道就能独立地传输一路信号。

波分多路复用利用同一根光纤传输多路不同波长的光信号，可以提高单根光纤的传输能力。因为光通信的光源在光通信的“窗口”中只占用了很窄的一部分，所以“窗口”中还有很大的空间没有利用。也可以认为波分多路复用是频分多路复用应用于光纤信道的一种特例。如果让不同波长的光信号在同一根光纤中传输而互不干扰，利用多个波长适当错开的光源同时在一根光纤中传输各自携带的信息，就可以增加所传输的信息容量。

码分多址是采用地址码和时间、频率共同区分信道的方式。码分多址的特征是每个用户有特定的地址码，由于地址码之间具有正交性，因此各用户信息的发射信号在频率、时间和空间上都可能重叠，从而使有限的频率资源得到利用。

空分多址是指将空间分割构成不同的信道，从而实现频率的重复使用，达到信道增容的目的。举例来说，在一个卫星上使用多个天线，各个天线的波束射向地球表面不同区域的地面上的地球站，即使它们在同一时间，使用相同的频率进行工作，它们之间也不会形成干扰。

排版与打印

技能目标

- 掌握设置字符格式、间距、边框、底纹、中文版式的技巧。
- 掌握运用格式刷进行格式复制的方法。
- 掌握设置段落对齐方式和缩进格式的方法。
- 掌握分栏排版的方法。
- 掌握设置边框与底纹的方法。
- 掌握页面设置的方法。

经典理论题型

一、选择题

1. 字符格式的排版包括字符的字体、字号、字形、字体颜色、字符边框和底纹，以及字符间距，其中字形包括（　　）。

A．加粗、倾斜和下画线等　　B．加粗、倾斜、加粗倾斜等

C．倾斜、下画线等　　D．加粗、下画线等

题型解析：Word 字形指“常规”“倾斜”“加粗”“加粗倾斜”4种字形。因此，答案为B。

2．工具栏中格式刷的功能是（　　）。

A．填充颜色　　B．删除　　C．格式复制　　D．转移

题型解析：格式刷的功能是将选定字符的格式快速复制给其他字符。因此，答案为C。

3．在 Word 中进行“段落设置”时，设置“右缩进1厘米”的含义是（　　）。

A．对应段落的首行右缩进1厘米

B．对应段落除首行外，其余行都右缩进1厘米

C．对应段落的所有行在右页边距1厘米处对齐

D．对应段落的所有行都右缩进1厘米

题型解析：右缩进指的是文档中某段的右边界相对其他段落向左偏移一定的距离，值为正时向左偏移，值为负时向右偏移。因此，答案为D。

二、判断题

1．不可以对 Word 2010 文档中页眉和页脚上的文字设置字形、字号、字体颜色等。（　　）

题型解析：页眉和页脚上的文字和正文中的文字一样可以设置字形、字号、字体颜色等，设置方法和正文文字的设置方法一样，首先选中文字，然后再进行相应的格式设置。因此，该叙述错误。

2．在 Word 2010 的编辑状态下，可以对文字进行动态效果设置。（　　）

题型解析：在 Word 2010 中，单击“开始”选项卡的“字体”功能区中的“文本效果”按钮，可以设置字体的文本效果。动态效果没有实质性的效果，不能被打印，只能在 Word 文档中查看，Word 2010 已经取消此功能，因此，该叙述错误。

三、填空题

1．在 Word 2010 中，若要改变行距，则可以单击“________”选项卡的“________”功能区中的扩展按钮，打开“段落”对话框，设置行距。

题型解析：在 Word 2010 中，若要改变行距，则可以单击“开始”选项卡的“段落”功能区中的扩展按钮，打开“段落”对话框，在“行距”下拉列表中设置行距。因此，本题答案为“开始”和“段落”。

2．在 Word 2010 的编辑状态下，若要调整左右边界，则比较直接、快捷的方法是________。

题型解析：在 Word 2010 的编辑状态下，调整左右边界有两种方法，一种方法是拖动水平标尺上的左缩进和右缩进滑块，这种方法比较直接和快捷；另一种方法是在“段落”对话框中进行设置，这种方法比较精确。因此，本题答案为“使用水平标尺”。

理论同步练习

一、选择题

1. 在 Word 2010 中，下列关于页眉、页脚的叙述错误的是（　　）。
   A. 文档内容和页眉、页脚可以在同一窗口中进行编辑
   B. 文档内容和页眉、页脚将一起打印
   C. 奇偶页可以分别设置不同的页眉、页脚
   D. 在页眉、页脚中也可以进行格式设置或插入剪贴画
2. 在 Word 2010 中，下列关于分栏操作的说法正确的是（　　）。
   A. 可以将指定的段落分成指定宽度的两栏
   B. 在任何视图下均可以看到分栏效果
   C. 设置的各栏宽度和间距与页面无关
   D. 栏与栏之间不可以设置分隔线
3. 在 Word 2010 中，西文首字下沉是指（　　）。
   A. 将文本的首字母放大下沉　　B. 将文本的首单词放大下沉
   C. 将文本的首字母缩小下沉　　D. 将文本的首单词缩小下沉
4. Word 2010 中的水平标尺除了可以作为编辑文档的一种刻度，还可以用来（　　）。
   A. 设置段落标记　B. 设置段落缩进　C. 设置首字下沉　D. 控制字数
5. 下面关于 Word 2010 的说法错误的是（　　）。
   A. 格式刷用来复制文字
   B. 格式刷用来快速设置文字格式
   C. 格式刷用来快速设置段落格式
   D. 双击“开始”选项卡的“剪贴板”功能区中的“格式刷”按钮，可以多次复制同一格式
6. 在 Word 2010 的编辑状态下，可以删除光标左侧字符的按键是（　　）。
   A.【Delete】　B.【Ctrl+Delete】　C.【Backspace】　D.【Ctrl+Backspace】
7. 下列关于 Word 2010 分栏功能的说法正确的是（　　）。
   A. 最多可以设 4 栏　　B. 各栏的宽度必须相同
   C. 各栏的宽度可以不同　　D. 各栏之间的间距是固定的
8. 在 Word 2010 的编辑状态下，若要调整光标所在段落的行距，首先进行的操作是（　　）。
   A. 打开“开始”选项卡　　B. 打开“插入”选项卡
   C. 打开“页面布局”选项卡　　D. 打开“视图”选项卡

9. 在 Word 2010 的编辑状态下，如果想在某一个页面没有写满的情况下强行分页，就需要插入（　　）。

A. 边框　　B. 项目符号　　C. 分页符　　D. 换行符

10. 在 Word 2010 中，有一段落的最后一行只有一个字符，若把该字符合并到上一行，下述方法中无法达到该目的的是（　　）。

A. 减小页的左右边距　　B. 减小该段落的字体的字号

C. 减小该段落的字间距　　D. 减小该段落的行间距

二、判断题

1. 在 Word 2010 中，通过水平标尺上的游标可以设置段落的首行缩进、悬挂缩进、左缩进和右缩进。（　　）

2. 在 Word 2010 中，每个段落都有自己的段落标记，段落标记的位置在段落的结尾处。（　　）

3. 在 Word 2010 中，两个段落之间的间距是通过设置“段落”对话框中的“段前”和“段后”值来调整的。（　　）

4. 在 Word 2010 中，对纸张大小的设置是在“页面设置”对话框中进行的。（　　）

5. 在 Word 2010 中，页边距是文字与纸张边界之间的距离，分为上、下、左、右四类。（　　）

6. 在 Word 2010 中，单击“字体”中的按钮可以设置段落对齐方式。（　　）

7. 在 Word 2010 中，进行打印预览时只能一页一页地观看。（　　）

8. 在 Word 2010 中，剪切后的正文不能再恢复。（　　）

9. 在 Word 2010 的“打印”对话框中，若想打印当前文档的第 8 页至第 18 页、第 25 页，在“页码范围”文本框中输入“8-18；25”。（　　）

10. 在 Word 2010 中，为了突出显示文档的某些内容，可以为文字内容添加底纹，也可以为图形内容添加底纹。（　　）

三、填空题

1. 在 Word 2010 中，要使文档换页，应单击“插入”选项卡的“页”功能区中的__________按钮。

2. 在 Word 2010 中，若需要给选定的页面添加边框，则应单击“________________”选项卡的“页面背景”功能区中的“页面边框”按钮。

3. 在 Word 2010 中，在“字体”对话框中共有“________”“________”两个选项卡。

4. 在 Word 2010 的编辑状态下，在选定了文档内容后再按住【Ctrl】键并拖曳鼠标至另一位置，即可完成对选定文档内容的________________操作。

5．在 Word 2010 中，若需要给选定的段落、表格、单元格添加底纹，则应单击“开始”选项卡的“段落”功能区中的__________按钮。

6．在 Word 2010 的编辑状态下设置首字下沉，需要单击“插入”选项卡的“________”功能区中的“首字下沉”按钮。

7．在 Word 2010 中，“分栏”按钮位于“页面布局”选项卡的“__________”功能区中。

8．在 Word 2010 中，单击“字体”功能区中的“B”按钮，可使选定的文字__________。

9．在 Word 2010 中，将英文文档中的一个句子的首字母自动改为大写字母，需要单击“___________”功能区中的“___________”按钮。

10．在 Word 2010 中，“页面设置”功能区在“________”选项卡中。

经典实例

实例 1　设置字符格式、段落格式、边框和底纹及页面格式

实例 1 的效果图如图 2-1 所示。

匆匆

燕子去了，有再来的时候；杨柳枯了，有再青的时候；桃花谢了，有再开的时候。但是，聪明的，你告诉我，我们的日子为什么一去不复返呢？——是有人偷了他们罢：那是谁？又藏在何处呢？是他们自己逃走了罢：现在又到了哪里呢？

我不知道他们给了我多少日子；但我的手确乎是渐渐空虚了。在默默里算着，八千多日子已经从我手中溜去；像针尖上一滴水滴在大海里，我的日子滴在时间的流里，没有声音，也没有影子。我不禁头涔涔而泪潸潸了。

去的尽管去了，来的尽管来着；去来的中间，又怎样地匆匆呢？早上我起来的时候，小屋里射进两三方斜斜的太阳。太阳他有脚啊，轻轻悄悄地挪移了；我也茫茫然跟着旋转。于是——洗手的时候，日子从水盆里过去；吃饭的时候，日子从饭碗里过去；默默时，便从凝然的双眼前过去。我觉察他去的匆匆了，伸出手遮挽时，他又从遮挽着的手边过去，天黑时，我躺在床上，他便伶伶俐俐地从我身边跨过，从我脚边飞去了。等我睁开眼和太阳再见，这算又溜走了一日。我掩着面叹息。但是新来的日子的影儿又开始在叹息里闪过了。

在逃去如飞的日子里，在千门万户的世界里的我能做些什么呢？只有徘徊罢了，只有匆匆罢了；在八千多日的匆匆里，除徘徊外，又剩些什么呢？过去的日子如轻烟，被微风吹散了，如薄雾，被初阳蒸融了；我留着些什么痕迹呢？我何曾留着像游丝样的痕迹呢？我赤裸裸来到这世界，转眼间也将赤裸裸的回去罢？但不能平的，为什么偏要白白走这一遭啊？

你聪明的，告诉我，我们的日子为什么一去不复返呢？

图 2-1　实例 1 的效果图

实例描述

- 标题采用“文本效果”列表中的第3行第5列样式，字体设置为仿宋，字号设置为初号，字形设置为加粗，字体颜色设置为蓝色，对齐方式设置为居中。
- 将第2段设置为首字下沉，下沉行数设置为3行。
- 为第1段添加底纹，底纹颜色设置为紫色淡色60%，字体颜色设置为黄色，字体设置为楷体，字号设置为小四号。
- 将第2段、第3段的字体颜色设置为绿色，将第4段的字体颜色设置为红色淡色40%。
- 将第5段的字体颜色设置为红色，字体设置为楷体，字号设置为四号。
- 将第4段的字体设置为华文新魏，字号设置为小四号，行距设置为20磅。
- 将第3段中的从“于是……”到“……闪过了。”，添加波浪形下画线。
- 将第2段和第3段设置为两栏，并添加分隔线。
- 添加页眉“散文欣赏”，对齐方式设置为左对齐。
- 将第4段和第5段设置为首行缩进2字符并添加1.5磅、双线、红色的边框。
- 纸张大小设置为B5，上、下页边距各设置为2.54厘米，左、右页边距各设置为3.17厘米。

要点分析

本实例主要练习以下技能点：设置标题格式，设置首字下沉格式，设置段落的边框和底纹格式，设置段落的格式，添加页眉，添加边框，设置页面格式。

上机指导

操作过程如下。

（1）准备工作。录入样文。

匆匆

燕子去了，有再来的时候；杨柳枯了，有再青的时候；桃花谢了，有再开的时候。但是，聪明的，你告诉我，我们的日子为什么一去不复返呢？——是有人偷了他们罢：那是谁？又藏在何处呢？是他们自己逃走了罢：现在又到了哪里呢？

我不知道他们给了我多少日子；但我的手确乎是渐渐空虚了。在默默里算着，八千多日子已经从我手中溜去；像针尖上一滴水滴在大海里，我的日子滴在时间的流里，没有声音，也没有影子。我不禁头涔涔而泪潸潸了。

去的尽管去了，来的尽管来着；去来的中间，又怎样地匆匆呢？早上我起来的时候，小屋里射进两三方斜斜的太阳。太阳他有脚啊，轻轻悄悄地挪移了；我也茫茫然跟着旋转。于是——洗手的时候，日子从水盆里过去；吃饭的时候，日子从饭碗里过去；默默时，便从凝然的双眼前过去。我觉察他去的匆匆了，伸出手遮挽时，他又从遮挽着的手边过去，天黑时，我躺在床上，他便伶伶俐俐地从我身边跨过，从我脚边飞去了。等我睁开眼和太阳再见，这算又溜走了一日。我掩着面叹息。但是新来的日子的影儿又开始在叹息里闪过了。

在逃去如飞的日子里，在千门万户的世界里的我能做些什么呢？只有徘徊罢了，只有匆匆罢了；在八千多日的匆匆里，除徘徊外，又剩些什么呢？过去的日子如轻烟，被微风吹散了，如薄雾，被初阳蒸融了；我留着些什么痕迹呢？我何曾留着像游丝样的痕迹呢？我赤裸裸来到这世界，转眼间也将赤裸裸的回去罢？但不能平的，为什么偏要白白走这一遭啊？

你聪明的，告诉我，我们的日子为什么一去不复返呢？

（2）标题格式。选中标题，单击“开始”选项卡的“字体”功能区中的“文本效果”按钮，应用下拉列表中的第 3 行第 5 列样式。将字体设置为仿宋，字号设置为初号。单击“加粗”按钮将标题进行加粗。将字体颜色设置为蓝色，单击“段落”功能区中的“居中”按钮，将标题设置为居中。

（3）首字下沉。将光标插入到第 2 段，单击“插入”选项卡的“文本”功能区中的“首字下沉”按钮，在下拉列表中选择“首字下沉”选项，打开“首字下沉”对话框，选择“下沉”选项，单击“确定”按钮，如图 2-2 所示。

（4）第 1 段格式设置。选中第 1 段，将字体设置为楷体，字号设置为小四，字体颜色设置为黄色。单击“开始”选项卡的“段落”功能区中的“边框”按钮，在下拉列表中选择“边框和底纹”选项，打开“边框和底纹”对话框，如图 2.3 所示。单击“底纹”选项卡，在“填充”下拉列表中选择“紫色淡色 60%”选项，在“应用于”下拉列表中选择“段落”选项。

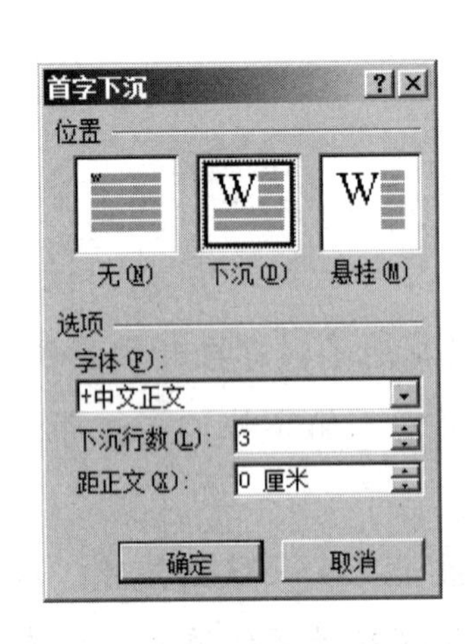

图 2-2 “首字下沉”对话框

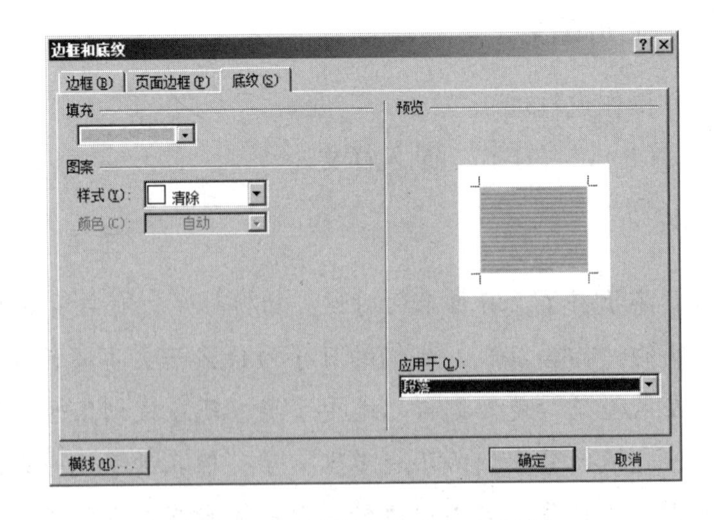

图 2-3 “边框和底纹”对话框

（5）其他段落的格式设置。方法同上，分别设置其他段落的字体、字号、字体颜色等格式。

（6）添加下画线。选中第 3 段中的“于是……”“……闪过了。”内容，单击“格式”选项卡的“字体”功能区中的“下画线”按钮，在下拉列表中选择“波浪线”选项。

（7）分栏设置。选中第 2 段和第 3 段文本，单击“页面布局”选项卡的“页面设置”功能区中的“分栏”按钮，在下拉列表中选择“更多分栏”选项，打开“分栏”对话框，选择“两栏”选项，单击“确定”按钮，如图 2-4 所示。

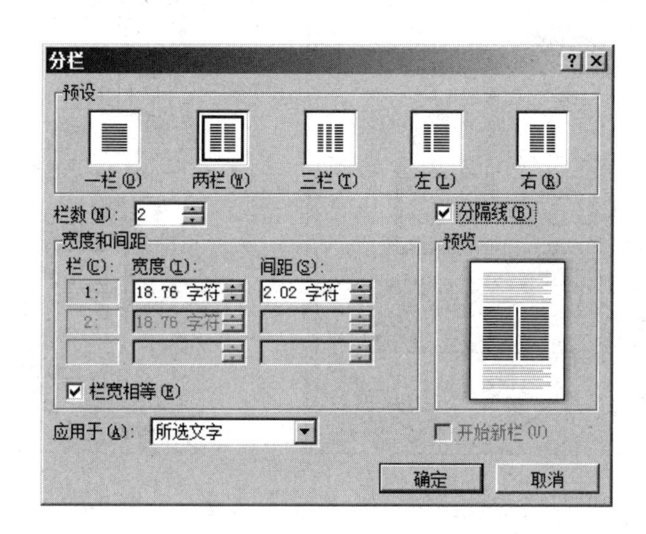

图 2-4　“分栏”对话框

（8）添加页眉。单击“插入”选项卡的“页眉和页脚”功能区中的“页眉”按钮，在下拉列表中选择“编辑页眉”选项，进入页眉编辑状态，输入“散文欣赏”，并将对齐方式设置为左对齐，在正文任一位置双击，即可退出页眉编辑状态。

心灵手巧：若要再次对页眉或者页脚进行编辑，则只需在页眉或者页脚的位置双击即可进入页眉和页脚的编辑状态。

（9）首行缩进。选择第 4 段和第 5 段，单击“开始”选项卡的“段落”功能区中的“扩展”按钮，打开“段落”对话框，在“特殊格式”下拉列表中选择“首行缩进”选项，在“磅值”增量框中输入“2 字符”。

（10）添加边框。选择第 4 段和第 5 段，单击“开始”选项卡的“段落”功能区中的“边框和底纹”按钮，在下拉列表中选择“边框和底纹”选项，打开“边框和底纹”对话框，如图 2-5 所示。在“样式”下拉列表中选择“双线”选项，在“颜色”下拉列表中选择“红色”选项，在“宽度”下拉列表中选择“1.5 磅”选项，在“应用于”下拉列表中选择“段落”选项。最后单击“确定”按钮。

（11）页面设置。单击“页面布局”选项卡的“页面设置”功能区中的扩展按钮，打开“页面设置”对话框，如图 2-6 所示。在“纸张”选择卡的“纸张大小”下拉列表中选择“B5”

选项，在“页边距”选项卡中分别设置上、下、左、右 4 个页边距，在“应用于”下拉列表中选择“整篇文档”选项，单击“确定”按钮。

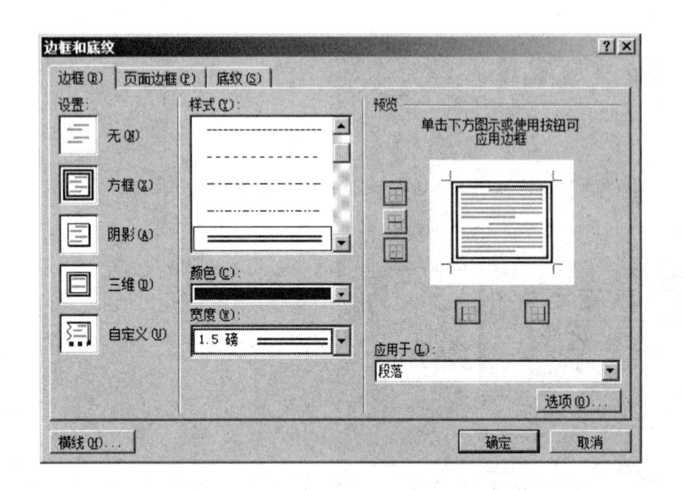

图 2-5 “边框和底纹”对话框

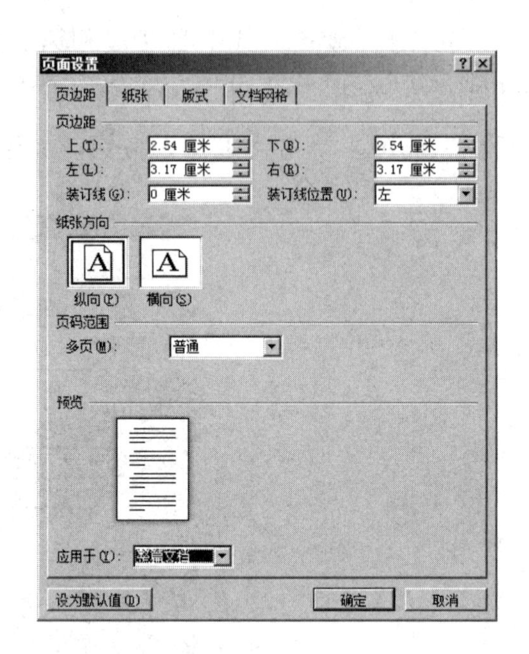

图 2-6 “页面设置”对话框

实例 2 查找和替换及页面格式设置

实例 2 的效果图如图 2-7 所示。

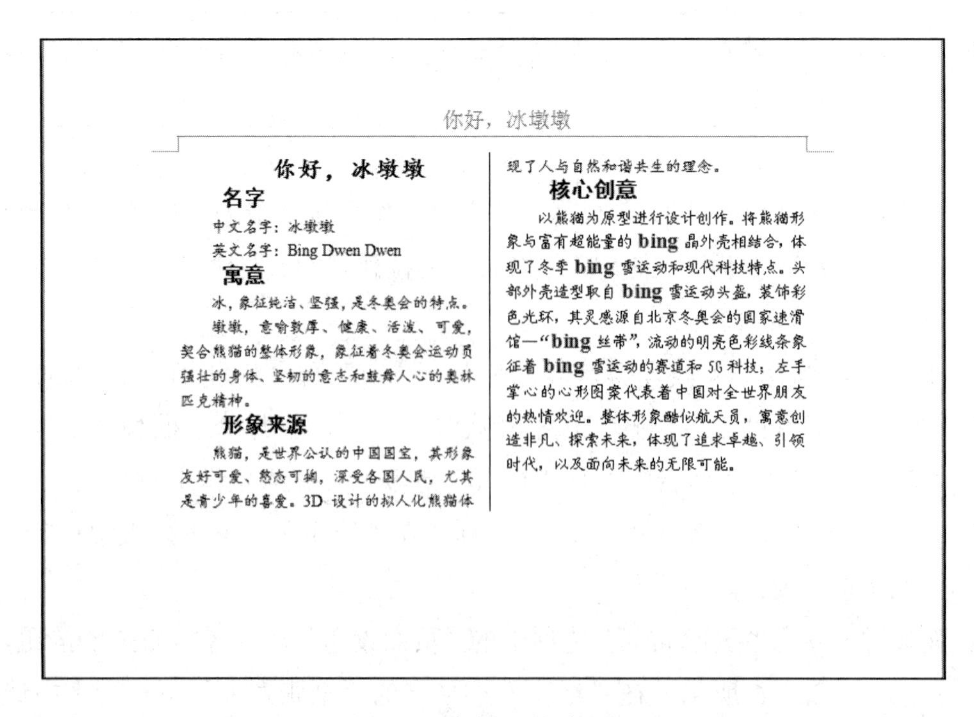

你好，冰墩墩

你好，冰墩墩

名字

中文名字：冰墩墩

英文名字：Bing Dwen Dwen

寓意

冰，象征纯洁、坚强，是冬奥会的特点。

墩墩，意喻敦厚、健康、活泼、可爱，契合熊猫的整体形象，象征着冬奥会运动员强壮的身体、坚韧的意志和鼓舞人心的奥林匹克精神。

形象来源

熊猫，是世界公认的中国国宝，其形象友好可爱、憨态可掬，深受各国人民，尤其是青少年的喜爱。3D 设计的拟人化熊猫体现了人与自然和谐共生的理念。

核心创意

以熊猫为原型进行设计创作。将熊猫形象与富有超能量的 **bing** 晶外壳相结合，体现了冬季 **bing** 雪运动和现代科技特点。头部外壳造型取自 **bing** 雪运动头盔，装饰彩色光环，其灵感源自北京冬奥会的国家速滑馆—“**bing** 丝带”，流动的明亮色彩线条象征着 **bing** 雪运动的赛道和 5G 科技；左手掌心的心形图案代表着中国对全世界朋友的热情欢迎。整体形象酷似航天员，寓意创造非凡、探索未来，体现了追求卓越、引领时代，以及面向未来的无限可能。

图 2-7 实例 2 的效果图

实例描述

- 在文档的开头插入 1 行空行，输入标题“你好，冰墩墩”。
- 将输入的标题设置为居中、加粗、三号。
- 对页面进行设置，纸张大小为 A4，上、下页边距各设置为 2.54 厘米，左、右页边距各设置为 3.14 厘米。
- 将文档中最后 1 段中的“冰”字替换成拼音 bing，并将字号设置为四号，字形设置为加粗，字体颜色设置为红色。
- 将文档中小标题的字体设置为黑体，字号设置为四号，字形设置为加粗。
- 将页眉设置为“你好，冰墩墩”，并将字体设置为宋体，字号设置为四号。
- 将最后 1 段设置首行缩进 2 字符。
- 将文档分成两栏，并加分隔线。

要点分析

本实例练习的技能点包括插入空行并输入标题，设置字符格式，设置页面格式，查找和替换，添加页眉，设置段落格式，设置页面分栏。

上机指导

操作过程如下。

（1）准备工作。录入样文。

名字

中文名字：冰墩墩

英文名字：Bing Dwen Dwen

寓意

冰，象征纯洁、坚强，是冬奥会的特点。

墩墩，意喻敦厚、健康、活泼、可爱，契合熊猫的整体形象，象征着冬奥会运动员强壮的身体、坚韧的意志和鼓舞人心的奥林匹克精神。

形象来源

熊猫，是世界公认的中国国宝，其形象友好可爱、憨态可掬，深受各国人民，尤其是青少年的喜爱。3D 设计的拟人化熊猫体现了人与自然和谐共生的理念。

核心创意

以熊猫为原型进行设计创作。将熊猫形象与富有超能量的冰晶外壳相结合，体现了冬季冰雪运动和现代科技特点。头部外壳造型取自冰雪运动头盔，装饰彩色光环，其灵感源自北京冬奥会的国家速滑馆——“冰丝带”，流动的明亮色彩线条象征着冰雪运动的赛道和 5G 科技；左手掌心的心形图案代表着中国对全世界朋友的热情欢迎。整体形象酷似航天员，寓意创造非凡、探索未来，体现了追求卓越、引领时代，以及面向未来的无限可能。

（2）插入空行。将光标移至文档的第 1 行最左侧，按下【Enter】键，在第 1 行的上方插入 1 行空行。

（3）输入标题。在空行上输入标题“你好，冰墩墩”，选中标题内容，并将字号设置为三号，字形设置为加粗，对齐方式设置为居中。

（4）页面设置。单击“页面布局”选项卡的“页面设置”功能区中的“纸张大小”按钮，在下拉列表选择“A4 纸”选项，再选择“页边距”下拉列表中的“自定义边距”选项。打开“页面设置”对话框，在“页边距”选项卡中设置上、下、左、右页边距分别为 2.54 厘米、2.54 厘米、3.14 厘米、3.14 厘米，最后单击“确定”按钮。

（5）查找与替换。将光标移至最后 1 段，按下【Ctrl+F】组合键，打开“导航”窗口，单击“搜索文档”文本框右侧的“查找选项和其他搜索命令”按钮，在下拉列表中选择“高级查找”选项，打开“查找和替换”对话框，如图 2-8 所示。在“查找内容”文本框中输入全角的“冰”，在“替换为”文本框中输入“bing”，并单击下方的“更多”按钮，单击“格式”按钮，在下拉列表中选择“字体”选项，打开“查找字体”对话框，在该对话框中将字号设置为“四号”，将字形设置为“加粗”，然后单击“查找下一处”按钮，查找成功，单击“替换”按钮即可完成一处替换。

心灵手巧： 在“查找内容”文本框中也可以直接复制文档中所要查找的内容。

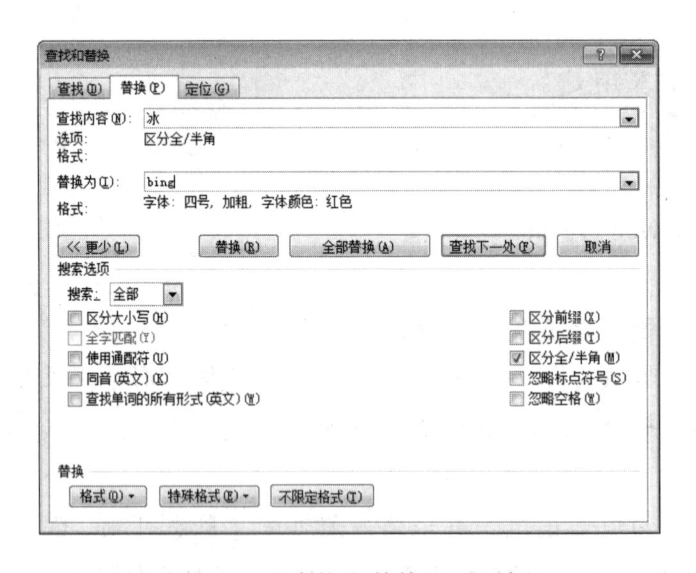

图 2-8　“查找和替换”对话框

（6）设置小标题。在文档中选中第 1 个小标题“名字”，并将字体设置为黑体，字号设置为四号，字形设置为加粗，然后双击“开始”选项卡的“剪贴板”功能区中的“格式刷”按钮，按住鼠标左键，拖曳鼠标经过其他 3 个小标题完成相同的设置，再单击“格式刷”按钮，即可退出格式刷功能。

心灵手巧：在文档中如果有多处相同的字符设置，可以利用格式刷来简化操作。在利用格式刷的过程中，单击“格式刷”按钮只能进行一次格式复制，双击“格式刷”按钮可以进行多次格式复制。

（7）设置页眉。单击“插入”选项卡的“页眉和页脚”功能区中的“页眉”按钮，在下拉列表中选择“编辑页眉”选项，进入页眉编辑状态，输入文字“你好，冰墩墩”，并选中文字，字体设置为宋体，字号设置为三号，在正文的任一位置双击，即可退出页眉编辑状态。

（8）首行缩进。将光标移至最后 1 段中，单击“开始”选项卡的“段落”功能区中的扩展按钮，打开“段落”对话框，如图 2-9 所示。在“特殊格式”下拉列表中选择“首行缩进”选项，在“磅值”增量框中输入“2 字符”，单击“确定”按钮。

（9）设置分栏。单击“页面布局”选项卡的“页面设置”功能区中的“分栏”按钮，在弹出的下拉列表中选择“更多分栏”选项，打开“分栏”对话框，如图 2-10 所示。在“预设”选区中选择“两栏”选项，并且勾选“分隔线”复选框。

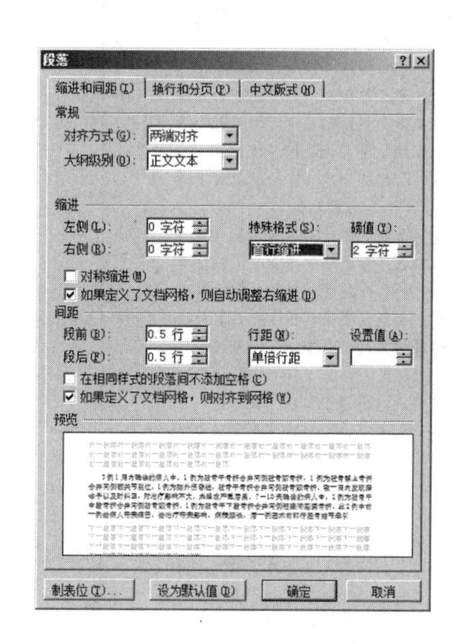

图 2-9　“段落”对话框

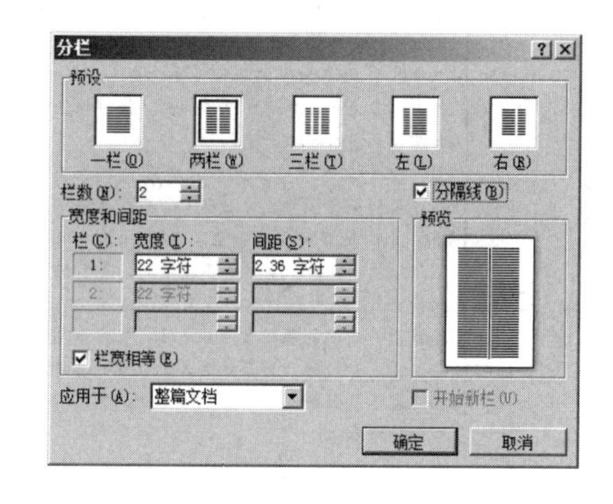

图 2-10　“分栏”对话框

综合训练

训练 1　页面设置、标题设置及分栏排版

录入样文，按以下要求完成操作。

（1）设置纸张大小为 A4，页边距为上 2.1 厘米、下 1.8 厘米、左 2.4 厘米、右 2.2 厘米。

（2）将第 1 行“培养目标和层次教育”作为标题，将对齐方式设置为居中，字号设置为小二号，字体设置为楷体，字形设置为加粗、下画线，字符间距设置为紧缩 3 磅。

（3）将所有正文（不含大小标题）的字体设置为首行缩进 0.9 厘米，对齐方式设置为两端对齐，字体设置为仿宋体，字号设置为五号。

（4）将各小标题（一、二、）的字体设置为宋体，字号设置为小四号，字形设置为倾斜。

（5）将大标题“培养目标和层次教育”之下的第 1 段的段前距设置为 12 磅、段后距设置为 6 磅。

（6）给“下面提出我们……”这部分文字加上红色、1.5 磅的边框。

（7）将正文分成两栏，间距设置为 4 个字符，并添加分隔线。

（8）插入页码，位置为“页面顶端”，格式为“圆角矩形 3”。

训练 1 的效果图如图 2-11 所示。

1

培养目标和层次教育

本文讨论在新形势下，关于高校非计算机专业计算机教育的培养目标和层次教育的意见，供同行们参考。

一、计算机教育的培养目标

计算机教育是把计算机作为专业，培养具有计算机软、硬件开发能力的专门人才的专业教育。而对于非计算机专业，计算机教育把计算机作为一个必须掌握的重要工具，从本专业应用出发，使学生能在本专业熟练应用计算机，应用现有的计算机硬件设备和系统软件资源解决本专业中的实际问题。

非计算机专业计算机教育是为培养本专业应用型和复合型人才服务的。非计算机专业的计算机教育既要求学生具备基础的计算机知识结构，又要求学生具备较强的计算机能力结构。计算机知识结构与能力结构是学生在计算机应用方面的基本素质。就目前专业应用的普遍需求看，非计算专业计算机教育的总体目标应着眼于加强基础、拓宽知识面，重点放在能力的培养上。

二、计算机教育的层次教育

高校非计算机专业涉及很多不同的学科和不同的专业，由于不同的学科和专业对计算机有不同的应用需求，即应用是分层次的，有区别的，因此非计算机专业计算机教育也应是分层次的，有区别的。这就是十几年来非计算机专业计算机教育中所采取的符合实际并行之有效的“层次教育”基本模式。

下面提出我们关于加强计算机应用能力培养和考核的几个设想。

（1）把十二种能力的培养渗透到根据层次要求归纳的知识单元及由知识单元所集成的计算机课程的实施当中去，做到教师、学生都心中有数，并用能力结构要求指导和考核学生。例如，每次上机之前都有能力培养的要求和具体安排。

（2）在保证计算机基本理论内容少而精地传授给学生的基础上，除不断改进教学方法，充分利用现代化的教学手段，“用计算机讲计算机”外，还要不断提高学生根据已学的计算机知识和技能自学及拓宽计算机知识和技能的能力。

（3）是否可在计算机课中拿出一定的时间布置大一点的作业和课程设计，让学生充分利用课内机时和课外机时，有针对性地培养学生计算机应用能力。

（4）毕业设计是考核学生综合运用专业知识、技能和计算机应用能力的非常重要的实践环节，要加大对毕业设计的要求力度。要尽量选择能反映学生用计算机在解决自己专业实际问题中应用能力的设计题目，减少纯软的题目，增加软硬兼顾的题目。

（5）改善和加强计算机教育的教学环境和条件是提高计算机教育质量的重要途径，多媒体技术的日益发展为这种改善和加强创造了更为有利的条件。

图 2-11　训练 1 的效果图

录入样文。

培养目标和层次教育

本文讨论在新形势下，关于高校非计算机专业计算机教育的培养目标和层次教育的意见，供同行们参考。

一、计算机教育的培养目标

计算机教育是把计算机作为专业，培养具有计算机软、硬件开发能力的专门人才的专业教育。而对于非计算机专业，计算机教育把计算机作为一个必须掌握的重要工具，从本专业应用出发，使学生能在本专业熟练应用计算机，应用现有的计算机硬件设备和系统软件资源解决本专业中的实际问题。

非计算机专业计算机教育是为培养本专业应用型和复合型人才服务的。非计算机专业的计算机教育既要求学生具备基础的计算机知识结构，又要求学生具备较强的计算机能力结构。计算机知识结构与能力结构是学生在计算机应用方面的基本素质。就目前专业应用的普遍需求看，非计算专业计算机教育的总体目标应着眼于加强基础、拓宽知识面，重点放在能力的培养上。

二、计算机教育的层次教育

高校非计算机专业涉及很多不同的学科和不同的专业，由于不同的学科和专业对计算机有不同的应用需求，即应用是分层次的，有区别的，因此非计算机专业计算机教育也应是分层次的，有区别的。这就是十几年来非计算机专业计算机教育中所采取的符合实际并行之有效的“层次教育”基本模式。

下面提出我们关于加强计算机应用能力培养和考核的几个设想。

（1）把十二种能力的培养渗透到根据层次要求归纳的知识单元及由知识单元所集成的计算机课程的实施当中去，做到教师、学生都心中有数，并用能力结构要求指导和考核学生。例如，每次上机之前都有能力培养的要求和具体安排。

（2）在保证计算机基本理论内容少而精地传授给学生的基础上，除不断改进教学方法，充分利用现代化的教学手段，“用计算机讲计算机”外，还要不断提高学生根据已学的计算机知识和技能自学及拓宽计算机知识和技能的能力。

（3）是否可在计算机课中拿出一定的时间布置大一点的作业和课程设计，让学生充分利用课内机时和课外机时，有针对性地培养学生的计算机应用能力。

（4）毕业设计是考核学生综合运用专业知识、技能和计算机应用能力的非常重要的实践环节，要加大对毕业设计的要求力度。要尽量选择能反映学生用计算机在解决自己专业实际问题中应用能力的设计题目，减少纯软的题目，增加软硬兼顾的题目。

（5）改善和加强计算机教育的教学环境和条件是提高计算机教育质量的重要途径，多媒体技术的日益发展为这种改善和加强创造了更为有利的条件。

训练2 标题设置及正文格式设置

录入样文，并完成以下操作。

（1）将文档中的所有“计算机”替换为“电子计算机”。

（2）将小标题“三、过程控制”及相应的段落内容与小标题“五、人工智能”及相应的段落内容交换位置，并修正标题编号。

（3）纸张大小设置为B5，页边距设置为上2.2厘米、下1.8厘米、左1.8厘米、右2厘米。

（4）将文档的第1行文字“电子计算机的应用”作为标题，对齐方式设置为居中，字体设置为楷体，字号设置为二号，字形设置为加粗、倾斜，文本效果设置为第4行第5列的样式，字符间距设置为紧缩4磅。

（5）除大标题外的所有文字设置为首行缩进0.9厘米，对齐方式设置为两端对齐，字体设置为宋体，字号设置为五号。

（6）将各小标题的字体设置为仿宋、字号设置为小四，字形设置为加粗，添加底纹，字体颜色设置为绿色，段前距和段后距各设置为6磅。

（7）将小标题“二、数据处理”之下的第1段进行首字下沉设置，下沉行数为2。

（8）将文档分成三栏。

（9）添加艺术型的页面边框，宽度设置为16磅。

训练2的效果图如图2-12所示。

电子计算机的应用

电子计算机的应用已日渐深入到人类生产、生活的各个领域，对电子计算机应用范围的分类，早期比较统一的看法是将其分为科学计算、数据处理、过程控制、电子计算机辅助系统、人工智能5个方面，近年来有人又扩展提出办公自动化、数据库应用、网络应用、现代通信等方面。

一、科学计算

科学计算也称数值计算，是电子计算机应用最早的也是最基本的应用领域。由于电子计算机具有高速度、高精度，因此其在现代科学研究和工程设计中已是不可缺少的计算工具，并扩展出计算数学、计算物理、计算天文学、计算生物学等边缘学科。40多年前，若使用人工计算某地3天后的天气变化，则需要6万多人计算才能得到结果，现在计算某地区4天的天气变化，用一般的电子计算机计算只需要用10分钟左右，没有电子计算机的帮助就不能及时发布天气预报。

二、数据处理

数据处理也称非数值计算，其特点是所处理的原始数据量大，计算方法相对比较简单。数据处理是指对信息进行采集、分析、存储、传送、检索等综合加工处理，从而得到人们所需要的数据形式。在电子计算机应用中，数据处理机时约占全部机时的2/3，居电子计算机应用的第一位。与其相关的各类软件，如数据库管理系统、表处理软件、图书资料检索系统、图形图像处理系统等也应运而生。

三、人工智能

人工智能也称智能模拟，是用电子计算机来模拟人类的感应、判断、理解、学习、问题求解等智能活动。人工智能是处于电子计算机应用研究较前沿的学科，主要应用在机器人、专家系统、模式识别、智能检索和机器自动翻译等方面。机器人分为工业机器人和智能机器人两类，智能机器人具有感应和识别能力，能回答人类的问题。据报导，目前世界上约有76万台机器人，其中日本约有41万台，美国约有10万台。焊接机器人、喷漆机器人在日本的汽车行业中使用最普遍。

四、电子计算机辅助设计

电子计算机辅助设计（CAD，Computer Aided Design），就是用电子计算机帮助设计人员进行设计。随着图形设备及相关软件的发展，CAD的应用自20世纪80年代以来获得高速发展，现已在电子、机械、航空、船舶、汽车、化工、服装、建筑等行业得到广泛应用。

CAD技术的一大优点是可以利用电子计算机的快速运算能力，任意改变产品的设计参数，从而得到多种设计方案，选出最佳设计；还可以进一步通过工程分析、模拟测试等方法，用电子计算机仿真模拟代替制造产品的模型（样品），从而降低产品的试制成本，缩短产品的设计、试制周期，增强产品的市场竞争能力。上述方法有时也称为电子计算机辅助工程（CAE），或与CAD合称CAD-CAE。

五、过程控制

过程控制也称实时控制，不仅在国防、工业生产中得到了广泛的应用，在农业生产中也得到应用。过程控制是指用电子计算机系统及时采集检测信息，按最佳值立即对被控制对象进行自动调节或控制。实时控制在生产过程中的应用不但提高了生产效率，降低了成本，也提高了产品的精度和质量。在军事应用方面，现在洲际防空导弹在万里以外发射，命中目标精度在几米范围以内。

图2-12　训练2的效果图

录入样文。

计算机的应用

计算机的应用已日渐深入到人类生产、生活的各个领域，对计算机应用范围的分类，早期比较统一的看法是将其分为科学计算、数据处理、过程控制、计算机辅助系统、人工智能 5 个方面，近年来有人又扩展提出办公自动化、数据库应用、网络应用、现代通信等方面。

一、科学计算

科学计算也称数值计算，是计算机应用最早的也是最基本的应用领域。由于计算机具有高速度、高精度，因此其在现代科学研究和工程设计中已是不可缺少的计算工具，并扩展出计算数学、计算物理、计算天文学、计算生物学等边缘学科。40 多年前，若使用人工计算某地 3 天后的天气变化,则需要 6 万多人计算才能得到结果,现在计算某地区 4 天的天气变化,用一般的计算机计算只需要用 10 分钟左右，没有计算机的帮助就不能及时发布天气预报。

二、数据处理

数据处理也称非数值计算，其特点是所处理的原始数据量大，计算方法相对比较简单。数据处理是指对信息进行采集、分析、存储、传送、检索等综合加工处理，从而得到人们所需要的数据形式。在计算机应用中，数据处理机时约占全部机时的 2/3，居计算机应用的第一位。与之相关的各类软件，如数据库管理系统、表处理软件、图书资料检索系统、图形图像处理系统等也应运而生。

三、过程控制

过程控制也称实时控制，不仅在国防、工业生产中得到了广泛的应用，在农业生产中也得到应用。过程控制是指用计算机系统及时采集检测信息，按最佳值立即对被控制对象进行自动调节或控制。实时控制在生产过程中的应用不但提高了生产效率，降低了成本，也提高了产品的精度和质量。在军事应用方面，现在洲际防空导弹在万里以外发射，命中目标精度在几米范围以内。

四、计算机辅助设计

计算机辅助设计（CAD，Computer Aided Design），就是用计算机帮助设计人员进行设计。随着图形设备及相关软件的发展，CAD 的应用自 20 世纪 80 年代以来获得高速发展，现已在电子、机械、航空、船舶、汽车、化工、服装、建筑等行业得到广泛应用。

CAD 技术的一大优点是可以利用计算机的快速运算能力，任意改变产品的设计参数，从而得到多种设计方案，选出最佳设计；还可以进一步通过工程分析、模拟测试等方法，用计算机仿真模拟代替制造产品的模型（样品），从而降低产品的试制成本，缩短产品的设计、试制周期，增强产品的市场竞争能力。上述方法有时也称为计算机辅助工程（CAE），或与 CAD 合称 CAD-CAE。

五、人工智能

人工智能也称智能模拟，是用计算机来模拟人类的感应、判断、理解、学习、问题求解等智能活动。人工智能是处于计算机应用研究较前沿的学科，主要应用在机器人、专家系统、模式识别、智能检索和机器自动翻译等方面。机器人分为工业机器人和智能机器人两类，智能机器人具有感应和识别能力，能回答人类的问题。据报道，目前，世界上约有 76 万台机器人，其中日本约有 41 万台，美国约有 10 万台。焊接机器人、喷漆机器人在日本的汽车行业中使用最普遍。

训练 3　段落格式设置

录入样文，并完成以下操作。

（1）将纸张大小设置为 A4，上、下、左、右页边距均为 2 厘米。

（2）将“端午节的来历”这一行文字的字体设置为隶书，字号设置为初号，字体颜色设置为红色，对齐方式设置为分散对齐，并添加蓝色底纹。

（3）将正文设置为首行缩进 2 字符。

（4）将正文第 1～3 段 3 个段落的字体设置为幼圆，字号设置为小四，字体颜色设置为蓝色，行距设置为 1.25 倍行距；并为这 3 段添加边框，边框样式为上宽下细，颜色为橙色，宽度为 2.25 磅。

（5）将正文第 1 段设置为首字下沉 3 行。

（6）将正文第 4 段和第 5 段 2 个段落的字体设置为宋体，字号设置为小四，字体颜色设置为红色，行距设置为 1.5 倍行距；并为这 2 段添加底纹，底纹的颜色为黄色。

（7）将正文最后 1 段的字体设置为楷体，字号设置为小四，字体颜色设置为绿色，行距设置为固定值 20 磅；并添加宽度为 1.5 磅、样式为波浪线的左、右框线。

（8）为正文最后 1 句话添加着重号。

训练 3 的效果图如图 2-13 所示。

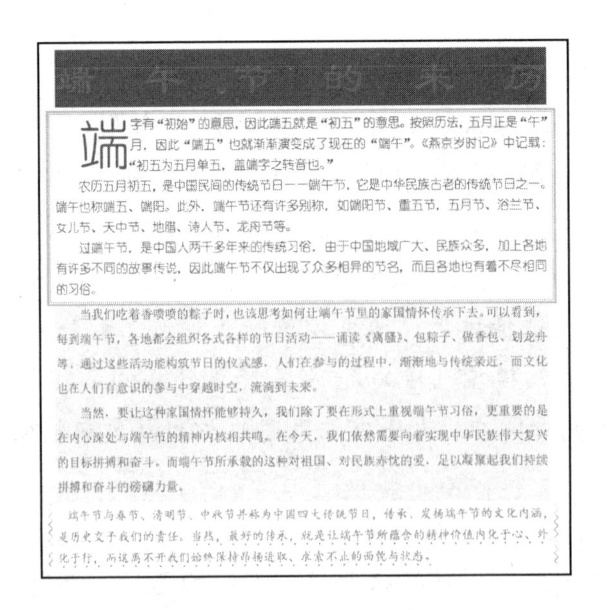

端午节的来历

端字有“初始”的意思，因此端五就是“初五”的意思。按照历法，五月正是“午”月，因此“端五”也就渐渐演变成了现在的“端午”。《燕京岁时记》中记载：“初五为五月单五，盖端字之转音也。”

农历五月初五，是中国民间的传统节日——端午节，它是中华民族古老的传统节日之一。端午也称端五、端阳。此外，端午节还有许多别称，如端阳节、重五节，五月节、浴兰节、女儿节、天中节、地腊、诗人节、龙舟节等。

过端午节，是中国人两千多年来的传统习俗，由于中国地域广大、民族众多，加上各地有许多不同的故事传说，因此端午节不仅出现了众多相异的节名，而且各地也有着不尽相同的习俗。

当我们吃着香喷喷的粽子时，也该思考如何让端午节里的家国情怀传承下去。可以看到，每到端午节，各地都会组织各式各样的节日活动——诵读《离骚》、包粽子、做香包、划龙舟等，通过这些活动能构筑节日的仪式感，人们在参与的过程中，渐渐地与传统亲近，而文化也在人们有意识的参与中穿越时空，流淌到未来。

当然，要让这种家国情怀能够持久，我们除了要在形式上重视端午节习俗，更重要的是在内心深处与端午节的精神内核相共鸣。在今天，我们依然需要向着实现中华民族伟大复兴的目标拼搏和奋斗。而端午节所承载的这种对祖国、对民族赤忱的爱，足以凝聚起我们持续拼搏和奋斗的磅礴力量。

端午节与春节、清明节、中秋节并称为中国四大传统节日，传承、发扬端午节的文化内涵，是历史交予我们的责任。当然，最好的传承，就是让端午节所蕴含的精神价值内化于心、外化于行，而这离不开我们始终保持昂扬进取、求索不止的面貌与状态。

图 2-13　训练 3 的效果图

录入样文。

端午节的来历

端字有“初始”的意思，因此端五就是“初五”的意思。按照历法，五月正是“午”月，因此“端五”也就渐渐演变成了现在的“端午”。《燕京岁时记》中记载：“初五为五月单五，盖端字之转音也。”

农历五月初五，是中国民间的传统节日——端午节，它是中华民族古老的传统节日之一。端午也称端五、端阳。此外，端午节还有许多别称，如端阳节、重五节，五月节、浴兰节、女儿节、天中节、地腊、诗人节、龙舟节等。

过端午节，是中国人两千多年来的传统习俗，由于中国地域广大、民族众多，加上各地有许多不同的故事传说，因此端午节不仅出现了众多相异的节名，而且各地也有着不尽相同的习俗。

当我们吃着香喷喷的粽子时，也该思考如何让端午节里的家国情怀传承下去。可以看到，每到端午节，各地都会组织各式各样的节日活动——诵读《离骚》、包粽子、做香包、划龙舟等。通过这些活动能构筑节日的仪式感，人们在参与的过程中，渐渐地与传统亲近，而文化也在人们有意识的参与中穿越时空，流淌到未来。

当然，要让这种家国情怀能够持久，我们除了要在形式上重视端午节习俗，更重要的是在内心深处与端午节的精神内核相共鸣。在今天，我们依然需要向着实现中华民族伟大复兴的目标拼搏和奋斗。而端午节所承载的这种对祖国、对民族赤忱的爱，足以凝聚起我们持续拼搏和奋斗的磅礴力量。

端午节与春节、清明节、中秋节并称为中国四大传统节日，传承、发扬端午节的文化内涵，是历史交予我们的责任。当然，最好的传承，就是让端午节所蕴含的精神价值内化于心、外化于行，而这离不开我们始终保持昂扬进取、求索不止的面貌与状态。

图形对象

技能目标

- 掌握图形和图片的插入方法。
- 掌握图片格式的设置（图片边框、效果及版式）。
- 掌握自选图形的绘制和编辑。
- 掌握简单数学公式的插入和编辑。
- 掌握文本框的创建与使用。
- 掌握艺术字的插入与编辑。

经典理论题型

一、选择题

1. 在 Word 2010 中，关于插入到 Word 文档中的图形文件，以下描述正确的是（　　）。

   A. 图形文件只能是在“照片编辑器”中形成的

   B. 图形文件只能是在“Word”中形成的

C．图形文件只能是在“画图”中形成的

D．图形文件可以是 Windows 支持的多种格式

题型解析：在 Word 2010 中，可以插入多种格式的图形文件，如“.jpg”“.bmp”“.gif”“.png”等格式。因此，答案为 D。

2．在 Word 2010 中，要精确调整选定图形的大小，会用到（　　）选项卡中的命令。

A．绘图工具/格式　　B．页面布局

C．插入　　D．视图

题型解析：若要精确调整选定图形的大小，即设置图形的高度和宽度，则应该在“绘图工具/格式”选项卡中的“大小”功能区进行设置。因此，答案为 A。

二、判断题

1．在 Word 2010 中，文本框的文字环绕方式都是浮于文字上方的。（　　）

题型解析：在 Word 2010 中，文本框的文字环绕方式可以设置为嵌入型、四周型、紧密型、穿越型、上下型、衬于文字下方、浮于文字上方。插入文本框后文字环绕方式默认为浮于文字上方。因此，该叙述错误。

2．在 Word 2010 中，建立公式需要单击“插入”选项卡的“插图”功能区中的相关按钮。（　　）

题型解析：在 Word 2010 中，建立公式需要单击“插入”选项卡的“符号”功能区中的相关按钮。因此，该叙述错误。

三、填空题

1．在 Word 2010 的编辑状态下，编辑数学公式需要单击“插入”选项卡的“符号”功能区中的____________按钮。

题型解析：在 Word 2010 的编辑状态下，建立公式需要单击“插入”选项卡的“符号”功能区中的“公式”按钮。

2．在 Word 2010 中，插入艺术字需要单击“插入”选项卡的“____________”功能区中的“艺术字”按钮。

题型解析：在 Word 2010 中，插入艺术字需要单击“插入”选项卡的“文本”功能区中的“艺术字”按钮。

理论同步练习

一、选择题

1．插入艺术字应选择（　　）选项卡。

A．开始　　B．格式

C．设计　　D．插入

2．在 Word 2010 中，在“插入”选项卡的“插图”功能区中不可能实现插入（　　）。

A．公式　　B．剪贴画

C．图片　　D．形状

3．下列关于 Word 2010 的说法不正确的是（　　）。

A．能处理文字　　B．能处理表格

C．不能在文档中插入图形　　D．能在文档中插入图形

4．在 Word 2010 中插入的图片，对其编辑时（　　）。

A．只能缩放，不能剪裁　　B．只能剪裁，不能缩放

C．既可以剪裁，也可以缩放　　D．根据图形的类型而定

5．在 Word 2010 中，按住（　　）键拖动图片可以复制图片。

A．【Ctrl】　　B．【Shift】

C．【Alt】　　D．【Tab】

6．在 Word 2010 中，选定图形的简单方法是（　　）。

A．选定图形占有的所有区域　　B．双击图形

C．单击图形　　D．选定图形所在的页

7．若想实现图片位置的微调，可以使用的方法是（　　）。

A．按住【Shift】键和方向键　　B．按住【Alt】键和方向键

C．按住【Ctrl】键和方向键　　D．按住【Space】键和方向键

8．在 Word 2010 中，以下关于艺术字的说法正确的是（　　）。

A．在编辑区右击，在弹出的快捷菜单中选择“艺术字”选项，可以完成艺术字的插入

B．插入文本区的艺术字不可以再更改文字内容

C．艺术字可以像图片一样设置其与文字的环绕关系

D．在“艺术字样式”功能区中的“文本轮廓”设置的线条色是指艺术字四周矩形方框的颜色

9．关于 Word 2010 文本框的说法正确的是（　　）。

A．Word 2010 中提供了横排和纵排两种类型的文本框
B．在文本框中不可以插入图片
C．在文本框中不可以使用项目符号
D．通过改变文本框中的文字方向不可以实现横排和纵排的转换

10．在 Word 2010 中，图像与文本可以多种环绕方式混排，（　　）不是其提供的环绕方式。
A．四周型　　　　B．穿越型
C．上下型　　　　D．左右型

二、判断题

1．在 Word 2010 中，图形的对齐方式没有底端对齐。（　　）
2．在 Word 2010 中，对插入的图片不能进行放大或缩小操作。（　　）
3．在 Word 2010 中，插入艺术字后还可改变艺术字中的文字。（　　）
4．在 Word 2010 中，插入图片后若想将其作为水印，则应将该图片置于文字下层。（　　）
5．在 Word 2010 中，如果需要对插入的图片精确定位，那么图片与文字的环绕方式就应该选择嵌入型。（　　）
6．在 Word 2010 中，插入的图片只能按比例缩放。（　　）
7．在 Word 2010 中，插入的剪贴画默认的文字环绕方式是四周型。（　　）
8．在 Word 2010 中，建立组织结构图后不能改变其布局。（　　）
9．在 Word 2010 中，形状可以设置阴影效果。（　　）
10．在 Word 2010 中，只能插入横排文本框。（　　）

三、填空题

1．在 Word 2010 中，插入剪贴画时，首先要做的是将______定位在文档需要插入剪贴画的位置。

2．在 Word 2010 中，图片默认的环绕方式是________。

3．在 Word 2010 中，对图片进行裁剪的方法是：选中图片，单击“___________”选项卡的“______”功能区中的“______”按钮。

4．在 Word 2010 中，利用 SmartArt 图形制作流程图时，若要新增图形，则需要单击“____________”选项卡的“__________”功能区中的“_____________”按钮，系统会在选中的形状后添加一个形状。

5．在 Word 2010 中，文本框中的文字方向有_______、________、将所有文字旋转 90°、将所有文字旋转 270°和将中文字符旋转 270° 5 种。

6．在 Word 2010 中，文本框的大小可以调整，只要首先____________，然后用鼠标拖动即可。

7．在 Word 2010 中，对图片设置__________________环绕方式后，可以形成水印效果。

8．在 Word 2010 中，选定图片后，按住__________键再拖动图片的尺寸控点，可使图片以原中心点缩放图片。

9．在 Word 2010 中，若要放大图片，则应单击“格式”选项卡的“__________”功能区中的按钮。

10．在 Word 2010 编辑状态下，若要绘制层次结构图，则应选择“_________”选项卡中的选项。

经典实例

实例 1　在文档中插入剪贴画、艺术字

实例描述

- 页面设置：纸张大小设置为 A4，纸张方向设置为纵向，上、下、左、右页边距各设置为 2 厘米。
- 文本设置：字体设置为宋体、字号设置为小四、行距设置为 1.5 倍行距。
- 输入标题“冬奥会开幕式上，惊艳世人的二十四节气是什么？”，将字体设置为华文隶书，字号设置为三号，对齐方式设置为居中。
- 插入资料包中提供的图片文件“立春 2.jpg”，文字环绕设置为四周型，垂直距页面下侧 3.5 厘米，水平距页面右侧 14 厘米，图片的高度设置为 5 厘米，宽度设置为 5 厘米。
- 插入剪贴画：在剪贴画任务窗格中搜索文字“运动”，单击需要的剪贴画，插入到文档的末尾，文字环绕设置为四周型，设置剪贴画的高度为 5 厘米，宽度为 5 厘米。
- 插入艺术字：插入艺术字“北京冬奥会”，艺术字效果设置为“填充-红色、强调文字颜色 2”；为艺术字添加效果“发光-红色、8PT 发光、强调文字颜色 2”；转换为山形；艺术字的字体设置为方正舒体，然后调整艺术字的大小及位置。
- 将此文档以原文档名保存。

实例 1 的效果图如图 3-1 所示。

冬奥会开幕式上，惊艳世人的二十四节气是什么？

2022 年北京冬奥会开幕式在国家体育场盛大举行！整场盛典以二十四节气为序曲，从“雨水”开始，一路倒数，最终行至“立春”。而 2022 年 2 月 4 日，北京冬奥会开幕之日，也正是新一年的“立春”节气。

那么，在开幕式上，以美轮美奂的视觉设计呈现，寄托丰富文化内涵的二十四节气，究竟是什么？

二十四节气是中国古人通过观察太阳周年运动，认知一年中时令、气候、物候等方面变化规律所形成的知识体系和社会实践。

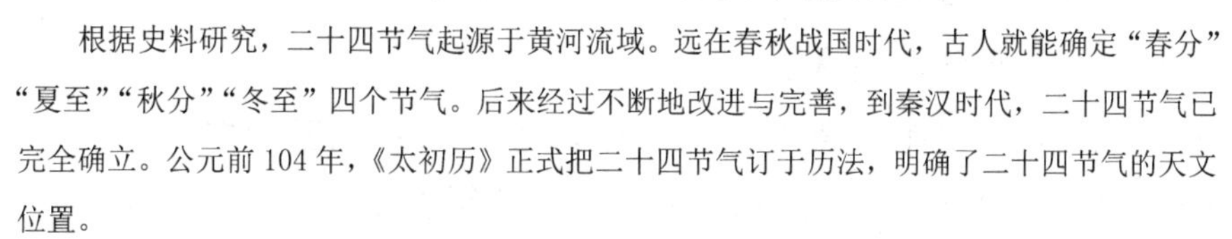

根据史料研究，二十四节气起源于黄河流域。远在春秋战国时代，古人就能确定“春分”“夏至”“秋分”“冬至”四个节气。后来经过不断地改进与完善，到秦汉时代，二十四节气已完全确立。公元前 104 年，《太初历》正式把二十四节气订于历法，明确了二十四节气的天文位置。

二十四节气中的大部分节气的相关内容其实并非太阳的运行情况，而是“物候”状况。由于物候随冷暖变化而变化，总是与太阳周年运动有关，因此二十四节气是根据太阳在黄道上的周年运动而推算出来的。

黄道一圈为 360 度，如果以春分时太阳在黄道所处的位置为黄道 0 度，每隔 15 度取一个点，恰好可以得到 24 个点。从理论上说，这 24 个点所在的位置就是 24 个节气的位置。每隔大约 15 天，太阳就转动 15 度（实际情况是地球绕太阳转动 15 度），就到了一个节气。

二十四节气代表着一年的时光轮回，也代表人与自然和世界相处的方式，用它来倒计时体现了中国人对时间的理解。“立春”之日，冬奥会开幕，也寓意各国朋友共同迎接一个新的春天。此外，北京冬奥会是历史上的第 24 届冬奥会，恰与二十四节气的数字相吻合。

图 3-1　实例 1 的效果图

要点分析

本实例主要包括 6 个方面的内容：页面设置；插入空行，输入标题；字体、字号、对齐方式的设置；图片插入和格式设置；剪贴画的插入和格式设置；艺术字的插入和格式设置。

上机指导

（1）准备工作。录入样文。

2022 年北京冬奥会开幕式在国家体育场盛大举行！整场盛典以二十四节气为序曲，从“雨水”开始，一路倒数，最终行至“立春”。而 2022 年 2 月 4 日，北京冬奥会开幕之日，也正是新一年的“立春”节气。

那么，在开幕式上，以美轮美奂的视觉设计呈现，寄托丰富文化内涵的二十四节气，究竟是什么？

二十四节气是中国古人通过观察太阳周年运动，认知一年中时令、气候、物候等方面变化规律所形成的知识体系和社会实践。

根据史料研究，二十四节气起源于黄河流域。远在春秋战国时期，古人就能确定“春分”“夏至”“秋分”“冬至”四个节气。后来经过不断地改进与完善，到秦汉时期，二十四节气已完全确立。公元前 104 年，《太初历》正式把二十四节气订于历法，明确了二十四节气的天文位置。

二十四节气中的大部分节气的相关内容其实并非太阳的运行情况，而是“物候”状况。由于物候随冷暖变化而变化，总是与太阳周年运动有关，因此二十四节气是根据太阳在黄道上的周年运动而推算出来的。

黄道一圈为 360 度，如果以春分时太阳在黄道所处的位置为黄道 0 度，每隔 15 度取一个点，恰好可以得到 24 个点。从理论上说，这 24 个点所在的位置就是 24 个节气的位置。每隔大约 15 天，太阳就转动 15 度（实际情况是地球绕太阳转动 15 度），就到了一个节气。

二十四节气代表着一年的时光轮回，也代表人与自然和世界相处的方式，用它来倒计时体现了中国人对时间的理解。“立春”之日，冬奥会开幕，也寓意各国朋友共同迎接一个新的春天。此外，北京冬奥会是历史上的第 24 届冬奥会，恰与二十四节气的数字相吻合。

（2）插入空行。将光标移至文档的第 1 行最左侧，按下【Enter】键，在第 1 行的上方插入 1 行空行。

（3）输入标题。在空行中输入标题“冬奥会开幕式上，惊艳世人的二十四节气是什么？”，选中标题文本，将字体设置为华文隶书，字号设置为三号，对齐方式设置为居中。

（4）选中除标题外的其他文本，字体设置为宋体，字号设置为小四，行距设置为 1.5 倍行距。

（5）页面设置。单击“页面布局”选项卡的“页面设置”功能区中的“纸张大小”按钮，在下拉列表中选择“A4”选项，再单击“纸张方向”按钮，在下拉列表中选择“纵向”选项，最后在“页边距”下拉列表中选择“自定义边距”选项，打开如图 3-2 所示的“页面设置”对话框，在“页边距”选项卡中设置上、下、左、右页边距均为 2 厘米。

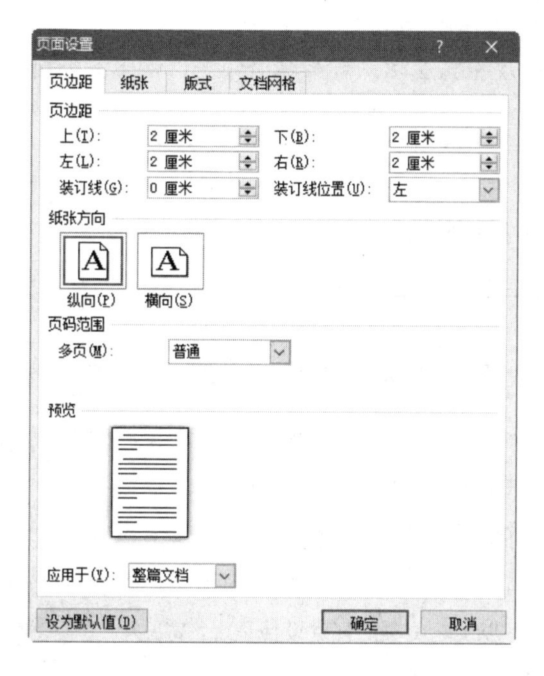

图 3-2　“页面设置”对话框

心灵手巧：可以在“页面设置”对话框中设置纸张类型、纸张方向和页边距。

（6）插入图片。单击“插入”选项卡的“插图”功能区中的“图片”按钮，打开“插入图片”对话框，选择资料包中提供的图片文件“立春.jpg”，单击“插入”按钮。

（7）设置图片格式。选中插入的图片，单击“图片工具/格式”选项卡的“排列”功能区中的“位置”按钮，在下拉列表中选择“其他布局选项”选项，打开“布局”对话框，如图 3-3 所示，在“文字环绕”选项卡中将文字环绕设置为“四周型”，在“位置”选项卡中设置垂直距页面下侧 3.5 厘米，水平距页面右侧 14 厘米，在“大小”选项卡中设置图片的高度为 5 厘米，宽度为 5 厘米。

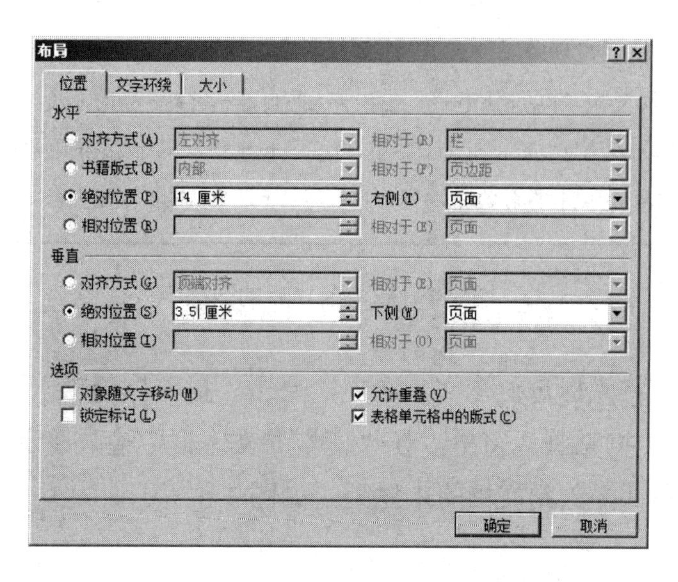

图 3-3　“布局”对话框

心灵手巧：在设置图片高度和宽度时，需要取消锁定纵横比，否则将在保持原图片高宽比例的情况下进行图片的缩放。

插入图片后的效果如图 3-4 所示。

冬奥会开幕式上，惊艳世人的二十四节气是什么？

2022 年北京冬奥会开幕式在国家体育场盛大举行！整场盛典以二十四节气为序曲，从“雨水”开始，一路倒数，最终行至“立春”。而 2022 年 2 月 4 日，北京冬奥会开幕之日，也正是新一年的“立春”节气。

那么，在开幕式上，以美轮美奂的视觉设计呈现，寄托丰富文化内涵的二十四节气，究竟是什么？

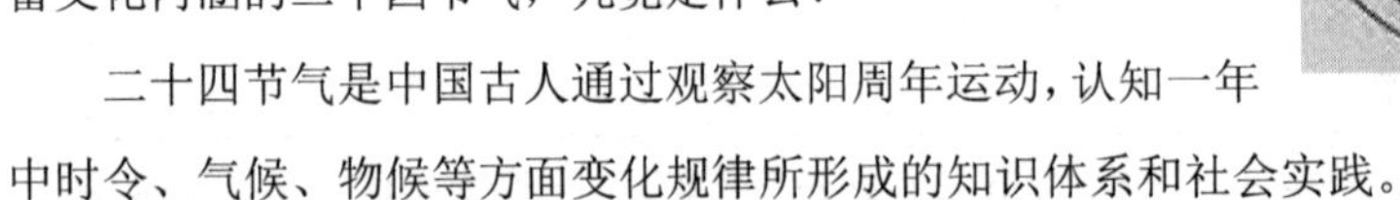

二十四节气是中国古人通过观察太阳周年运动，认知一年中时令、气候、物候等方面变化规律所形成的知识体系和社会实践。

根据史料研究，二十四节气起源于黄河流域。远在春秋战国时代，古人就能确定“春分”“夏至”“秋分”“冬至”四个节气。后来经过不断地改进与完善，到秦汉时代，二十四节气已完全确立。公元前 104 年，《太初历》正式把二十四节气订于历法，明确了二十四节气的天文位置。

二十四节气中的大部分节气的相关内容其实并非太阳的运行情况，而是“物候”状况。由于物候随冷暖变化而变化，总是与太阳周年运动有关，因此二十四节气是根据太阳在黄道上的周年运动而推算出来的。

黄道一圈为 360 度，如果以春分时太阳在黄道所处的位置为黄道 0 度，每隔 15 度取一个点，恰好可以得到 24 个点。从理论上说，这 24 个点所在的位置就是 24 个节气的位置。每隔大约 15 天，太阳就转动 15 度（实际情况是地球绕太阳转动 15 度），就到了一个节气。

二十四节气代表着一年的时光轮回，也代表人与自然和世界相处的方式，用它来倒计时体现了中国人对时间的理解。“立春”之日，冬奥会开幕，也寓意各国朋友共同迎接一个新的春天。此外，北京冬奥会是历史上的第 24 届冬奥会，恰与二十四节气的数字相吻合。

图 3-4　插入图片后的效果

（8）插入剪贴画。将光标定位在文字末尾，单击“插入”选项卡的“插图”功能区中的“剪贴画”按钮，打开“剪贴画”窗格，在“搜索”文本框中输入“运动”，单击“搜索”按钮，单击需要的剪贴画并插入到文档的末尾处，如图 3-5 所示。

冬奥会开幕式上，惊艳世人的二十四节气是什么？

2022 年北京冬奥会开幕式在国家体育场盛大举行！整场盛典以二十四节气为序曲，从“雨水”开始，一路倒数，最终行至“立春”。而 2022 年 2 月 4 日，北京冬奥会开幕之日，也正是新一年的“立春”节气。

那么，在开幕式上，以美轮美奂的视觉设计呈现，寄托丰富文化内涵的二十四节气，究竟是什么？

二十四节气是中国古人通过观察太阳周年运动，认知一年中时令、气候、物候等方面变化规律所形成的知识体系和社会实践。

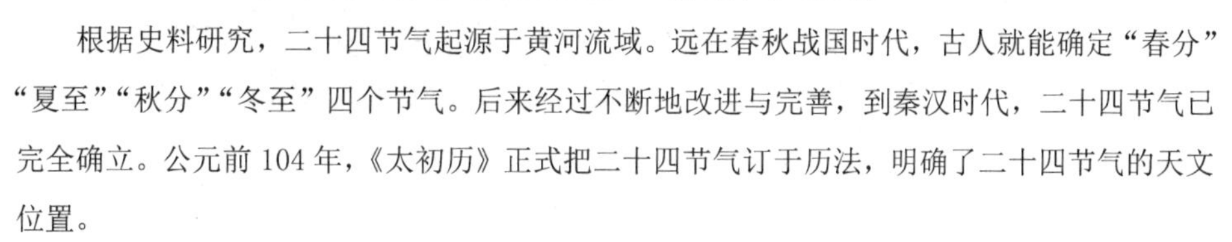

根据史料研究，二十四节气起源于黄河流域。远在春秋战国时代，古人就能确定“春分”“夏至”“秋分”“冬至”四个节气。后来经过不断地改进与完善，到秦汉时代，二十四节气已完全确立。公元前 104 年，《太初历》正式把二十四节气订于历法，明确了二十四节气的天文位置。

二十四节气中的大部分节气的相关内容其实并非太阳的运行情况，而是“物候”状况。由于物候随冷暖变化而变化，总是与太阳周年运动有关，因此二十四节气是根据太阳在黄道上的周年运动而推算出来的。

黄道一圈为 360 度，如果以春分时太阳在黄道所处的位置为黄道 0 度，每隔 15 度取一个点，恰好可以得到 24 个点。从理论上说，这 24 个点所在的位置就是 24 个节气的位置。每隔大约 15 天，太阳就转动 15 度（实际情况是地球绕太阳转动 15 度），就到了一个节气。

二十四节气代表着一年的时光轮回，也代表人与自然和世界相处的方式，用它来倒计时体现了中国人对时间的理解。“立春”之日，冬奥会开幕，也寓意各国朋友共同迎接一个新的春天。此外，北京冬奥会是历史上的第 24 届冬奥会，恰与二十四节气的数字相吻合。

图 3-5　插入剪贴画

（9）设置剪贴画格式。剪贴画默认是“嵌入型”环绕文字，选中剪贴画，单击“图片工具/格式”选项卡的“排列”功能区中的“位置”按钮，在下拉列表中选择“其他布局选项”选项，打开“布局”对话框，在“文字环绕”选项卡中选择“四周型”选项。在“大小”选项卡中设置图片的高度为 5 厘米，宽度为 5 厘米，如图 3-6 所示。

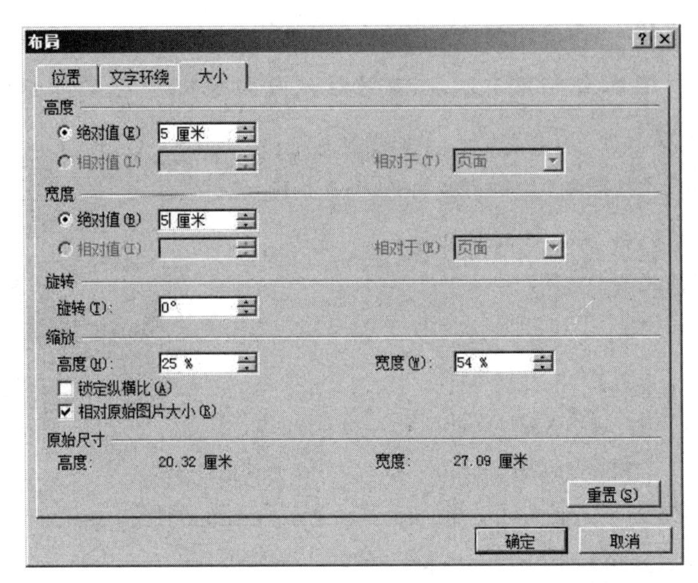

图 3-6　设置剪贴画大小

（10）插入艺术字。将光标定位在文档的合适位置，单击“插入”选项卡中的“文本”功能区中的“艺术字”按钮，在下拉列表中选择艺术字样式，如图 3-7 所示，输入“北京冬奥会”。

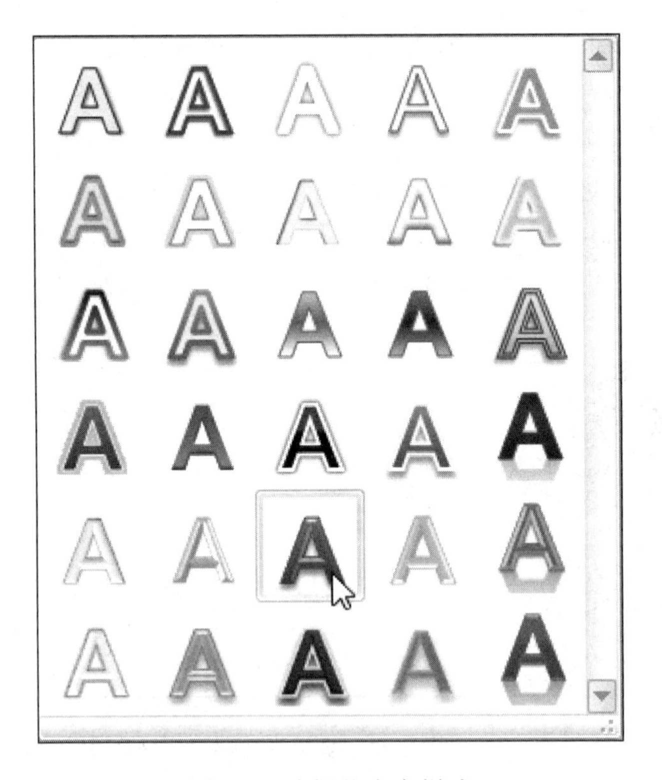

图 3-7　选择艺术字样式

（11）设置艺术字格式。选中艺术字，单击“绘图工具/格式”选项卡的“艺术字样式”功能区中的“文本效果”按钮，在下拉列表中选择“发光”选项，在下级列表中选择“发光-红色、8PT 发光、强调文字颜色 2”选项，设置艺术字的发光效果，如图 3-8 所示。选择“转换”选项，在下级列表中选择“山形”选项，设置艺术字的转换效果，如图 3-9 所示。

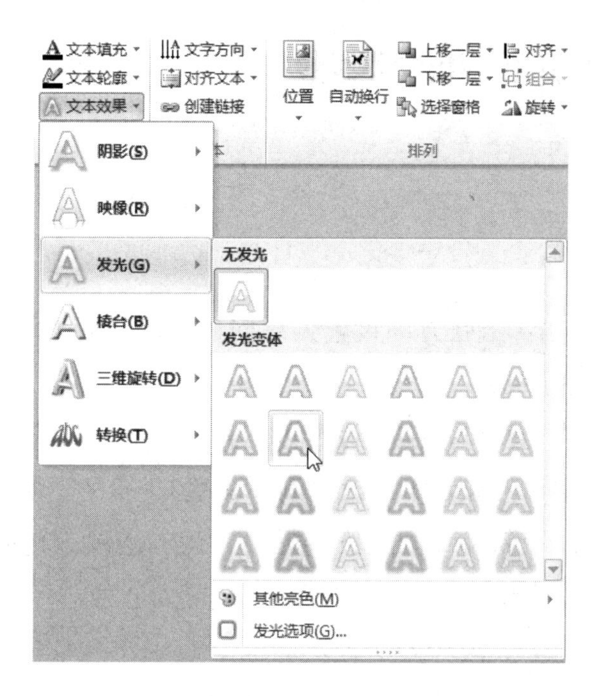

图 3-8　设置艺术字的发光效果

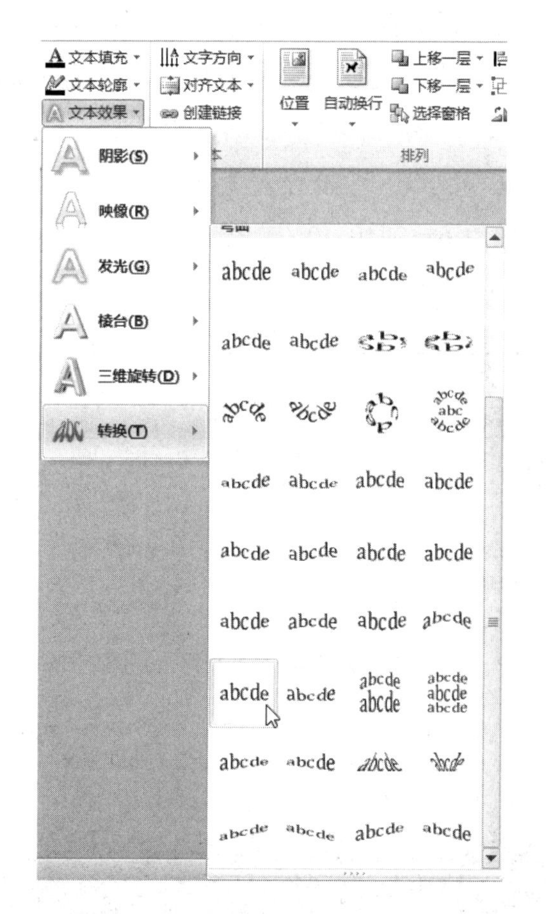

图 3-9　设置艺术字的转换效果

（12）设置艺术字的字体为方正舒体，然后调整艺术字的大小及位置。

实例 2　使用段落边框和底纹等效果

实例描述

- 纸张大小设置为 A4，纸张方向设置为纵向，上、下页边距各设置为 2 厘米，左、右页边距各设置为 3 厘米。
- 标题字体设置为华文楷体，字号设置为三号，对齐方式设置为居中。
- 标题设置为艺术字，艺术字样式设置为渐变填充-橙色、强调文字颜色 6、内部阴影；阴影效果设置为左下斜偏移；三维旋转设置为右透视；转换为波形 1。
- 将除标题外的文本字体设置为楷体，字号设置为五号，行距设置为固定值 20 磅，首行缩进 2 字符。将第 2 段分为两栏。
- 将除标题外的“舞龙”字体颜色设置为红色。
- 插入剪贴画：在剪贴画任务窗格中单击“搜索”按钮，单击图 3-10 左上角所示的剪贴画，插入到标题的左边，文字环绕为四周型，设置剪贴画高度为 1.5 厘米，宽度为 2 厘米。
- 对最后一段设置边框和底纹：边框设置为第四种虚线、橙色、1.5 磅。底纹颜色设置为橙色、强调文字颜色 6、淡色 40%、样式 12.5%。

实例 2 的效果图如图 3-10 所示。

舞龙俗称舞龙灯，是一种起源于中国的传统文化活动。舞龙源自古人对龙的崇拜，每逢喜庆节日，人们都会舞龙，从春节开始舞龙，到二月“龙抬头”、端午节时也会舞龙。以舞龙的方式来祈求平安和丰收已成为全国各地的一种民俗文化。舞龙，在民俗上与龙有着紧密的联系。舞龙所在地区不同，风俗有所不同，这也充分体现了我国因地域幅员辽阔，民间民俗文化具有多样性的特点。

舞龙时，舞龙者在龙珠的引导下，手持龙具，随鼓乐伴奏，通过动作的变化，如扭、挥、仰、跪、跳、摇等，展示龙的游戏，如穿、腾、跃、翻、滚、戏、缠等，显示出龙的姿态。有些地区在节日之夜舞龙，还同时燃放烟花、爆竹，在鼓、锣、钹、唢呐等乐器的伴奏下，龙显得气势更加雄伟、舞姿更加生动，下面簇拥着欢乐的人群，锣鼓齐鸣，好不热闹！

这种气势雄伟的场面，极大地调动了人们的情绪，振奋和鼓舞了人心。舞龙成为中华传统文化不可缺少的乐章，也体现了中国人民战天斗地、无往不胜的豪迈气概。

图 3-10　实例 2 的效果图

要点分析

本实例的主要内容包括页面设置、艺术字及其格式设置、文本格式设置、查找替换、剪贴画的插入和格式设置。

上机指导

（1）准备工作。录入样文。

舞龙

舞龙俗称舞龙灯，是一种起源于中国的传统文化活动。舞龙源自古人对龙的崇拜，每逢喜庆节日，人们都会舞龙，从春节开始舞龙，到二月“龙抬头”、端午节时也会舞龙。以舞龙的方式来祈求平安和丰收已成为全国各地的一种民俗文化。舞龙，在民俗上与龙有着紧密的联系。舞龙所在地区不同，风俗有所不同，这也充分体现了我国因地域幅员辽阔，民间民俗文化具有多样性的特点。

舞龙时，舞龙者在龙珠的引导下，手持龙具，随鼓乐伴奏，通过动作的变化，如扭、挥、仰、跪、跳、摇等，展示龙的游戏，如穿、腾、跃、翻、滚、戏、缠等，显示出龙的姿态。有些地区在节日之夜舞龙，还同时燃放烟花、爆竹，在鼓、锣、钹、唢呐等乐器的伴奏下，龙显得气势更加雄伟、舞姿更加生动，下面簇拥着欢乐的人群，锣鼓齐鸣，好不热闹！

这种气势雄伟的场面，极大地调动了人们的情绪，振奋和鼓舞了人心。舞龙成为中华传统文化不可缺少的乐章，也体现了中国人民战天斗地、无往不胜的豪迈气概。

（2）页面设置。单击“页面布局”选项卡的“页面设置”功能区中的右下箭头按钮，打开“页面设置”对话框，纸张大小设置为 A4，纸张方向设置为纵向，上、下页边距各设置为 2 厘米，左、右页边距各设置为 3 厘米。

（3）设置标题格式。选中标题，将字体设置为华文楷体，字号设置为三号，对齐方式设置为居中。

（4）设置标题为艺术字。选中标题，单击“插入”选项卡的“文本”功能区中的“艺术字”按钮，在下拉列表中设置艺术字样式为“渐变填充-橙色、强调文字颜色 6、内部阴影”。

（5）设置艺术字格式。选中艺术字，单击“绘图工具/格式”选项卡的“艺术字样式”选区中的“文本效果”按钮，在下拉列表中选择“阴影”选项，在下级列表中选择“左下斜偏移”选项；选择“三维旋转”选项，在下级列表中选择“右透视”选项；选择“转换”选项，在下级列表中选择“波形 1”选项。艺术字格式效果如图 3-11 所示。

（6）设置文本格式：选中除标题外的文本，字体设置为楷体，字号设置为五号，行距设置为固定值 20 磅，首行缩进 2 字符。选中第 2 段，单击“页面布局”选项卡的“页面设置”

功能区中的“分栏”按钮，在下拉列表中选择“两栏”选项。

舞龙俗称舞龙灯，是一种起源于中国的传统文化活动。舞龙源自古人对龙的崇拜，每逢喜庆节日，人们都会舞龙，从春节开始舞龙，到二月“龙抬头”、端午节时也会舞龙。以舞龙的方式来祈求平安和丰收已成为全国各地的一种民俗文化。舞龙，在民俗上与龙有着紧密的联系。舞龙所在地区不同，风俗有所不同，这也充分体现了我国因地域幅员辽阔，民间民俗文化具有多样性的特点。

舞龙时，舞龙者在龙珠的引导下，手持龙具，随鼓乐伴奏，通过动作的变化，如扭、挥、仰、跪、跳、摇等，展示龙的游戏，如穿、腾、跃、翻、滚、戏、缠等，显示出龙的姿态。有些地区在节日之夜舞龙，还同时燃放烟花、爆竹，在鼓、锣、钹、唢呐等乐器的伴奏下，龙显得气势更加雄伟、舞姿更加生动，下面簇拥着欢乐的人群，锣鼓齐鸣，好不热闹！

这种气势雄伟的场面，极大地调动了人们的情绪，振奋和鼓舞了人心。舞龙成为中华传统文化不可缺少的乐章，也体现了中国人民战天斗地、无往不胜的豪迈气概。

图 3-11　艺术字格式效果

（7）查找替换。选中除标题以外的文本，单击“开始”选项卡的“编辑”功能区中的“替换”按钮，打开“查找和替换”对话框，如图 3-12 所示。在“查找内容”文本框中输入“舞龙”，单击“更多”按钮，再次单击“查找内容”文本框，将光标放在“查找内容”文本框中，然后单击“格式”按钮，在下级列表中选择“字体”选项，打开“查找字体”对话框，字体设置为楷体，字号设置为五号，单击“确定”按钮。在“替换为”文本框中输入“舞龙”，利用相同的方法设置字体为楷体，字号设置为五号，字体颜色设置为红色。单击“全部替换”按钮，弹出提示框，单击“否”按钮。

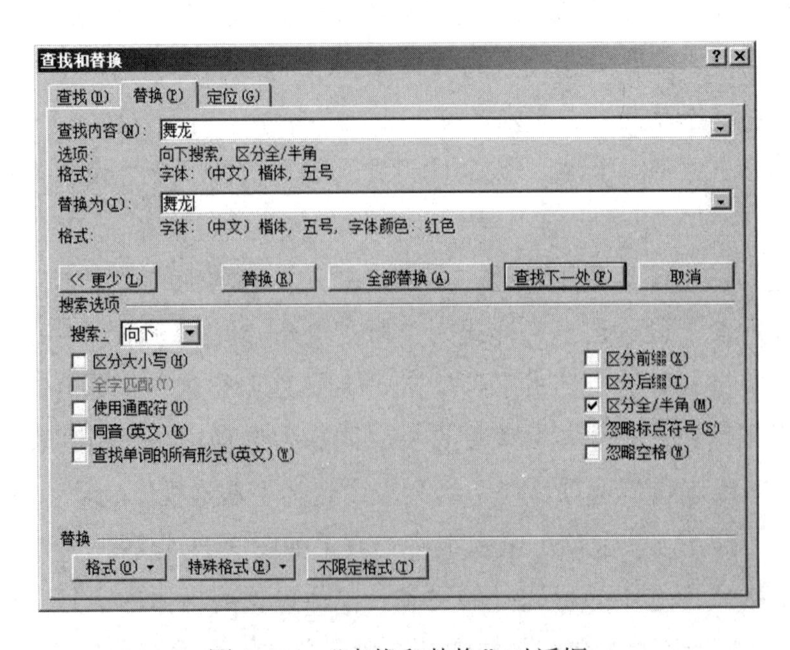

图 3-12　“查找和替换”对话框

心灵手巧：因为文中的文字格式已经更改，所以在查找替换时要进行格式设置。

（8）插入剪贴画。将光标定位于标题前面，单击“插入”选项卡的“插图”功能区中的“剪贴画”按钮，打开“剪贴画”窗格，如图 3-13 所示。单击“搜索”按钮，选择相应的剪贴画即可。

图 3-13 “剪贴画”窗格

（9）设置剪贴画格式。选中剪贴画，单击“图片工具/格式”选项卡的“排列”功能区中的“位置”按钮，在下拉列表中选择“其他布局选项”选项，打开“布局”对话框，在“文字环绕”选项卡中选择“四周型”选项。在“大小”选项卡中设置图片的高度为 1.5 厘米，宽度为 2 厘米。

（10）设置段落边框和底纹。选中最后 1 段，单击“开始”选项卡的“段落”功能区中的边框向下小箭头按钮，在下拉列表中选择“边框和底纹”选项，打开“边框和底纹”对话框。边框设置为“第四种虚线、橙色、强调文字颜色 6、深色 50%、宽 1.5 磅”。底纹设置为“橙色、强调文字颜色 6、淡色 40%、样式 12.5%”。边框和底纹的效果如图 3-14 所示。

舞龙俗称舞龙灯，是一种起源于中国的传统文化活动。舞龙源自古人对龙的崇拜，每逢喜庆节日，人们都会舞龙，从春节开始舞龙，到二月“龙抬头”、端午节时也会舞龙。以舞龙的方式来祈求平安和丰收已成为全国各地的一种民俗文化。舞龙，在民俗上与龙有着紧密的联系。舞龙所在地区不同，风俗有所不同，这也充分体现了我国国地域幅员辽阔，民间民俗文化具有多样性的特点。

舞龙时，舞龙者在龙珠的引导下，手持龙具，随鼓乐伴奏，通过动作的变化，如扭、挥、仰、跪、跳、摇等，展示龙的游戏，如穿、腾、跃、翻、滚、戏、缠等，显示出龙的姿态。有些地区在节日之夜舞龙，还同时燃放烟花、爆竹，在鼓、锣、钹、唢呐等乐器的伴奏下，龙显得气势更加雄伟、舞姿更加生动，下面簇拥着欢乐的人群，锣鼓齐鸣，好不热闹！

这种气势雄伟的场面，极大地调动了人们的情绪，振奋和鼓舞了人心。舞龙成为中华传统文化不可缺少的乐章，也体现了中国人民战天斗地、无往不胜的豪迈气概。

图 3-14　边框和底纹的效果

综合训练

训练 1　利用分栏排版

录入样文，并完成以下操作。

（1）将文章中的所有英文半角“:”替换为中文全角“：”。

（2）设置页边距：上、下页边距各设置为 2.4 厘米；左、右页边距各设置为 3 厘米。纸张大小设置为 A4。

（3）将标题“网店运营如何定位”的字体设置为华文新魏，字号设置为二号，字体颜色设置为深蓝色，对齐方式设置为居中，设置段前 1 行、段后 1 行。

（4）文章小标题的字体设置为楷体，字号设置为四号，字形设置为粗体，字体颜色设置为蓝色，对齐方式设置为左对齐，首行缩进 2 字符，设置段前、段后均为 0.3 行。

（5）将文章中所有文字（除了标题和小标题）的字体设置为宋体，字号设置为小四，对齐方式设置为左对齐，首行缩进 2 字符，行距设置为固定值 22 磅。

（6）将第一段文字分成等宽的两栏，加分割线。

（7）小标题下级标题的字形设置为加粗、字体颜色设置为红色。

（8）在文章中插入艺术字“开张纳客，诚信为本”，艺术字样式设置为第 5 行第 3 列样式；字体设置为华文楷体，字号设置为一号，字形设置为加粗，行距设置为单倍行距。将艺术字的宽度设置为 4.4 厘米，高度设置为 3.6 厘米。

（9）将艺术字的环绕方式设置为四周型，艺术字水平距页边距右侧 6 厘米，垂直距页边距下侧 7.7 厘米。

训练 2 的效果图如图 3-15 所示。

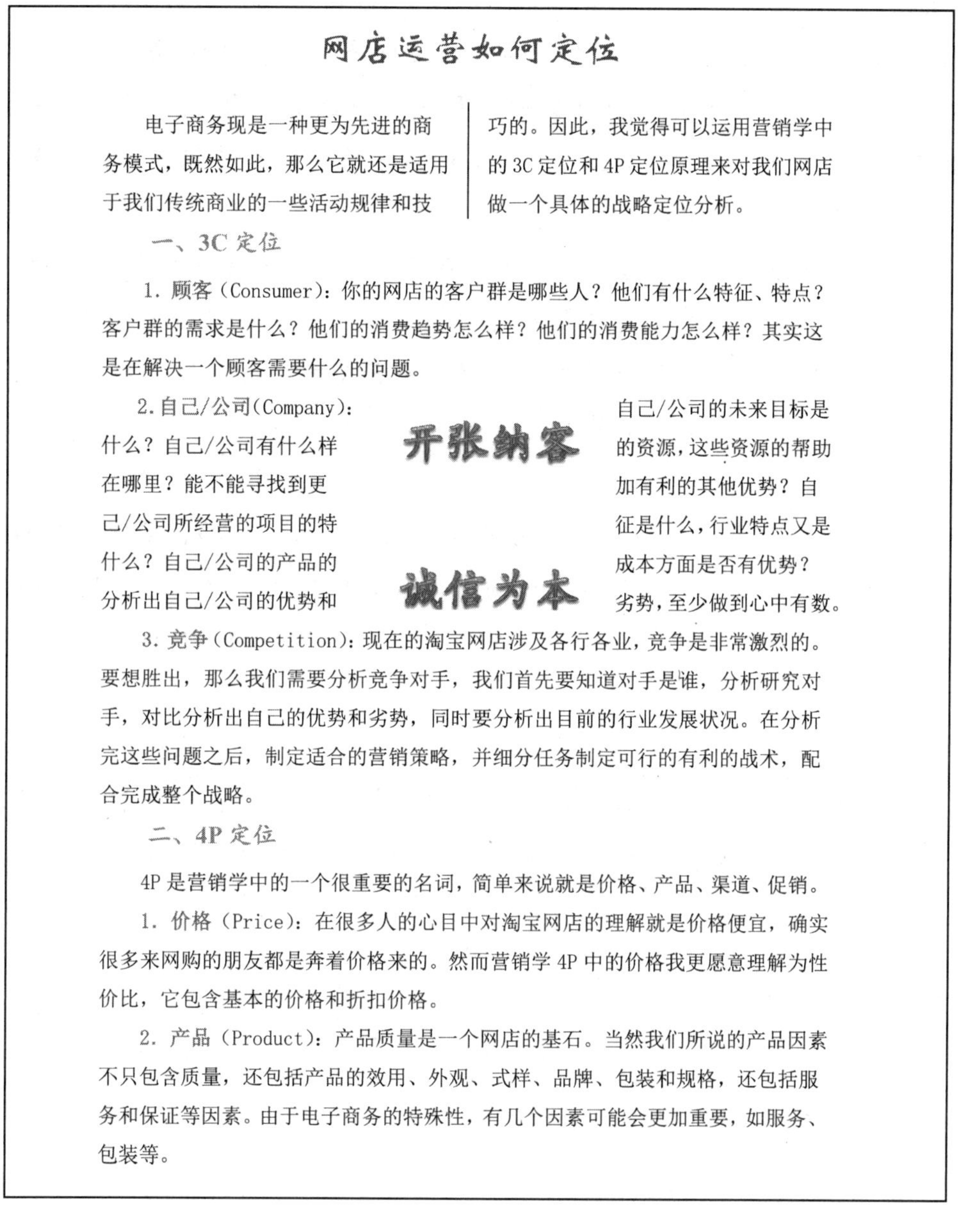

网店运营如何定位

电子商务现是一种更为先进的商务模式，既然如此，那么它就还是适用于我们传统商业的一些活动规律和技巧的。因此，我觉得可以运用营销学中的 3C 定位和 4P 定位原理来对我们网店做一个具体的战略定位分析。

一、3C 定位

1. 顾客（Consumer）：你的网店的客户群是哪些人？他们有什么特征、特点？客户群的需求是什么？他们的消费趋势怎么样？他们的消费能力怎么样？其实这是在解决一个顾客需要什么的问题。

2.自己/公司(Company)：自己/公司的未来目标是什么？自己/公司有什么样的资源，这些资源的帮助在哪里？能不能寻找到更加有利的其他优势？自己/公司所经营的项目的特征是什么，行业特点又是什么？自己/公司的产品的成本方面是否有优势？分析出自己/公司的优势和劣势，至少做到心中有数。

开张纳客

诚信为本

3. 竞争(Competition)：现在的淘宝网店涉及各行各业，竞争是非常激烈的。要想胜出，那么我们需要分析竞争对手，我们首先要知道对手是谁，分析研究对手，对比分析出自己的优势和劣势，同时要分析出目前的行业发展状况。在分析完这些问题之后，制定适合的营销策略，并细分任务制定可行的有利的战术，配合完成整个战略。

二、4P 定位

4P 是营销学中的一个很重要的名词，简单来说就是价格、产品、渠道、促销。

1. 价格（Price）：在很多人的心目中对淘宝网店的理解就是价格便宜，确实很多来网购的朋友都是奔着价格来的。然而营销学 4P 中的价格我更愿意理解为性价比，它包含基本的价格和折扣价格。

2. 产品（Product）：产品质量是一个网店的基石。当然我们所说的产品因素不只包含质量，还包括产品的效用、外观、式样、品牌、包装和规格，还包括服务和保证等因素。由于电子商务的特殊性，有几个因素可能会更加重要，如服务、包装等。

图 3-15　训练 1 的效果图

录入样文。

网店运营如何定位

电子商务现是一种更为先进的商务模式，既然如此，那么它就还是适用于我们传统商业的一些活动规律和技巧的。因此，我觉得可以运用营销学中的 3C 定位和 4P 定位原理来对我们网店做一个具体的战略定位分析。

一、3C定位

1．顾客（Consumer）：你的网店的客户群是哪些人？他们有什么特征、特点？客户群的需求是什么？他们的消费趋势怎么样？他们的消费能力怎么样？其实这是在解决一个顾客需要什么的问题。

2．自己/公司（Company）：自己/公司的未来目标是什么？自己/公司有什么样的资源，这些资源的帮助在哪里？能不能寻找到更加有利的其他优势？自己/公司所经营的项目的特征是什么、行业特点又是什么？自己/公司的产品的成本方面是否有优势？分析出自己/公司的优势和劣势，至少做到心中有数。

3．竞争（Competition）：现在的淘宝网店涉及各行各业，竞争是非常激烈的。要想胜出，那么我们需要分析竞争对手，我们首先要知道对手是谁，分析研究对手，对比分析出自己的优势和劣势，同时要分析出目前的行业发展状况。在分析完这些问题之后，制订适合的营销策略，并细分任务制订可行的有利的战术，配合完成整个战略。

二、4P定位

4P是营销学中的一个很重要的名词，简单来说就是价格、产品、渠道、促销。

1．价格（Price）：在很多人的心目中对淘宝网店的理解就是价格低，确实很多来网购的朋友都是奔着价格来的。然而营销学4P中的价格我更愿意理解为性价比，它包含基本的价格和折扣价格。

2．产品（Product）：产品质量是一个网店的基石。当然我们所说的产品因素不只包括质量，还包括产品的效用、外观、式样、品牌、包装和规格，还包括服务和保证等因素。由于电子商务的特殊性，有几个因素可能会更加重要，如服务、包装等。

训练2　录入公式

新建一个文档，录入以下公式。

（1）$\frac{x^2}{a^2}+\frac{y^2}{b^2}=1$。

（2）$\tan^2 x=\frac{2\tan x}{1-\tan^2 x}$。

（3）$|AB|=\sqrt{(x-x_0)^2+(y-y_0)^2}$。

（4）$\log_a M+\log_a N=\log_a MN$。

表格处理

技能目标

- 掌握创建规则表格和不规则表格的方法。
- 掌握文字和表格相互转换的方法。
- 掌握在表格中插入文本和图形等内容的方法。
- 掌握对表格进行插入、删除、调整等操作的方法和技巧。
- 掌握自动套用表格格式的方法。
- 掌握给表格中的文字设置格式和对齐的方法。
- 掌握设置表格的边框和底纹的方法和技巧。
- 掌握设置表格位置的方法。
- 掌握表格中的数据排序与计算的方法。

经典理论题型

一、选择题

1．在 Word 2010 中，建立 50 行 20 列规则表格的最好方式为（　　）。

A．在“插入”选项卡的“表格”功能区中单击“表格”按钮，在打开的表格样板中，向右下方拖动鼠标至第 50 行、20 列

B．在“插入”选项卡的“表格”功能区中单击“插入表格”按钮，在打开的“插入表格”对话框中，设置表格的列数为 20，行数为 50

C．在“插入”选项卡的“表格”功能区中单击“表格”按钮，在下拉列表中选择“插入表格”选项，在打开的“插入表格”对话框中，设置表格的列数为 20，行数为 50

D．在“插入”选项卡的“表格”功能区中单击“表格”按钮，在打开的“插入表格”对话框中，设置表格的列数为 20，行数为 50

题型解析：在 Word 2010 中，利用在表格样板中拖动鼠标的方法建立的表格最大为 8 行 10 列。因此，答案 A 错。打开“插入表格”对话框，单击“插入”选项卡的“表格”功能区中的“表格”按钮，在下拉列表中选择“插入表格”选项。因此，答案为 C。

2．在 Word 2010 中，如果要设置表格的外框线为双线，那么选取表格后可执行的操作是（　　）。

A．在“表格工具/设计”选项卡的“绘图边框”功能区中设置笔样式为双实线，在“表格样式”功能区中单击“边框”下拉按钮，在下拉列表中选择“外侧框线”选项

B．在“表格工具/布局”选项卡的“绘图边框”功能区中设置笔样式为双实线，在“表格样式”功能区中单击“边框”下拉按钮，在下拉列表中选择“外侧框线”选项

C．在“插入”选项卡的“表格”功能区中设置笔样式为双实线，在“表格样式”功能区单击“边框”下拉按钮，在下拉列表中选择“外侧框线”选项

D．在“插入”选项卡的“表格”功能区中设置外侧框线为双实线

题型解析：在 Word 2010 中设置表格边框线，需要首先在“表格工具/设计”选项卡的“绘图边框”功能区中设置笔样式，然后在“表格样式”功能区中单击“边框”下拉按钮，在下拉列表中选择要设置的框线，如图 4-1 所示。因此，答案为 A。

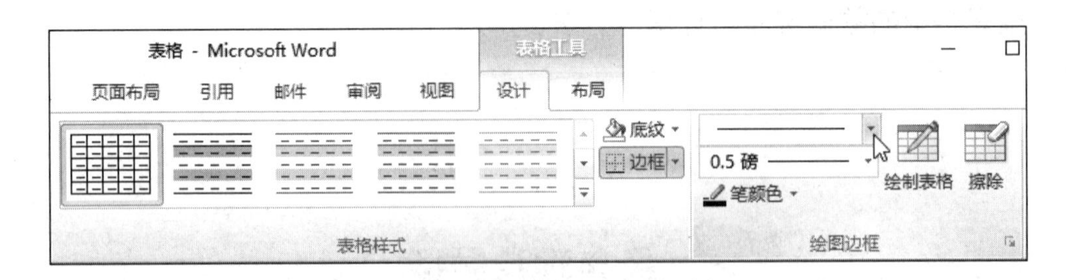

图 4-1　“表格样式”功能区和“绘图边框”功能区

3．在 Word 2010 中，若要计算图 4-2 所示的表中第 2 行第 6 列“A 商品”的“季度平均值”，则需要在“表格工具/布局”选项卡的“数据”功能区中单击“公式”按钮，打开“公式”对话框，应在“公式”文本框的“=”后面输入正确的公式是（　　）。

产品销售额（万元）

品名	一月	二月	三月	季度合计	季度平均值
A 商品	122	93	106		
B 商品	304	211	235		
C 商品	985	623	635		
D 商品	323	297	318		

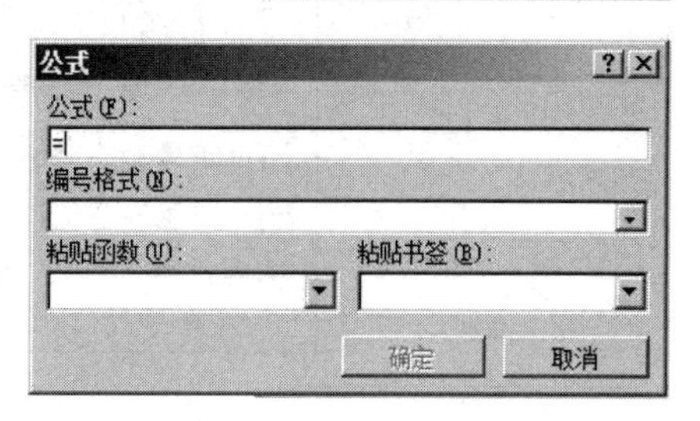

图 4-2　产品销售额和“公式”文本框

A．AVERAGE(B2:E2)　　　　B．AVERAGE(LEFT)

C．AVERAGE(ABOVE)　　　　D．AVERAGE(B2:D2)

题型解析：在 Word 2010“公式”文本框中，一方面要注意函数名的写法，另一方面要注意参数的写法。本题中函数名是“AVERAGE”，参数是 A 商品从一月到三月的销售额，即单元格 B2 到单元格 D2 的值，表示为“B2:D2”。因此，答案为 D。

二、判断题

1．在 Word 2010 中，文本可以转换成表格，但表格不可以转换成文本。　（　　）

题型解析：在 Word 2010 中，可以将已输入的文本转换成表格，也可以将表格转换成文本。因此，该叙述错误。

2．在 Word 2010 中删除单元格，只需要选中该单元格后按下【Delete】键即可。　（　　）

题型解析：在 Word 2010 中，选取单元格后直接按下【Delete】键的结果是删除单元格的内容，而不是删除单元格。若要删除单元格，则需要在选中该单元格后右击，在出现的快捷菜单中选择“删除单元格”选项；或在选取该单元格后单击“表格工具/布局”选项卡的“行和列”功能区中的“删除”按钮。因此，叙述错误。

三、填空题

1．在 Word 2010 中，如果对表格中的数值进行计算，那么就需要单击“表格工具/布局”选项卡的“数据”功能区中的“____________”按钮。

题型解析：在 Word 2010 中，可以对表格中的数据进行一些简单的求和、求平均值等计算。方法是首先将插入点移至保存计算结果的单元格，然后单击“表格工具/布局”选项卡的“数据”功能区中的“公式”按钮，如图 4-3 所示，在打开的“公式”对话框中输入相应公式后单击“确定”按钮即可。因此，答案为“公式”。

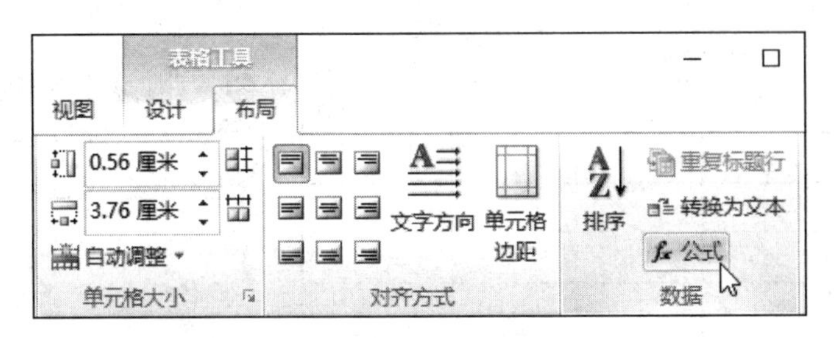

图 4-3　“数据”功能区中的“公式”按钮

2．在 Word 2010 中，如果表格每列的宽度由单元格内容的多少来决定，那么就需要选择“自动调整”下拉列表中的“____________”选项。

题型解析：Word 2010 表格在编辑状态下单击“表格工具/布局”选项卡的“单元格大小”功能区中的“自动调整”按钮，“自动调整”下拉列表中有“根据内容自动调整表格”“根据窗口自动调整表格”“固定列宽”3 个选项，如图 4-4 所示。其中，“根据内容自动调整表格”选项表示表格列宽由单元格内容的多少来决定。因此，本题的答案为“根据内容自动调整表格”。

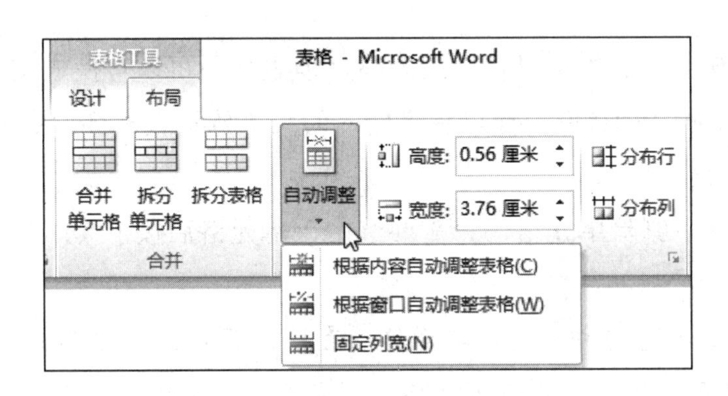

图 4-4　“自动调整”下拉列表

理论同步练习

一、选择题

1．在 Word 2010 中，将 3 行 4 列的单元格改为 3 行 6 列的单元格需要进行的操作是(　　)。

A．选取表格右面两列，右击，在快捷菜单中选择“插入” / “在右侧插入列”选项

B．选取表格右面两列，右击，在快捷菜单中选择“插入” / “在上方插入列”选项

C．选取表格左面两列，右击，在快捷菜单中选择“合并单元格”选项

D．以上均可

2．在 Word 2010 中，若要删除当前单元格所在的列，则应在“删除单元格”对话框中选择（　　）选项。

A.“右侧单元格左移”　　B.“下方单元格上移”

C.“删除整列”　　D.“删除整行”

3．在 Word 2010 中，不能生成表格的方法是（　　）。

A．单击“插入表格”按钮　　B．单击“快速表格”按钮

C．使用“绘制表格”工具　　D．选择“表格样式”选项

4．如果需要表格宽度随着 Web 浏览器宽度的改变而改变，那么就应在“自动调整”下拉列表中选择（　　）选项。

A.“固定列宽”　　B.“根据内容自动调整表格”

C.“根据窗口自动调整表格”　　D．以上均可

5．在 Word 2010 中，选取表格后将会出现（　　）。

A.“表格工具/布局”选项卡　　B.“表格工具”选项卡

C.“表格工具/设计”选项卡　　D．A 和 C

6．Word 2010 的“绘图边框”功能区位于（　　）。

A.“表格工具/设计”选项卡　　B.“表格工具/布局”选项卡

C.“表格工具/绘制”选项卡　　D.“表格工具/属性”选项卡

7．在 Word 2010 中，若要调整表格的列宽，则可以利用（　　）。

A．滚动条　　B．垂直标尺　　C．水平标尺　　D．表格样式

8．Word 2010 不能对表格中的数据进行（　　）。

A．排序　　B．求和　　C．求平均值　　D．分类汇总

9．在 Word 2010 中，当光标在表格中变为指向右上方的实心箭头时，双击选取的是（　　）。

A．当前单元格　　B．当前单元格所在行

C．当前单元格所在列　　D．整个表格

10．在 Word 2010 中，若要显示或隐藏表格内的虚框，则需要单击（　　）。

A.“绘制表格”按钮　　B.“表格样式”按钮

C.“查看网格线”按钮　　D.“绘制边框”按钮

二、判断题

1．在 Word 2010“插入表格”对话框中，系统默认值是 5 行 2 列。（　　）

2．在 Word 2010 单元格中插入一张图片，若图片的尺寸比单元格大，则图片自动调整大小以适应单元格。（　　）

3．在 Word 2010 中，将文字转换为表格，文字分隔符可以是段落标记。（　　）

4．在 Word 2010 中，为表格调整列宽只能在“表格属性”对话框中进行。（　　）

5．在 Word 2010 中删除单元格，选中该单元格再按下【Delete】键即可。（　　）

6．Word 2010 表格中的文字只能横向排列。 （ ）

7．在“表格属性”对话框中，表格的“对齐方式”下拉列表中没有“两端对齐”选项。 （ ）

8．在创建新表格时，Word 2010 中默认 1 磅的单实线作为表格的边框。 （ ）

9．在 Word 2010 中，表格的横向可以精确定位，纵向不能精确定位。 （ ）

10．Word 2010 表格中的数据进行排序时可以设置 3 个关键字。 （ ）

三、填空题

1．在 Word 2010 中，可在所选表格各列之间平均分布宽度的按钮是“____________”。

2．在 Word 2010 的表格中，将光标移至表格最后一行的末单元格中，按下__________键可以在表格底部添加一行。

3．在 Word 2010 中，若要精确设置表格的行高，则需要在“________”对话框中进行设置。

4．在 Word 2010 中，如果对当前表格样式不满意，那么可以选择“表格样式”下拉列表的“____________”选项来取消样式。

5．在 Word 2010 中对表格中的数据进行计算时，可以在“公式”文本框中输入公式，也可以在“__________”下拉列表中选取需要的函数。

6．在 Word 2010 表格编辑状态下，单击“__________”功能区中的“扩展”按钮会打开“表格属性”对话框。

7．若要绘制“斜下框线”，则需要单击“__________”功能区中的“边框”按钮。

8．在 Word 2010 表格编辑状态下，单击“绘图边框”功能区中的“扩展”按钮会打开“__________”对话框。

9．在 Word 2010 中，若要将一个表格拆分成两个表格，则需要单击“表格工具/布局”选项卡的“_______________”功能区中的“拆分表格”按钮。

10．在 Word 2010 中，利用鼠标调整表格的行高，必须在“__________”视图中进行。

经典实例

实例 1　制作规则表格——制作课程表

实例描述

课程表是常见的规则表格，本实例分为两项内容：第一，绘制一张课程表的表格，并对其进行调整；第二，在表格中录入文字，并对文字进行编辑。实例 1 的效果图如图 4-5 所示。

课程表

星期 节次	星期一	星期二	星期三	星期四	星期五
1	语文	数学	英语	数学	语文
2	数学	英语	语文	英语	数学
3	英语	生物	美术	语文	地理
4	物理	语文	数学	生物	英语
5	音乐	地理	物理	历史	政治
6	政治	历史	体育	心理	体育
7	班会	团课	书法	自习	自习
8	自习	自习	自习	课外活动	自习

图 4-5　实例 1 的效果图

要点分析

本实例需要在新建文档后创建规则表格，然后在表格中录入文字并进行编辑。

上机指导

操作过程分为“创建表格”和“录入并编辑文字内容”2 个步骤。

步骤 1　创建表格。

（1）新建一个空白文档。

（2）页面设置。在“页面布局”选项卡的“页面设置”功能区中单击“纸张方向”按钮，在下拉列表中选择“横向”选项。单击“纸张大小”按钮，在下拉列表中选择“A5”选项。单击“页边距”按钮，在下拉列表中选择“自定义边距”选项，设置上、下、左、右页边距均为 2.5 厘米。

（3）标题设置。录入文字“课程表”，按下【Enter】键换行，为创建表格做准备。

（4）创建规则表格。单击“插入”选项卡的“表格”功能区中的“表格”按钮，在下拉列表中选择“插入表格”选项，在打开的“插入表格”对话框中设置表格的列数为 6，行数为 9，单击“确定”按钮，如图 4-6 所示。

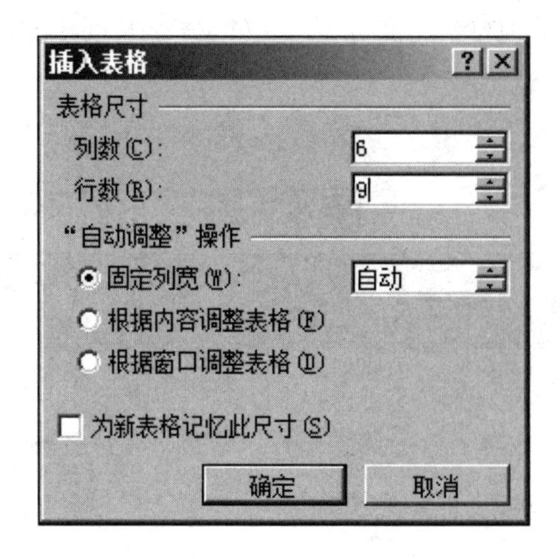

图 4-6 “插入表格”对话框

（5）设置单元格大小。单击表格左上方的全选柄按钮选取整个表格，单击“表格工具/布局”选项卡，在“单元格大小”功能区中设置单元格的高度为 0.8 厘米，宽度为 2 厘米，如图 4-7 所示。

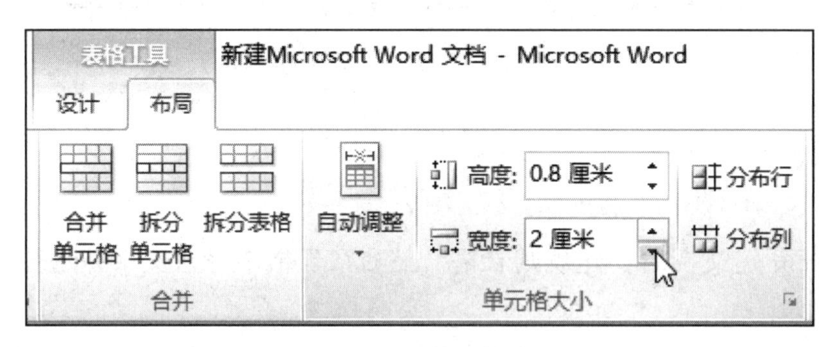

图 4-7 设置单元格大小

（6）设置表格样式。在“表格工具/设计”选项卡的“表格样式选项”功能区中，勾选“标题行”“镶边行”“镶边列”复选框。单击“表格样式”功能区中的“其他”按钮，在下拉列表中选择“内置”组中的“中等深浅底纹 1-强调文字颜色 5”选项，如图 4-8 所示。

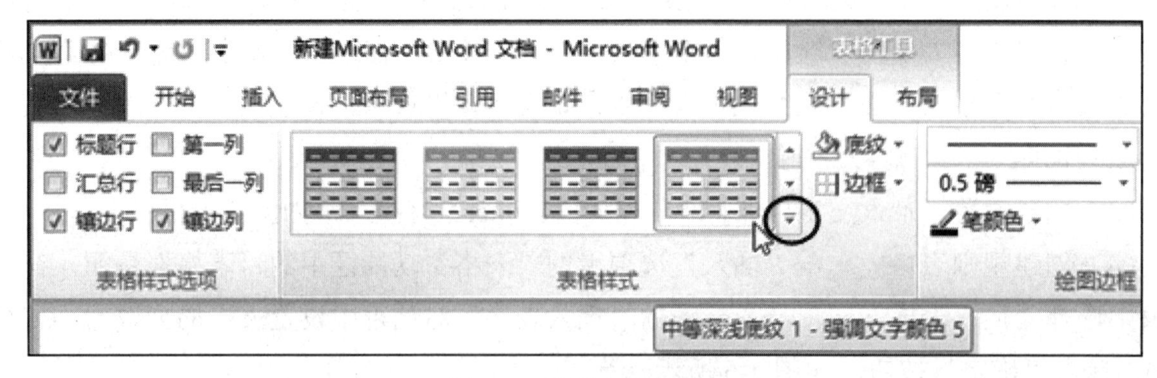

图 4-8 设置表格样式

（7）绘制边框线。选取整个表格，在“表格工具/设计”选项卡的“绘图边框”功能区中单击“笔样式”按钮，在下拉列表中选择“双实线”选项。在“表格样式”功能区中单击“边框”按钮，在下拉列表中选择“外侧框线”选项。选取第 1 行，在“边框”下拉列表中选择“下框线”选项。

（8）选取第 5 行，笔样式设置为单实线，在“边框”下拉列表中选择“下框线”选项。选取第 1 列，在“边框”下拉列表中选择“右框线”选项。

（9）绘制斜线表头。选取第 1 行第 1 列单元格，单击“表格工具/设计”选项卡的“表格样式”功能区中的“边框”按钮，在下拉列表中选择“斜下框线”选项，按【Enter】键，使单元格内容分为两块。

（10）设置表格对齐方式。单击表格左上角的全选柄按钮，选取整个表格，单击“开始”选项卡的“段落”功能区中的“居中”按钮，使表格水平居中。

心灵手巧：“绘制边框线”“绘制斜线表头”等操作要在“设置表格样式”之后进行，否则设置无效。

步骤 2　录入并编辑文字内容。

（1）设置标题。选取标题“课程表”，单击“开始”选项卡的“段落”功能区中的“居中”按钮，进行居中设置；在“字体”功能区中将文字的字体设置为黑体，字号设置为二号。

（2）对表格中的内容进行编辑。参照样表，将文字内容录入表格。其中，表头部分内容可按【Space】键进行调整。字体设置为黑体。选取除斜线表头外的单元格，单击“表格工具/布局”选项卡的“对齐方式”功能区中的“水平居中”按钮，使单元格中的文字水平居中和垂直居中。

（3）保存文档。选择“文件”选项卡的“另存为”选项，在“文件名”文本框中输入“课程表”，在“保存类型”文本框中选择“Word 文档”选项，单击“保存”按钮。

实例 2　绘制不规则表格——个人简历

实例描述

个人简历表从形式上看比较复杂，属于较常见的不规则表格。本实例分为两项内容：第一，绘制规则表格，录入文字内容；第二，对表格及文字进行编辑调整。实例 2 的效果图如图 4-9 所示。

<table>
<tr><th colspan="9">个　人　简　历</th></tr>
<tr><td>姓名</td><td colspan="2"></td><td colspan="2">性别</td><td></td><td colspan="3" rowspan="5">照片</td></tr>
<tr><td>出生年月</td><td colspan="2"></td><td colspan="2">民族</td><td></td></tr>
<tr><td>籍贯</td><td colspan="2"></td><td colspan="2">政治面目</td><td></td></tr>
<tr><td>联系电话</td><td colspan="2"></td><td colspan="2">电子邮箱</td><td></td></tr>
<tr><td>通信地址</td><td colspan="2"></td><td colspan="2"></td><td></td></tr>
<tr><td colspan="2">毕业时间及院校</td><td colspan="7"></td></tr>
<tr><td>所学专业</td><td colspan="2"></td><td>学历</td><td colspan="2"></td><td>学位</td><td colspan="2"></td></tr>
<tr><td>主修课程</td><td colspan="8"></td></tr>
<tr><td>计算机水平</td><td colspan="4"></td><td>英语水平</td><td colspan="3"></td></tr>
<tr><td>求职意向</td><td colspan="5"></td><td colspan="2">目标待遇</td><td></td></tr>
<tr><td>荣誉奖项</td><td colspan="8"></td></tr>
<tr><td>技能特长</td><td colspan="8"></td></tr>
<tr><td>兴趣爱好</td><td colspan="8"></td></tr>
<tr><td>工作经历</td><td colspan="8"></td></tr>
<tr><td>自我评价</td><td colspan="8"></td></tr>
</table>

图 4-9　实例 2 的效果图

要点分析

本实例需要在新建文档后创建规则表格，然后通过合并单元格、移动单元格等操作将表格变为不规则的、合适的表格。

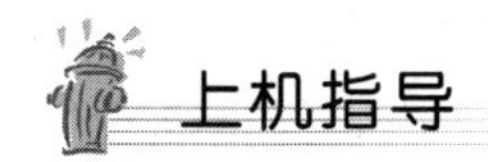

上机指导

操作过程分为“绘制规则表格，录入文字内容”“对表格及文字进行调整”2 个步骤。

步骤 1　绘制规则表格，录入文字内容。

（1）录入标题“个人简历”，按【Enter】键换行。

（2）单击“插入”选项卡的“表格”功能区中的“表格”按钮，在下拉列表中选择“插入表格”选项，在打开的“插入表格”对话框中设置表格的行数为 21、列数为 6。

（3）选取整个表格，在“表格工具/布局”选项卡的“单元格大小”功能区中设置表格的行高为 1 厘米，列宽为 2.5 厘米。

（4）按图 4-10 所示，在规则表格中录入文字内容。

个人简历

姓名		性别		照片	
出生年月		民族			
籍贯		政治面目			
联系电话		电子邮箱			
通信地址					
毕业时间及院校					
所学专业		学历		学位	
主修课程					
计算机水平			英语水平		
求职意向				目标待遇	
荣誉奖项					
技能特长					
兴趣爱好					
工作经历					
自我评价					

图 4-10　在规则表格中录入文字

步骤 2　对表格及文字进行编辑调整。

（1）合并单元格。选取第 1 行第 5 列至第 5 行第 6 列共 10 个单元格，单击“表格工具/布局”

选项卡的“合并”功能区中的“合并单元格”按钮，按照图 4-11 所示，合并单元格。

个人简历

<table>
<tr><td>姓名</td><td></td><td>性别</td><td></td><td colspan="2" rowspan="5">照片</td></tr>
<tr><td>出生年月</td><td></td><td>民族</td><td></td></tr>
<tr><td>籍贯</td><td></td><td>政治面目</td><td></td></tr>
<tr><td>联系电话</td><td></td><td>电子邮箱</td><td></td></tr>
<tr><td>通信地址</td><td></td><td></td><td></td></tr>
<tr><td>毕业时间及院校</td><td colspan="5"></td></tr>
<tr><td>所学专业</td><td></td><td>学历</td><td></td><td>学位</td><td></td></tr>
<tr><td>主修课程</td><td colspan="5"></td></tr>
<tr><td>计算机水平</td><td colspan="2"></td><td>英语水平</td><td colspan="2"></td></tr>
<tr><td>求职意向</td><td colspan="3"></td><td>目标待遇</td><td></td></tr>
<tr><td>荣誉奖项</td><td colspan="5"></td></tr>
<tr><td>技能特长</td><td colspan="5"></td></tr>
<tr><td>兴趣爱好</td><td colspan="5"></td></tr>
<tr><td>工作经历</td><td colspan="5"></td></tr>
<tr><td>自我评价</td><td colspan="5"></td></tr>
</table>

图 4-11　合并单元格

（2）对个别单元格进行微调。首先选中“照片”单元格，将光标移至单元格左边线，当光标变成双向箭头时，按住鼠标左键向右拖动鼠标至合适位置再松开鼠标左键即可完成单元格的微调。“毕业时间及院校”“学历”“学位”单元格依照上述方法进行调整，如图 4-12 所示。

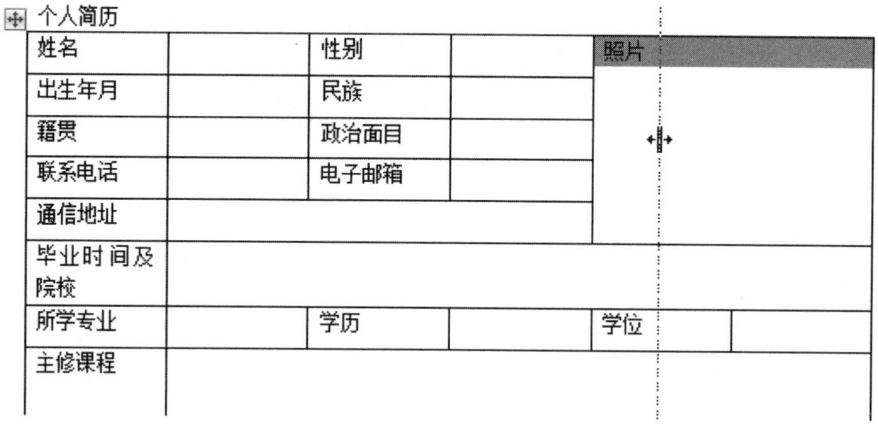

个人简历

姓名		性别		照片	
出生年月		民族			
籍贯		政治面目			
联系电话		电子邮箱			
通信地址					
毕业时间及院校					
所学专业		学历		学位	
主修课程					

图 4-12　单元格微调

（3）设置文字格式。选中标题“个人简历”，单击“开始”选项卡的“段落”功能区中的“居中”按钮进行居中设置；在“字体”功能区中将字号设置为二号，字形设置为“加粗”，在“字体”对话框中将字符间距设置为加宽 10 磅。

（4）选中整个表格，单击“表格工具/布局”选项卡的“对齐方式”功能区中的“中部两端对齐”按钮。选中“照片”单元格，单击“水平居中”按钮。

（5）选中整个表格，单击“开始”选项卡的“段落”功能区中的“居中”按钮，对表格进行居中设置。

（6）保存文档。选择“文件”选项卡的“另存为”选项，在“文件名”文本框中输入“个人简历”，在“保存类型”文本框中选择“Word 文档”选项，单击“保存”按钮。

实例 3　对表格中的数据进行计算——制作学生成绩单

实例描述

成绩单在形式上属于规则表格，在内容上需要对数据进行求和及求平均值等计算。本实例分为两项内容：第一，绘制一张学生成绩单；第二，计算表格中学生的平均成绩及总成绩。实例 3 的效果图如图 4-13 所示。

成 绩 单

学号	姓名	语文	数学	英语	总成绩
1	李嘉	98	100	98	296
2	岳楚	89	93	95	277
3	于东山	98	100	96	294
4	智尚	94	74	73	241
5	卫然	90	82	95	267
6	程峰	78	85	90	253
7	魏江上	89	85	86	260
8	郅清风	87	92	89	268
9	余山间	96	90	92	278
10	明月	93	83	87	263
平均成绩		91.2	88.4	90.1	269.7

图 4-13　实例 3 的效果图

要点分析

本实例是绘制学生成绩单，利用“将文字转换成表格”的方法制作表格，然后对表格中的数据进行求和及求平均值等运算。

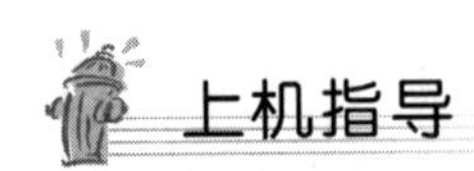

上机指导

操作过程分为“绘制一张学生成绩单”“计算表格中的学生成绩及总成绩”2 个步骤。

步骤 1　绘制一张学生成绩单。

（1）新建一个空白文档。

（2）页面设置。单击“页面布局”选项卡的“页面设置”功能区中的“纸张方向”按钮，在下拉列表中选择“纵向”选项；单击“纸张大小”按钮，在下拉列表中选择“A4”选项。

（3）标题设置。录入标题文字“成绩单”，按【Enter】键换行，为创建表格做准备。

（4）录入以下样文内容，每行的数据之间用“制表符”间隔，使样文内容成为要转换为表格的文字，如图 4-14 所示。

学号→姓名→语文→数学→英语→总成绩↵
1→李嘉→98→100→98↵
2→岳楚→89→93→95↵
3→于东山→98→100→96↵
4→智尚→94→74→73↵
5→慕容赋→90→82→95↵
6→艾莲→78→85→90↵
7→魏江上→89→85→86↵
8→郅清风→87→92→89↵
9→余山间→96→90→92↵
10→明月→93→83→87↵
平均成绩↵

图 4-14　要转换为表格的文字

（5）创建表格。选取录入的文字（不选中“成绩单”）。单击“插入”选项卡的“表格”功能区中的“表格”按钮，在下拉列表中选择“文本转换成表格”选项，打开“将文字转换成表格”对话框，在“文字分隔位置”选区中选中“制表符”单选按钮，如图4-15所示。单击“确定”按钮，生成表格。

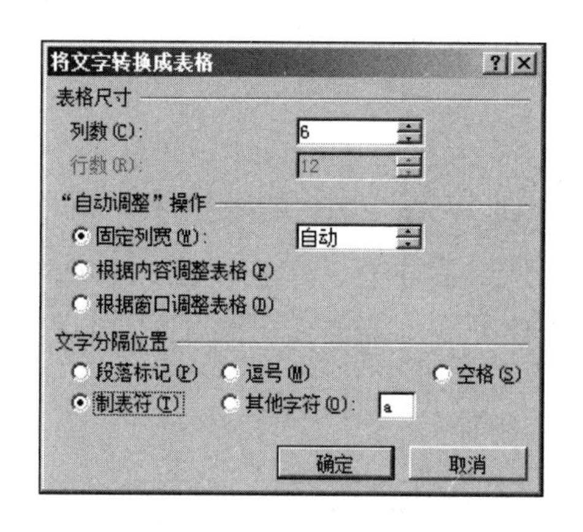

图4-15 “将文字转换成表格”对话框

（6）设置行高和列宽。在“表格工具/布局”选项卡的“单元格大小”功能区中将列宽设置为2厘米，行高设置为0.6厘米。

（7）设置表格样式。选取表格，在“表格工具/设计”选项卡的“表格样式”功能区中单击“其他”按钮，在下拉列表中选择“浅色网格–强调文字颜色5”选项，合并最后1行的第1、2列单元格。

（8）设置表格居中。选取整个表格，单击“开始”选项卡的“段落”功能区中的“居中”按钮，使表格居中显示。

步骤2 计算表格中的学生成绩及总成绩。

（1）计算学生总成绩。将光标移至第2行最后1列（李嘉的总成绩单元格），单击“表格工具/布局”选项卡的“数据”功能区中的“公式”按钮，如图4-16所示，打开“公式”对话框。

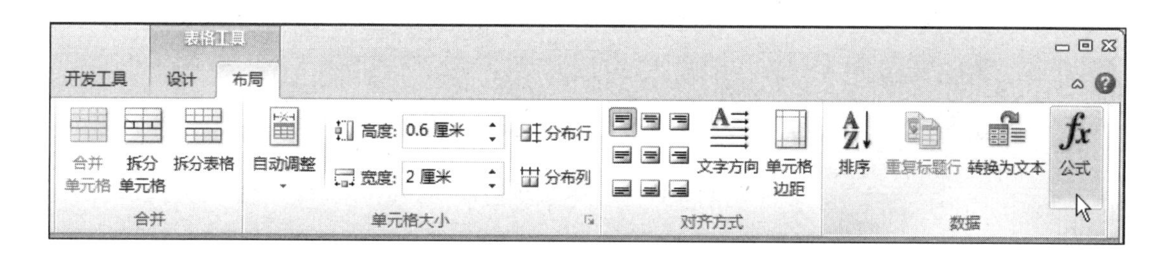

图4-16 “数据”功能区的“公式”按钮

（2）在“公式”对话框的“公式”文本框中输入“=SUM(LEFT)”，如图4-17所示。单击“确定”按钮，计算并显示出此行的总成绩。采用相同方法，计算出其他同学的总成绩。

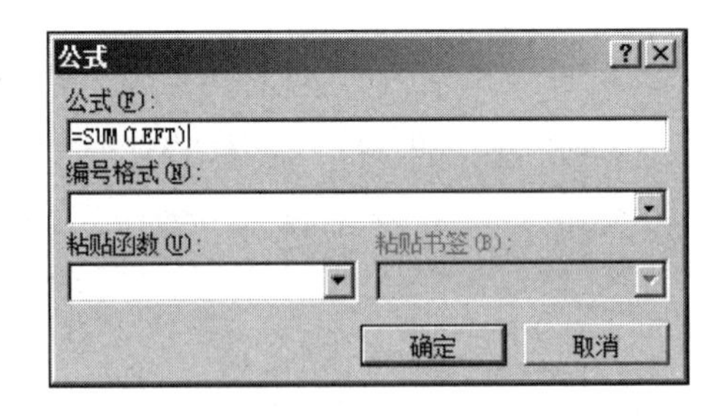

图 4-17 “公式”对话框

（3）计算各科的平均成绩。在 Word 2010 的表格中，可以利用以下方法进行批量数据的计算：首先将光标移至“语文”列最后 1 行，单击“插入”选项卡的“文本”功能区中的“文档部件”按钮，在下拉列表中选择“域”选项，如图 4-18 所示。打开“域”对话框，如图 4-19 所示，单击“公式”按钮，打开“公式”对话框。

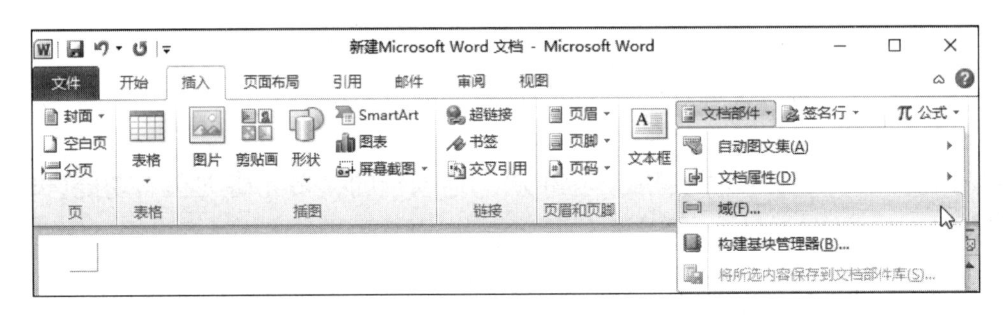

图 4-18 “域”选项

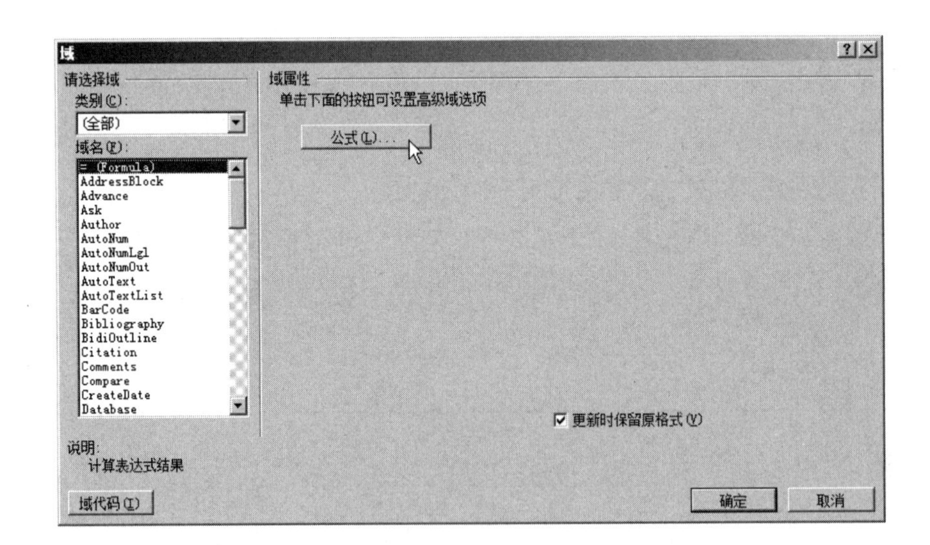

图 4-19 “域”对话框

（4）在打开的“公式”对话框中，单击“粘贴函数”按钮，在下拉列表中选择“AVERAGE”选项，如图 4-20 所示。“公式”文本框中的内容为“=AVERAGE(ABOVE)”，单击“确定”按钮。

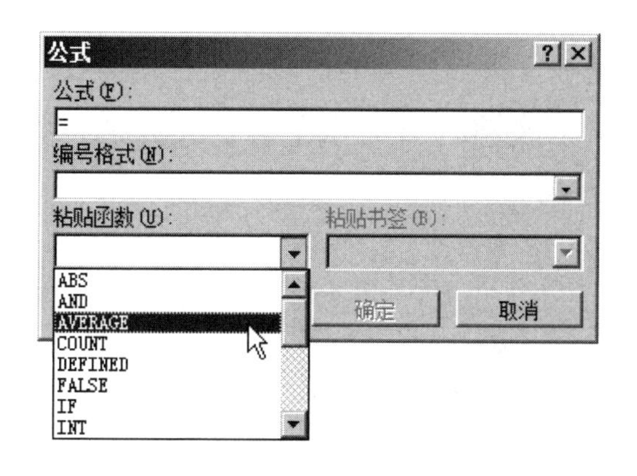

图 4-20 “粘贴函数”下拉列表

（5）将光标移至“数学”列最后 1 行，按【F4】键，计算并显示出数学的平均成绩。利用同样的方法，分别计算并显示出“英语”和“总成绩”的平均成绩。

心灵手巧：在 Word 表格中做批量数据的重复计算时，可以考虑利用“域”的方法，效率高且不易出错。

（6）设置标题。选取“成绩单”，在“开始”选项卡的“字体”功能区中将文字的字体设置为宋体，字号设置为二号，在“字体”对话框中，将字符间距设置为加宽 10 磅；在“段落”功能区中单击“居中”按钮，将对齐方式设置为居中。

（7）设置文字对齐方式。选取表格第 1 行，单击“表格工具/布局”选项卡的“对齐方式”功能区中的“居中”按钮，利用同样方法将前 2 列内容的对齐方式设置为居中。

（8）保存文档。选择“文件”选项卡的“另存为”选项，在“文件名”文本框中输入“成绩单”，在“保存类型”文本框中选择“Word 文档”选项，单击“保存”按钮。

综合训练

训练 1 制作个人信息表

当求职者应聘或者单位留存员工信息时，需要一份个人信息表，请按以下要求利用 Word 2010 制作一份“个人信息表”。训练 1 的效果图如图 4-21 所示。

（1）纸张大小设置为 A4，页边距设置为上 2.5 厘米、下 2.5 厘米、左 2.5 厘米、右 2.5 厘米。

（2）标题对齐方式设置为居中，字号设置为二号，字体设置为楷体，字符间距设置为加宽 5 磅。

（3）设置表格。可首先绘制一张规则表格，然后再根据需要对单元格进行合并、微调。

（4）表格中文字“照片”的对齐方式为水平居中，其他文字的对齐方式为左对齐。

（5）将文件保存为“个人信息表”。

个 人 信 息 表

<table>
<tr><td>姓名</td><td></td><td>性别</td><td></td><td>民族</td><td></td><td colspan="2" rowspan="5">照片</td></tr>
<tr><td>出生年月</td><td></td><td>政治面貌</td><td></td><td>职称</td><td></td></tr>
<tr><td>毕业时间及院校</td><td colspan="3"></td><td>学历</td><td></td></tr>
<tr><td>所学专业</td><td colspan="2"></td><td>学位</td><td colspan="2"></td></tr>
<tr><td>联系电话</td><td colspan="2"></td><td>E-mail</td><td colspan="2"></td></tr>
<tr><td>联系地址</td><td colspan="7"></td></tr>
<tr><td>学校</td><td colspan="2"></td><td>学院</td><td colspan="2"></td><td>系别</td><td></td></tr>
<tr><td>擅长领域</td><td colspan="5"></td><td>职务</td><td></td></tr>
<tr><td>主讲课程</td><td colspan="7"></td></tr>
<tr><td>学习经历</td><td colspan="7"></td></tr>
<tr><td>工作简历</td><td colspan="7"></td></tr>
<tr><td>发表的论文、论著</td><td colspan="7"></td></tr>
<tr><td>曾获荣誉</td><td colspan="7"></td></tr>
</table>

图 4-21 训练 1 的效果图

训练 2 对数据进行计算和排序

训练 2 的效果图如图 4-22 所示，其为某商店的商品销售单，请按以下要求利用 Word 2010 制作表格，利用 Word 提供的公式计算出“销售额”列的数据，并根据结果进行排序。

（1）纸张大小：A4。

（2）标题：字号设置为二号，字符间距设置为加宽 5 磅，对齐方式设置为居中。

（3）表格内文字：字号设置为四号。

（4）表格：行高设置为 0.8 厘米，列宽设置为 3.5 厘米，表格样式设置为“中等深浅底纹 2-强调文字颜色 1”。

（5）填充表格：利用公式的方法计算并填充各商品销售额，以销售额为关键字进行降序排序。

商品销售单

品名	单价（元）	数量	销售额
面巾纸（提）	19.3	657	
电池（排）	15.9	122	
洗衣液（桶）	32.6	211	
洗发露（瓶）	41.8	601	
纯牛奶（箱）	49.5	985	
方便面（袋）	13.5	1024	

图 4-22　训练 2 的效果图

训练 3　制作复杂表格

训练 3 的效果图如图 4-23 所示。

机动车驾驶证申请表

受理岗签字签章		档案编号	

申请人信息	姓名		性别		出生日期	年　月　日
	身份证号码				国籍	
	居住地址					照片
	联系电话			邮编		
	申请驾驶证种类			车型		
	原证件种类			准驾记录		
	申请人签名					
身体条件	身高		视力		辨色力	年　月　日
	听力		身体运动能力			
	有无障碍驾驶疾病及生理缺陷					
考试记录	项目		交通法规	场地驾驶		道路驾驶
	成绩					
	考试员、日期					
证件记录	驾驶证种类	车型	核发日期	经办者		（发证机关章） 年　月　日
	学习驾驶证		年　月　日			
	正式驾驶证		年　月　日			
	初次领证日期		年　月　日			

图 4-23　训练 3 的效果图

按以下要求绘制“机动车驾驶证申请表”。

（1）纸张大小：A4。

（2）标题：字号设置为二号，字体设置为楷体，字形设置为加粗，对齐方式设置为居中。

（3）第一列文字的字符间距设置为加宽 1.5 磅，竖排。

（4）主表外边框线宽设置为 1.5 磅。

（5）其他格式按图 4-23 进行设置。

训练 4　表格与文本的混合编辑

作为 IPv4 的替代者，IPv6 已经登场，请按以下要求利用 Word 2010 为 IPv6 地址类型做一篇图文和表格混排的介绍文档，训练 4 的效果图如图 4-24 所示。

IPv6 地址类型

IPv6 协议主要定义了三种地址类型：单播地址（Unicast Address）、组播地址（Multicast Address）和任播地址（Anycast Address）。与原来的 IPv4 地址相比，新增了任播地址类型，取消了原来 IPv4 地址中的广播地址，因为在 IPv6 中，广播功能是通过组播来完成的。

单播地址：用来标识唯一一个接口，类似于 IPv4 中的单播地址。发送到单播地址的数据报文将被传送给此地址所标识的一个接口。

组播地址：用来标识一组接口（通常这组接口属于不同的节点），类似于 IPv4 中的组播地址。发送到组播地址的数据报文被传送给此地址所标识的所有接口。

任播地址：用来标识一组接口（通常这组接口属于不同的节点）。发送到任播地址的数据报文被传送给此地址所标识的一组接口中距离源节点最近（根据使用的路由协议进行度量）的一个接口。

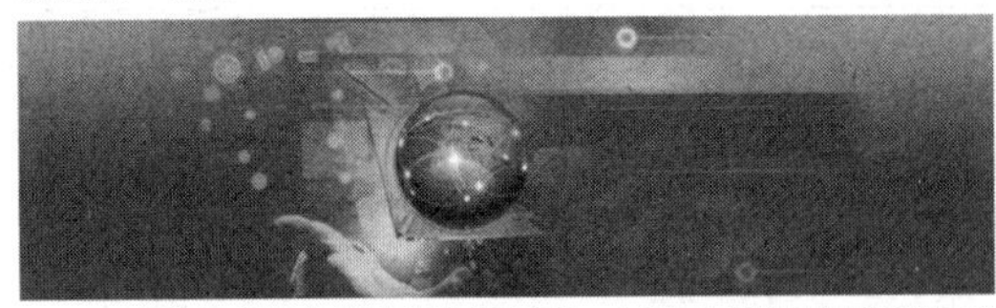

IPv6 地址类型是由地址前缀部分来确定的，主要地址类型与地址前缀的对应关系如下。

地址类型		地址前缀（二进制）	IPv6 前缀标识
单播地址	未指定地址	00…0(128bits)	::/128
	环回地址	00…1(128bits)	::1/128
	链路本地地址	1111111010	FE80::/10
	站点本地地址	1111111011	FEC0::/10
	全球单播地址	其他形式	—
组播地址			FF00::/8
任播地址		从单播地址空间中进行分配，使用单播地址的格式	

图 4-24　训练 4 的效果图

步骤 1　图文混排。

（1）纸张大小设置为 A4；上、下页边距各设置为 2.5 厘米，左、右页边距各设置为 3 厘米。

（2）在题目与正文间增加 1 行空行。

（3）正文第 1 段至第 4 段分两栏。

（4）正文字体设置为宋体，字号设置为小四，行距设置为 1.5 倍行距。

（5）正文第一段“IP”首字下沉两行，其余各段首行缩进 2 字符。

（6）将标题设置为艺术字。艺术字预设样式为“填充-蓝色、强调文字颜色 1、塑料棱台、映像”，高度设置为 2.5 厘米，宽度设置为 14.7 厘米。

步骤 2　插入图片。

（7）在正文最后 1 段的上一行插入资料包中的图片文件“IPv6.jpg”。锁定图片的纵横比，设置图片的宽度为 15 厘米；水平距页面 2.9 厘米，垂直距页面 15.4 厘米；艺术效果为十字图案蚀刻。

步骤 3　制作表格。

（8）在文本末尾创建一个 8 行 4 列的表格。

（9）表格的行高设置为 0.6 厘米；表格的外部边框线宽设置为 1.5 磅，内部边框线宽设置为 1 磅；居中对齐。

（10）按样表进行单元格合并、编辑。

（11）录入文本内容，单元格内文本水平居中。

（12）保存文档，命名为“IPv6 地址类型”。

高级应用

技能目标

- 掌握创建文档大纲的方法。
- 掌握利用主控文档视图管理长文档的方法。
- 掌握插入、删除、合并、拆分、移动子文档的方法。
- 掌握利用邮件合并功能批量处理数据的方法。
- 掌握设置脚注、尾注、题注的方法。
- 掌握设置交叉引用的方法。
- 掌握更新域的方法。

经典理论题型

一、选择题

1．在 Word 2010 中，适合在“大纲视图”下编辑的文档是（　　）。

A．Word 表格　　B．Excel 表格

C．多级标题文档　　D．主控文档

题型解析：在 Word 2010 中，“大纲视图”可以显示文档的层级结构，便于快速了解和编辑文档的架构。Word 2010 的“大纲视图”不适合主控文档，也不适合 Word 表格，更不适合 Excel 表格。因此，答案为 C。

2．在邮件合并操作中使用的数据源可以是（　　）。

A．Excel 表格　　B．Word 文档

C．Outlook 中的联系人　　D．以上均可

题型解析：在 Word 2010 中，邮件合并操作使用的数据源可以是新建的列表，可以从 Outlook 联系人中选择，还可以是 Excel 表格、Word 文档等已存在的现有列表。因此，答案为 D。

3．下列关于脚注的说法正确的是（　　）。

A．脚注一般位于页面的底部　　B．脚注一般位于文档的末尾

C．脚注一般列出文档引文的出处　　D．脚注序号的编号格式不能更改

题型解析：在 Word 2010 中，脚注一般位于页面的底部，作为文档某处内容的注释。脚注序号的编号格式可以在“脚注和尾注”对话框中更改。因此，答案为 A。

二、判断题

1．在 Word 2010 中，只有在“大纲视图”下才会出现“大纲”选项卡。　（　　）

题型解析：在 Word 2010 中，只有在“大纲视图”下才会出现“大纲”选项卡，采用其他视图方式均不会出现“大纲”选项卡。因此，该叙述正确。

2．在 Word 2010 中，邮件合并功能只能应用于信封。　（　　）

题型解析：在 Word 2010 中，邮件合并功能类似于在相同规格的信封上添加不同的收信人信息，但其不仅限于信封，还适用于邀请函、通知书、准考证等。因此，该叙述错误。

三、填空题

1．在 Word 2010 的“大纲视图”下，若只显示正文各段落的首行，则需要单击“____________”按钮。

题型解析：在 Word 2010 的“大纲视图”下，若单击“大纲”选项卡的“大纲工具”功能区中的“仅显示首行”按钮，则只显示正文各段落的首行，隐藏其他行。因此，答案为“仅显示首行”。

2．在进行邮件合并操作时，Excel 表格可以作为____________。

题型解析：在进行邮件合并操作时，主文档是主体部分，数据源是要合并到主文档的信息，数据源可以是 Excel 表格。因此答案为“数据源”。

理论同步练习

一、选择题

1．在 Word 2010“大纲视图”下，被破坏的格式是（　　）。

A．字体　　B．字号

C．段落缩进　　D．字符缩放

2．关于利用邮件合并生成信封的说法正确的是（　　）。

A．收信人信息是主文档生成的　　B．收信人信息是数据源生成的

C．发信人信息是数据源生成的　　D．邮政编码是主文档生成的

3．在 Word 2010 中，若邮件合并时使用的数据源是 Excel 表格，则下列说法正确的是（　　）。

A．第一行必须是字段名

B．第一行可以不是字段名

C．单元格中只能是字符，不能是图片

D．单元格中只能是字母和数字

4．“交叉引用”按钮在“插入”选项卡中的（　　）。

A．“插图”功能区　　B．“引用”功能区

C．“链接”功能区　　D．“文本”功能区

5．在录制宏的“自定义键盘”对话框中，定义好快捷键后，要使快捷键生效还须单击的按钮是（　　）。

A．确定　　B．生效　　C．保存　　D．指定

6．在 Word 2010 中运行宏，可以通过“宏”对话框，也可以通过（　　）。

A．定义宏时指定的组合键　　B．【Ctrl+F8】组合键

C．【Shift+F8】组合键　　D．【Alt+F8】组合键

7．在 Word 2010 中，将选定的段落标题样式提升一级的组合键为（　　）。

A．【Alt+↑】　　B．【Alt+←】

C．【Alt+Shift+←】　　D．【Alt+Shift + ↑】

8．在 Word 2010 中，关于主控文档和子文档说法不正确的是（　　）。

A．主控文档和子文档必须在同一个文件夹中

B．主控文档和子文档可以不在同一个文件夹中

C．只是以链接形式存储在主控文档中

D. 可以将若干个子文档合并为一个子文档

9. 在 Word 2010 中，“插入尾注”按钮在“引用”选项卡的（　　）中。

A.“尾注”功能区　　B.“脚注”功能区

C.“题注”功能区　　D.“引文”功能区

10. 下列选项不属于目录功能的是（　　）。

A. 显示页码　　B. 超链接　　C. 显示书签　　D. 各级标题

二、判断题

1. 在 Word 2010 中创建文档的大纲只能在“大纲视图”下进行。（　　）

2. 主控文档和子文档都是独立的文档，它们之间没有关联。（　　）

3. 主控文档只能在“大纲视图”下创建。（　　）

4. 在 Word 2010 中，利用“邮件合并分步向导”命令可以打开“邮件合并”窗格。（　　）

5. 在 Word 2010 中，只能将“宏”保存在 Normal.dotm 中。（　　）

6. Word 2010 中的题注只能手动添加不能自动添加。（　　）

7. 在 Word 2010 中，“宏”的主要作用是将一系列 Word 命令或指令组合在一起形成一个“宏”命令。（　　）

8. Word 2010 合并邮件后的每一条记录都形成一个新文档。（　　）

9. 在 Word 2010 中，邮件合并前不能进行预览。（　　）

10. 在 Word 2010 中插入脚注后，脚注只会显示在文档上，不能打印出来。（　　）

三、填空题

1. 在 Word 2010 中，若要快速合成大量内容相同或相似的信函，则可以使用__________功能。

2. 在 Word 2010 中，在“大纲”选项卡的“主控文档”功能区中单击“__________”按钮可以显示或隐藏“创建”按钮。

3. 删除主控文档中的子文档，只是删除了在主控文档中该子文档的________，而原文件仍保留在原位置。

4. ____________的过程实际就是将一系列需要重复使用的操作记录下来。

5. 题注属于“域”的范畴，更新题注既可以利用快捷菜单的“更新域”命令，也可以利用“__________”功能键。

6. 利用__________功能可以保证长文档中的图片、表格等项目能够按顺序自动编号。

7. “插入脚注”按钮在“__________”选项卡的“脚注”功能区中。

8．邮件合并涉及两个文档，一个是主控文档，另一个是__________。

9．在 Word 2010 中，将几个子文档合并为一个子文档后，子文档以____________名保存。

10．在 Word 2010 中，子文档以________的形式存储在主控文档中。

经典实例

实例 1　利用正文制作大纲

实例描述

本实例是将没有级别层次的正文内容通过设置调整成大纲形式。实例 1 的效果图如图 5-1 所示。

- 第一部分Office
  - 第一章 Word 应用
    - 第一节 Word 基本操作
    - 第二节 Word 文字编辑
    - 第三节 Word 图文混排
    - 第四节 Word 表格操作

图 5-1　实例 1 的效果图

要点分析

完成本实例首先需要新建文档，录入文字形成原始内容。然后将所录入的文字内容进行大纲级别调整，形成大纲模式。最终将文字内容分成 3 个级别层次。

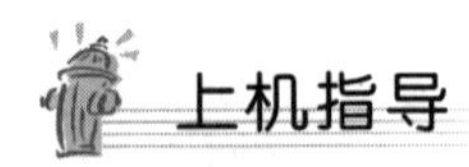

上机指导

操作过程分为“新建文档，录入文字形成原始内容”“调整内容级别层次”2 个步骤。

步骤 1　新建文档，录入文字形成原始内容。

（1）新建文档。在 Word 2010 中，选择“文件”选项卡的“新建”选项。双击“空白文档”图标，或单击“空白文档”图标后再单击“创建”按钮。

（2）录入如下文字。

第一部分 Office

第一章 Word 应用

第一节 Word 基本操作

第二节 Word 文字编辑

第三节 Word 图文混排

第四节 Word 表格操作

步骤 2 调整内容级别层次。

（1）单击“视图”选项卡的“文档视图”功能区中的“大纲视图”按钮，或单击文档窗口底部状态栏中的“大纲视图”按钮，将文档窗口切换至大纲视图。此时出现“大纲”选项卡。

（2）将插入点定位在第 1 段，单击“大纲”选项卡的“大纲工具”功能区中的“大纲级别”下拉按钮，在下拉列表中选择“1 级”选项，如图 5-2 所示。将第 1 段设置为 1 级。

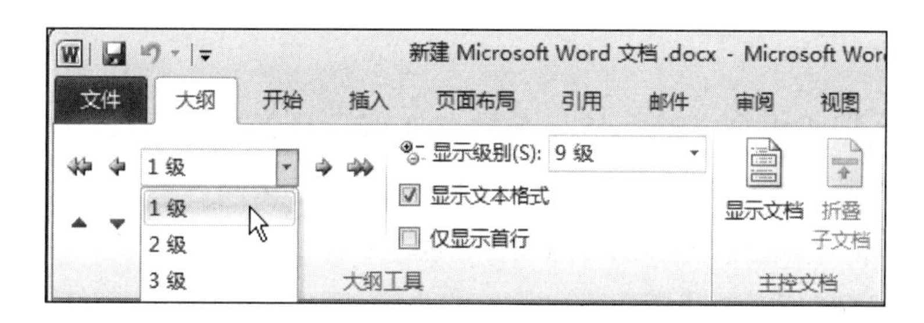

图 5-2 “大纲工具”功能区

（3）将插入点定位在第 2 段，单击“大纲”选项卡的“大纲工具”功能区中的“大纲级别”的按钮，在下拉列表中选择“2 级”选项，将第 2 段设置为 2 级。

（4）将插入点定位在第 3 段至第 6 段，单击“大纲”选项卡的“大纲工具”功能区中的“大纲级别”按钮，在下拉列表中选择“3 级”选项，将这 4 段内容设置为 3 级。将文件另存为“大纲文档”。

实例 2 管理长文档

实例描述

利用主控文档可以将长文档分成较小的、易于管理的子文档，从而便于组织和维护。本实例将实例 1 所得的文档“大纲文档”，分为两项内容：第一，将文档中已有内容划分为子文档；第二，在主控文档中插入指定的文档作为子文档。实例 2 的效果图如图 5-3 所示。

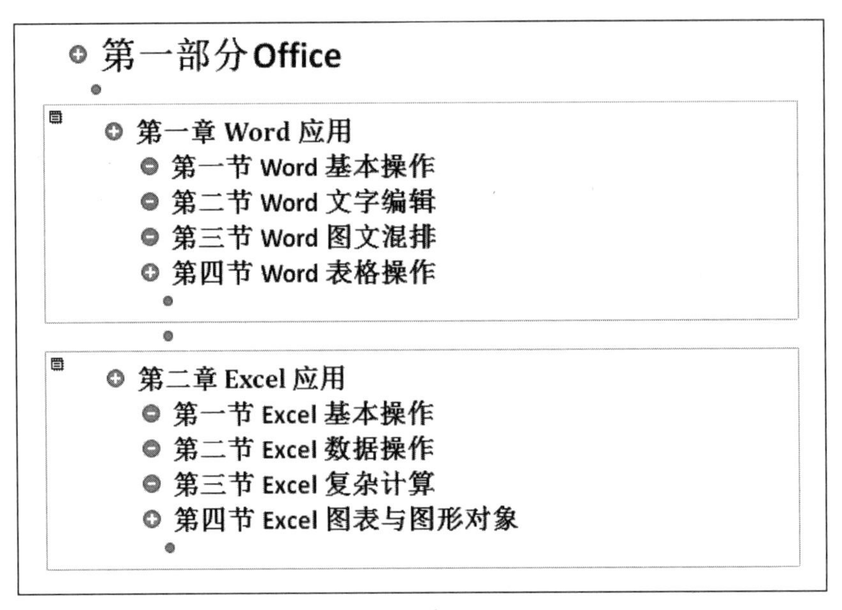

图 5-3　实例 2 的效果图

要点分析

本实例使用的文档“大纲文档”是一个具有 3 级标题的文档，要将“第一章”的内容划分为子文档，再将“第二章”的内容作为子文档插入主控文档。

上机指导

操作过程分为“将文档中的已有内容划分为子文档”“在主控文档中插入指定的文档作为子文档”2 个步骤。

步骤 1　将文档中的已有内容划分为子文档。

（1）打开实例 1 保存的“大纲文档”。

（2）切换到“大纲视图”，单击“大纲”选项卡的“主控文档”功能区中的“显示文档”按钮。

（3）单击“大纲工具”功能区中的“显示级别”按钮，在下拉列表中选择要显示为子文档的标题“第一章　Word 应用”的级别“2 级”。

（4）选定要划分到子文档中的标题和内容“第一章……”，单击“主控文档”功能区中的“创建”按钮。将第一章的内容创建为子文档。

步骤 2　在主控文档中插入指定的文档作为子文档。

（1）新建一个空白文档，文件名为“第二章”。在文档中录入图 5-4 所示的“第二章”文档中的内容。

第二章 Excel 应用
- 第一节 Excel 基本操作
- 第二节 Excel 数据操作
- 第三节 Excel 复杂计算
- 第四节 Excel 图表与图形对象

图 5-4　“第二章”文档中的内容

在“大纲视图”中将“第二章 Excel 应用”设置为“2 级”，其余设置为“3 级”。

（2）将插入点移至插入“第二章”子文档的位置，单击“主控文档”功能区中的“插入”按钮，从打开的“插入子文档”对话框中选择子文档所在位置及文件名，单击“打开”按钮即可完成。将“显示级别”设置为“3 级”。

实例 3　使用尾注及脚注

实例描述

脚注和尾注一般是对文本内容的补充说明。脚注一般位于页面底部，作为文档某处内容的注释；尾注一般位于文档的末尾，用于列出引文的出处等内容。本实例将在录入文本的指定位置加入尾注和脚注。实例 3 的效果图如图 5-5 所示。

江城子·密州出猎[①]

苏轼

老夫聊发少年狂[1]，左牵黄，右擎苍，锦帽貂裘，千骑[2]卷平冈。为报倾城随太守，亲射虎，看孙郎。

酒酣胸胆尚开张，鬓微霜，又何妨！持节云中，何日遣冯唐？会挽雕弓如满月，西北望，射天狼。

① 选自《东坡乐府笺》。

1 [狂] 豪情。
2 [千骑] 古代一人一马称一骑，千骑形容随从乘骑之多。

图 5-5　实例 3 的效果图

要点分析

本实例需要在新建空白文档后录入文本，按照图 5-5 进行编辑排版；给题目添加尾注，给指定的两处正文内容添加脚注。

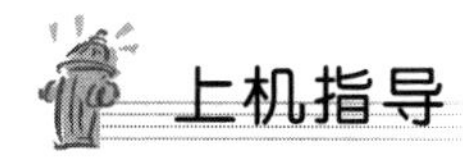

上机指导

操作过程分为“在新建空白文档后录入文本，进行编辑排版”“给题目添加尾注，给指定的两处正文内容添加脚注”2 个步骤。

步骤 1 在新建空白文档后录入文本，进行编辑排版。

（1）新建空白文档，进行页面设置。在“页面布局”选项卡的“页面设置”功能区中单击“纸张方向”按钮，在下拉列表中选择“横向”选项；单击“纸张大小”按钮，在下拉列表中选择“A5”选项；自定义上、下、左、右页边距均为 2.5 厘米。

（2）录入以下文本。

江城子 • 密州出猎

苏轼

老夫聊发少年狂，左牵黄，右擎苍，锦帽貂裘，千骑卷平冈。为报倾城随太守，亲射虎，看孙郎。

酒酣胸胆尚开张，鬓微霜，又何妨！持节云中，何日遣冯唐？会挽雕弓如满月，西北望，射天狼。

（3）设置文档格式。

设置标题“江城子 • 密州出猎”的字体为黑体，字号为三号，对齐方式为居中。

设置作者“苏轼”的字体为楷体，字号为四号，对齐方式为居中。

设置正文内容的字体为宋体，字号为小四；段落设置为首行缩进 2 字符，行距设置为 1.5 倍行距。

步骤 2 给题目添加尾注，给指定的两处正文内容添加脚注。

（1）设置尾注编号。单击“引用”选项卡的“脚注”功能区中的扩展按钮，弹出“脚注和尾注”对话框。在“位置”选区中选中“尾注”单选按钮，单击“格式”选区中的“编号格式”下拉按钮，在下拉列表中选择圆圈编号，如图 5-6 所示，单击“应用”按钮。

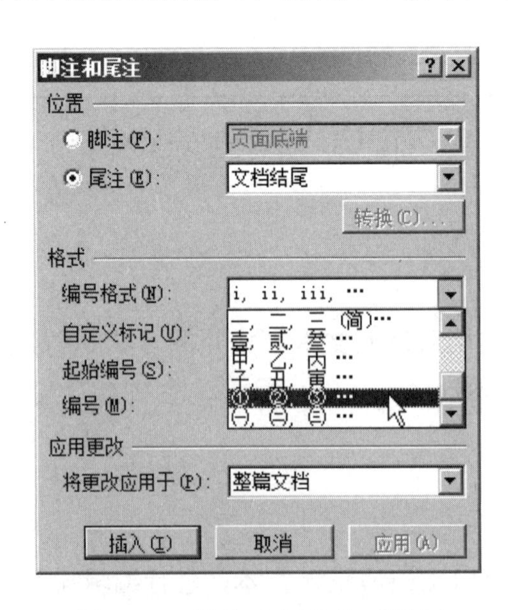

图 5-6 “脚注和尾注”对话框

（2）添加尾注。选取要添加尾注的文本“密州出猎”，单击“引用”选项卡的“脚注”功能区中的“插入尾注”按钮，此时文本“密州出猎”右上角出现编号“①”，文档结尾处出现相同编号“①”，并且光标已被移至此处。在光标处录入尾注“选自《东坡乐府笺》。”。

（3）添加脚注。选取要添加脚注的内容“狂”，单击“引用”选项卡的“脚注”功能区中的“插入脚注”按钮，此时文本“狂”字右上角出现编号“1”，页面底部出现相同编号“1”，且插入点已定位至此处。在插入点处录入脚注“[狂]豪情。”。利用相同的方法，给文中“千骑”添加脚注“[千骑]古代一人一马称一骑，千骑形容随从乘骑之多。”。

（4）保存文件，文件名为“尾注和脚注”。

实例 4 使用题注

在文档中，图、表往往是一系列出现的，本实例在文档中剪贴画的下方插入题注作为图片的序号，通过更新域完成调整位置后图片序号的修正。

要点分析

本实例分为“新建空白文档，录入文本并对文本进行格式化”“插入剪贴画，并在剪贴画下方添加题注”“调整图片及题注的位置，更新域，完成题注的修正”3 个步骤。

上机指导

操作过程如下。

步骤 1 新建空白文档，录入文本并对文本进行格式化。

（1）新建空白文档，在文档中录入以下文本。

1．牛

牛的常见种类有普通牛、牦牛、野牛、水牛、黄牛等。牛是素食动物，适应性很强，能够较好地适应所在地气候。

2．兔

兔可成群生活，但野兔一般独居。草兔分布在欧、亚、非洲，中国仅有 9 种兔属种类，除华南和青藏高原外，兔在中国广泛分布。

3．虎

虎是典型的山地林栖动物，在南方的热带雨林、常绿阔叶林，以及北方的落叶阔叶林和针阔叶混交林，都能很好地生活。在中国东北地区，虎也常出没于山脊、矮林灌丛和岩石较多的地方或砾石塘等山地，以利于捕食。

（2）设置文字格式。将小标题的字号设置为四号；将正文的对齐方式设置为首行缩进 2 字符。

步骤 2 插入剪贴画，并在剪贴画下方添加题注。

（1）插入剪贴画。在第 1 行文本后按【Enter】键换行。单击“插入”选项卡的“插图”功能区中的“剪贴画”按钮，在弹出的“剪贴画”窗格中的“搜索文字”文本框中输入“动物”，单击“搜索”按钮，在出现的剪贴画中选择“牛”选项。按同样的方法，在文字“2．兔”的后面插入剪贴画“兔”；在文字“3．虎”的后面插入剪贴画“虎”。

（2）给图片“牛”添加题注。在图片下方插入 1 行空行，单击“引用”选项卡的“题注”功能区中的“插入题注”按钮，在弹出的“题注”对话框中单击“新建标签”按钮，弹出“新建标签”对话框。在“标签”文本框中输入“图”，单击“确定”按钮，在“题注”文本框中的“图 1”后输入“牛”，如图 5-7 所示。

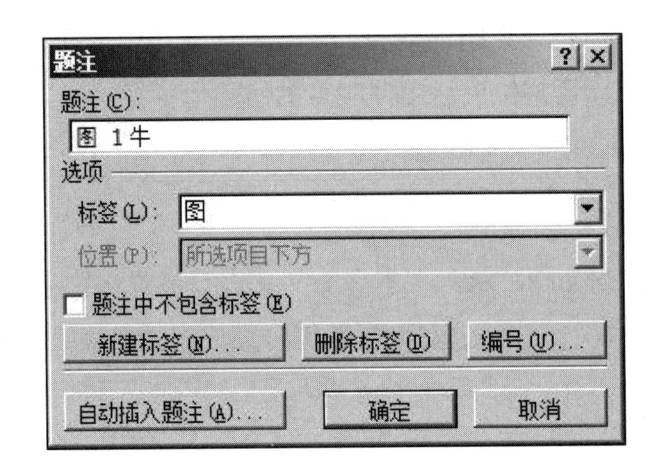

图 5-7 “题注”对话框

（3）给第 2 张、第 3 张图片添加题注。在“兔”图片下方加 1 行空行，单击“插入题注”按钮，“题注”文本框自动更新为“图 2”，单击“确定”按钮，在“题注”文本框中的“图 2”后输入文字“兔”；依照此方法给“虎”图片添加题注“图 3”及文字“虎”。

（4）将图片及题注设置为居中对齐。

步骤 3 调整图片及题注的位置，更新域，完成题注的修正。

（1）把关于“虎”的内容移动到“兔”内容的前面，选取全部文档，右击，在弹出的快捷菜单中选择“更新域”选项，所有题注的编号将重新排为正确的顺序。

（2）将文档保存，文件名为“题注”，实例 4 完成后的效果图如图 5-8 所示。

1．牛

图 1牛

牛的常见种类有：普通牛、牦牛、野牛、水牛、黄牛等。牛是素食动物，适应性很强，能够较好地适应所在地气候。

2．虎

图 2虎

虎是典型的山地林栖动物，在南方的热带雨林、常绿阔叶林，以及北方的落叶阔叶林和针阔叶混交林，都能很好地生活。在中国东北地区，虎也常出没于山脊、矮林灌丛和岩石较多的地方或砾石塘等山地，以利于捕食。

3．兔

图 3兔

兔可成群生活，但野兔一般独居。草兔分布在欧、亚、非三洲，中国仅有 9 种兔属种类，除华南和青藏高原外，兔在中国广泛分布。

图 5-8　实例 4 完成后的效果图

实例5　利用邮件合并制作“植物身份卡”

实例描述

当需要抄写类型相同但具体内容不同的信息时，工作量很大很烦琐，利用 Word“邮件合并”功能可以很好地解决这个问题。本实例需要首先创建一个关于植物信息的数据源文件，然后建立包含这些信息的主文档，最后利用“邮件合并”功能将数据源文件的内容合并到主文档中。实例 5 的效果图如图 5-9 所示。

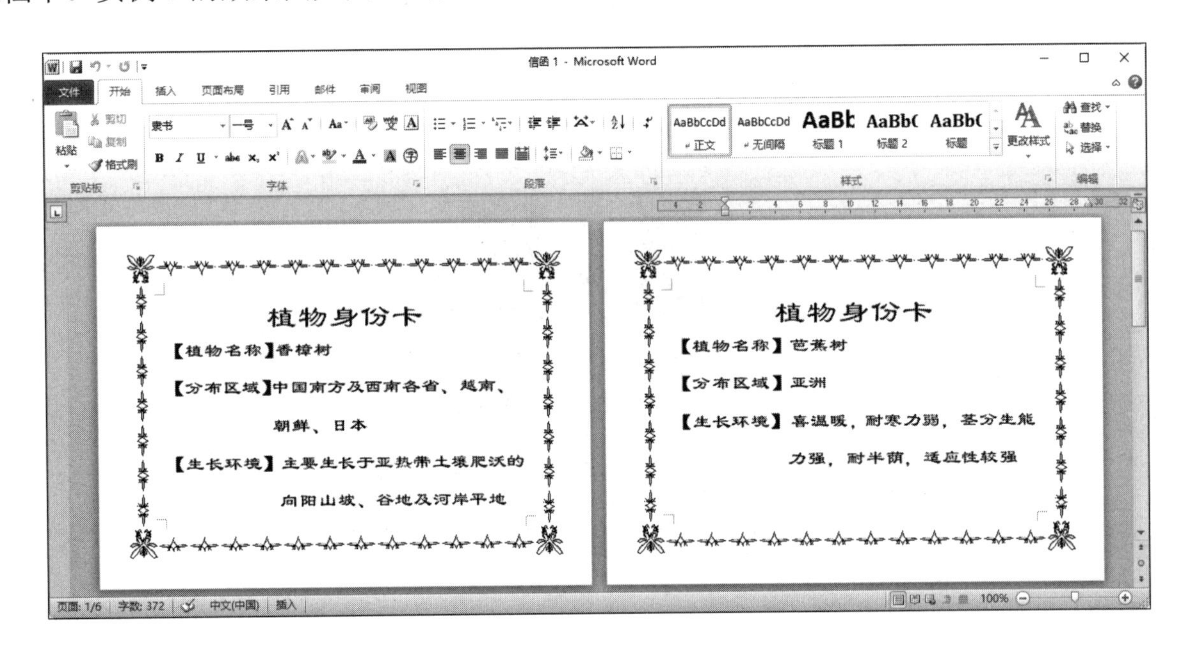

图 5-9　实例 5 的效果图

要点分析

建立数据源文件可以是 Word 表格、Excel 表格、Access 数据库，本实例将利用 Word 表格来完成操作，操作的关键是插入域和数据合并。

上机指导

操作过程分为“建立数据源文档”“建立主控文档”“将数据源合并至主控文档”3 个步骤。

步骤 1　建立数据源文档。

（1）新建一个空白文档，命名为“数据源”。

（2）创建 6 行 3 列表格，录入表 5-1 所示的内容，保存并退出。

表 5-1　数据源

植物名称	分布区域	生长环境
香樟树	中国南方及西南各省、越南、朝鲜、日本	主要生长于亚热带土壤肥沃的向阳山坡、谷地及河岸平地
芭蕉树	亚洲	喜温暖，耐寒力弱，茎分生能力强，耐半荫，适应性较强
云杉树	青海东部、甘肃南部、陕西西南与南部、四川西部一带	稍耐荫，能耐干燥及寒冷的环境条件
胡杨树	中国西北大漠及其他干旱沙化区	喜光，喜土壤湿润，耐干旱气候，耐高温，也较耐寒
白杨树	欧洲、北非、亚洲	喜光，不耐荫，耐严寒，耐干旱气候，但不耐湿热
樱花树	日本、印度北部、中国长江流域、朝鲜	喜温暖、湿润的环境

步骤 2　建立主控文档。

（1）新建空白文档，命名为“植物身份卡”。

（2）在“页面布局”选项卡的“页面设置”功能区中将纸张大小设置为 A6，上、下、左、右页边距均设置为 2 厘米，纸张方向设置为横向。

（3）在“页面背景”功能区中设置页面边框，并录入文字内容，其中标题字体设置为隶书，字号设置为二号，对齐方式设置为居中；其他文本字体设置为隶书，字号设置为四号，对齐方式设置为左对齐，如图 5-10 所示。

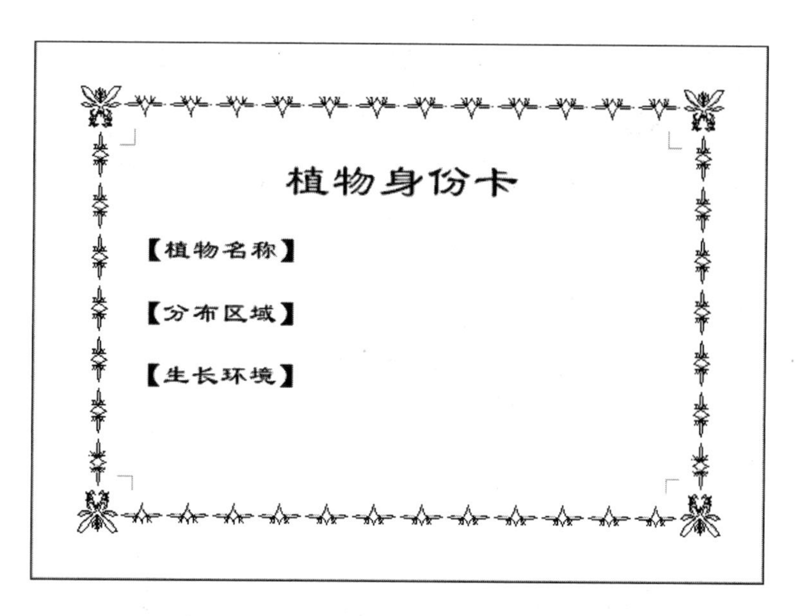

图 5-10　主控文档

步骤 3　将数据源合并至主控文档。

（1）单击“邮件”选项卡的“开始邮件合并”功能区中的“选择收件人”按钮，在下拉列表中选择“使用现有列表”选项。在打开的“选取数据源”对话框中找到之前做好的文档

“数据源”，单击“打开”按钮。

（2）将光标移至主控文档“植物名称”后，准备插入合并域的位置。在“编写和插入域”功能区中单击“插入合并域”按钮，在下拉列表中选择“植物名称”选项，如图 5-11 所示。依照此方法分别插入合并域“分布区域”和“生长环境”。

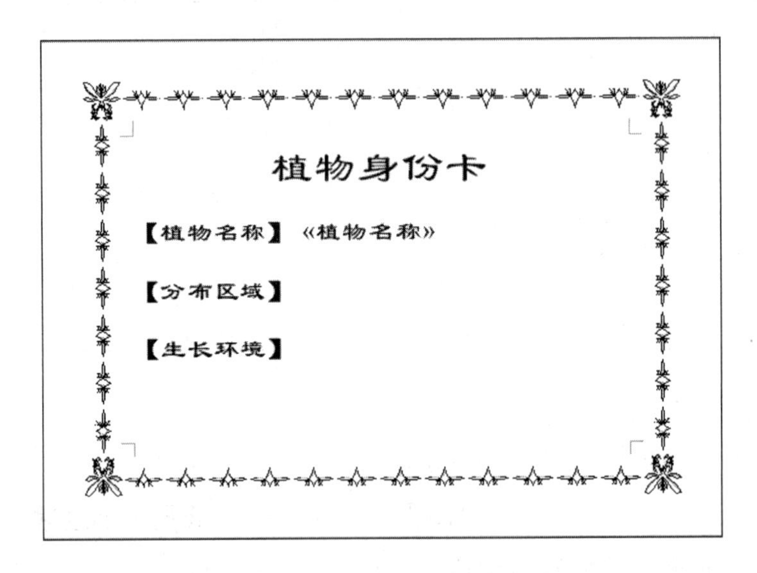

图 5-11　插入合并域“植物名称”

（3）单击“预览结果”功能区中的“预览结果”按钮，通过单击记录文本框两边的按钮可以改变记录的数值，预览合并后的页面效果如图 5-12 所示。

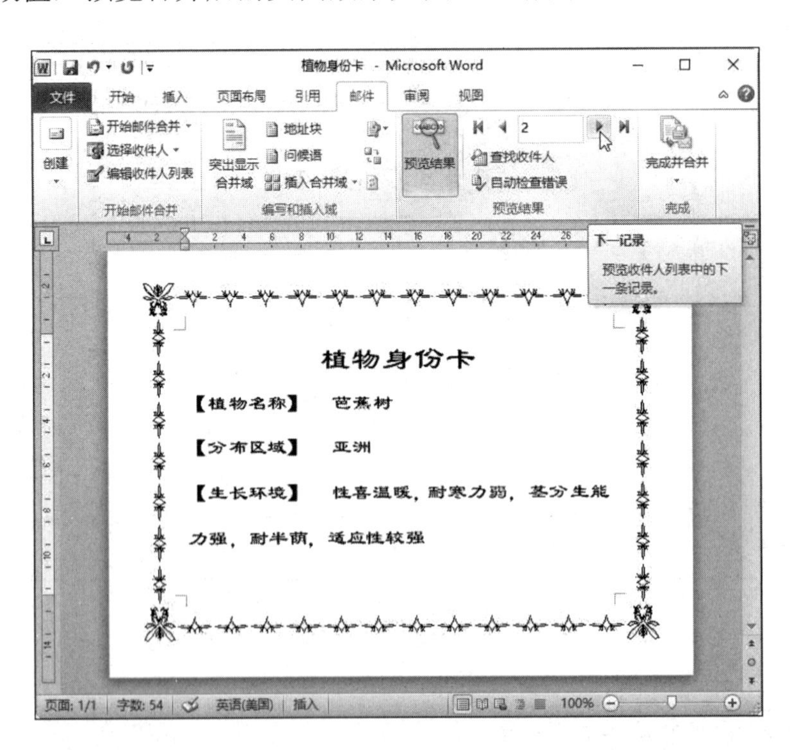

图 5-12　预览合并后的页面效果

（4）预览时对文本内容进行调整，使排版效果更美观。

（5）单击“完成”功能区中的“完成并合并”按钮，在下拉列表中选择“编辑单个文档”选项，打开“合并到新文档”对话框，选中“全部”单选按钮，单击“确定”按钮后生成新文档“信函 1”。每一条信息存储在一个单独的页面中，完成合并。

综合训练

训练 1　制作大纲

按以下要求完成图 5-13 所示的对文本内容设置大纲级别。

（1）将“第 1 章网络概述”设置为 1 级。

（2）将“1.1 网络发展史”“1.2 计算机网络的分类”设置为 2 级。

（3）其余文本设置为 3 级。

训练 1 的效果图如图 5-13 所示。

第 1 章网络概述
1.1 网络发展史
1.1.1 计算机网络的发展史
1.1.2 计算机网络在中国的发展
1.2 计算机网络的分类
1.2.1 按覆盖范围分
1.2.2 按拓扑结构分
1.2.3 其他分类方式

图 5-13　训练 1 的效果图

训练 2　添加脚注和尾注

录入以下样文内容，对文本进行编辑，并添加脚注和尾注，训练 2 的效果图如图 5-14 所示。

长江

长江是世界第三、我国第一长河，发源于青藏高原的唐古拉山主峰各拉丹冬雪山西南侧，干流全长 6300 余千米，自西向东流经青海、四川、西藏、云南、重庆、湖北、湖南、江西、安徽、江苏、上海 11 个省（自治区、直辖市）注入东海；支流展延至贵州、甘肃、陕西、河南、浙江、广西、广东、福建 8 个省（自治区）；流域面积约 180 万平方千米，约占我国国土面积的 18.8%。长江是中华民族的母亲河，是中华民族发展的重要支撑。长江以其庞大的河湖水系，独特完整的自然生态系统，维护了我国的生态安全。

要求如下。

（1）纸张大小设置为 32 开，纸张方向设置为横向，上、下页边距均设置为 1.5 厘米，左、右页边距均设置为 2 厘米。

（2）标题：字号设置为三号，对齐方式设置为居中。

（3）正文文字：段落首行缩进 2 字符。

（4）给标题添加尾注“长江是世界水能第一大河，世界第三、我国第一长河。”。

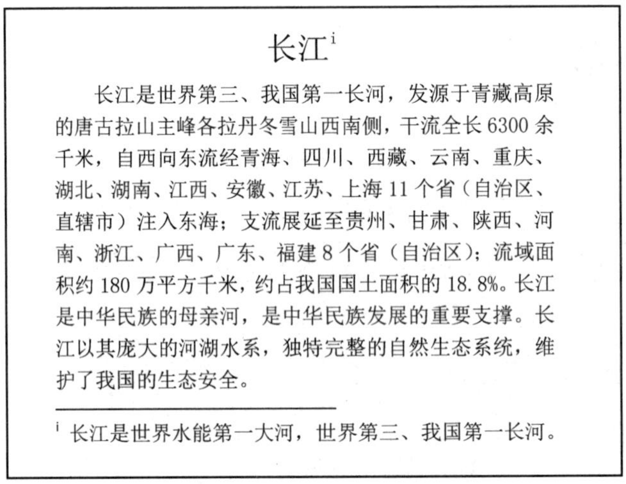

长江[i]

长江是世界第三、我国第一长河，发源于青藏高原的唐古拉山主峰各拉丹冬雪山西南侧，干流全长 6300 余千米，自西向东流经青海、四川、西藏、云南、重庆、湖北、湖南、江西、安徽、江苏、上海 11 个省（自治区、直辖市）注入东海；支流展延至贵州、甘肃、陕西、河南、浙江、广西、广东、福建 8 个省（自治区）；流域面积约 180 万平方千米，约占我国国土面积的 18.8%。长江是中华民族的母亲河，是中华民族发展的重要支撑。长江以其庞大的河湖水系，独特完整的自然生态系统，维护了我国的生态安全。

---

[i] 长江是世界水能第一大河，世界第三、我国第一长河。

图 5-14 训练 2 的效果图

训练 3 利用邮件合并功能批量制作图书借阅证

图书借阅证（主控文档）的要求如下。

（1）页面设置：纸张方向设置为横向；纸张大小设置为宽 8.5 厘米，高 5.5 厘米；上、下、左、右页边距均设置为 1 厘米。

（2）录入标题：字体设置为隶书，字号设置为三号，字符间距设置为加宽 3 磅，段后距设置为 1 行，对齐方式为居中。

（3）录入正文：字体设置为楷体，字号设置为五号，字形设置为加粗；行距设置为 1.5 倍行距；对齐方式设置为左对齐。

（4）保存文件名为“图书借阅证”。

训练 3 的效果图如图 5-15 所示。

数据源要求如下。

（1）在 Word 2010 中创建关于借阅证信息的数据源表格。

（2）录入若干人员信息（其中照片信息因涉及个人隐私，此处用卡通图片代替，可以利用资料包中提供的“头像.png”，也可以利用剪贴画代替），数据源文件如图 5-16 所示。

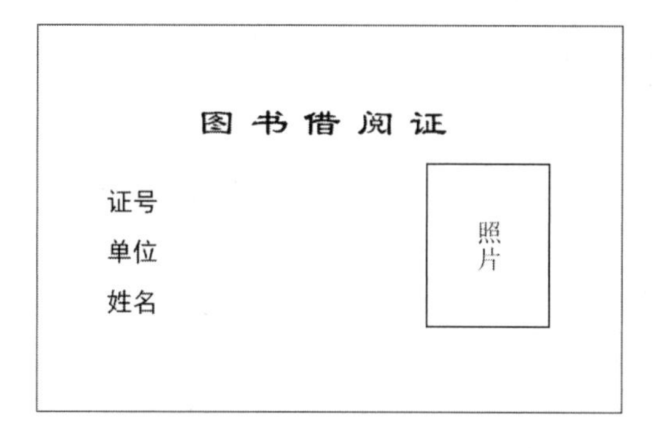

图 5-15　训练 3 的效果图

证　号	单　位	姓　名	照　片
12525	信息科学技术学院	李争	
12526	机械工程学院	林增元	
12527	环境学院	朱同林	
12528	外语系 · 商务英语	陈希瑶	

图 5-16　数据源文件

（3）保存文件名为“图书借阅证数据”。

利用邮件合并功能将“图书借阅证数据”合并到“图书借阅证”主控文档中，制作出完整的图书借阅证。合并后的“图书借阅证”效果如图 5-17 所示。

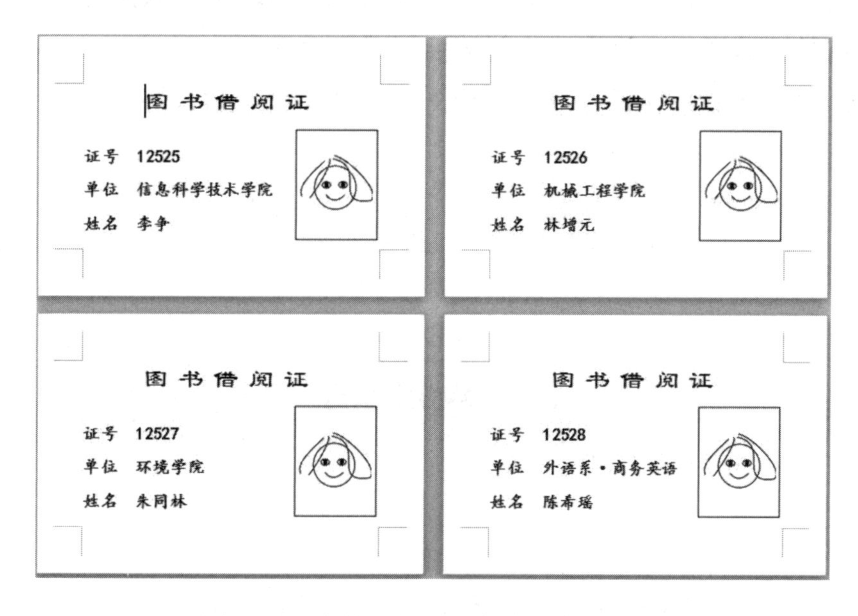

图 5-17　合并后的“图书借阅证”效果

Excel 2010 基础

技能目标

- 掌握 Excel 表格的创建、打开、保存和关闭方法。
- 掌握 Excel 工作簿、工作表、单元格、行、列等的基本操作方法。
- 掌握设置数据的字符格式、行高和列宽、数据对齐方式、数字格式、边框和底纹的方法。
- 掌握设置条件格式、自动套用格式的操作。
- 掌握单元格数据填充（包括特殊字符的填充）及自动填充数据的方法。
- 熟练掌握数据排序的一般方法，能够自定义排序序列。
- 熟练掌握自动筛选和高级筛选中显示符合条件的数据的方法。
- 熟练掌握数据分类汇总的方法。
- 掌握运用数据透视表追踪数据。

经典理论题型

一、选择题

1．在 Excel 2010 中对数据进行分类汇总前必须进行的操作是（　　）。

A．查询　　　　B．筛选　　　　C．检索　　　　D．排序

题型解析：在 Excel 2010 中对数据进行分类汇总前，必须对分类字段进行排序。因此，答案为 D。

2．在 Excel 2010 中利用高级筛选方式筛选数据时，在条件区域同一行输入的多个条件是(　　)。

A．“与”关系　　　　B．“或”关系

C．“非”关系　　　　D．“异或”关系

题型解析：在 Excel 2010 中利用高级筛选方式进行筛选数据时，应首先建立一个条件区域，条件区域分为 2 行，第 1 行为条件的字段名，第 2 行为对应字段的条件。条件区域同一行输入的条件之间是“与”的关系，不同行输入的条件之间是“或”的关系。因此，答案为 A。

二、判断题

1．在 Excel 2010 中数据清单的排序可以按笔画进行。　　(　　)

题型解析：在 Excel 2010 中数据清单的排序既可以按字母排序，也可以按笔画排序。因此，该叙述正确。

2．在 Excel 2010 中分类汇总的关键字段可以是多个字段。　　(　　)

题型解析：在 Excel 2010 中，分类汇总前应首先对分类字段进行排序。分类汇总分为一级分类汇总和多级分类汇总，但是不管哪级分类汇总，排序的关键字段只能是一个字段。因此，该叙述错误。

三、填空题

1．在 Excel 2010 中选择“筛选”时，若将筛选结果复制到其他位置，则只能使用________“筛选”命令。

题型解析：在 Excel 2010 中，筛选分为自动筛选和高级筛选，而自动筛选在使用“筛选”命令时，只能将筛选的结果显示在原数据清单位置，而高级筛选既可以将筛选结果显示在原数据清单位置，也可以复制到其他位置。因此，答案为“高级”。

2．在 Excel 2010 中，用户还可以通过单击“开始”选项卡的“________”功能区中的________按钮，进行排序与筛选操作。

题型解析：在 Excel 2010 中，可以通过单击“开始”选项卡的“编辑”功能区中的“排序和筛选”按钮进行排序与筛选操作。因此，答案为“编辑”和“排序和筛选”。

理论同步练习

一、选择题

1．在 Excel 2010 中进行分类汇总前必须进行的操作是（　　）。

A．按分类列对数据清单进行排序，并且数据清单的第 1 行里必须有列标题

B．按分类列对数据清单进行排序，并且数据清单的第 1 行里不能有列标题

C．对数据清单进行筛选，并且数据清单的第 1 行里必须有列标题

D．对数据清单进行筛选，并且数据清单的第 1 行里不能有列标题

2．在 Excel 2010 中，需要查看某公司的研发部门中年龄在 30～35 岁（含边界）、工资在 8000 元以上（不含边界）的人员情况。若使用高级筛选，则其条件区域表示正确的是（　　）。

A．

部门	年龄	年龄	工资
研发部	>=30		>8000
研发部		<=35	>8000

B．

部门	年龄	工资
研发部	>=30	>8000
研发部	<=35	>8000

C．

部门	年龄	年龄	工资
研发部	>=30	<=35	>8000

D．

部门	年龄	工资
研发部	>=30	>8000
	<=35	

3．在 Excel 2010 中，下面关于分类汇总的叙述正确的是（　　）。

A．分类汇总的关键字段可以是多个字段

B．分类汇总可以被删除，删除汇总后排序操作可以撤销

C．分类汇总前必须按关键字段排序

D．汇总方式只能是求和

4．在 Excel 2010 中，下列操作不能输入条件表达式的是（　　）。

A．高级筛选　　B．自动筛选　　C．分类汇总　　D．条件格式

5．利用 Excel 2010 创建一个学生成绩表，然后按照班级统计出某门课程的平均分，需要使用的功能是（　　）。

A．数据筛选　　B．排序　　C．合并计算　　D．分类汇总

6．在 Excel 2010 中对职工工资表进行高级筛选，若条件区域的设置如图 6-1 所示，则对筛选结果描述正确的是（　　）。

性别	基本工资	岗位工资
女	>900	
		>900

图 6-1　条件区域的设置

A．性别为女，并且基本工资、岗位工资均大于 900 元的记录

B．性别为女，并且基本工资大于 900 元的记录，或者岗位工资大于 900 元的记录

C．性别为女，并且岗位工资大于 900 元的记录，或者基本工资大于 900 元的记录

D．性别为女，或者岗位工资大于 900 元的记录，或者基本工资大于 900 元的记录

7．在 Excel 2010 中进行降序排序时，在序列中空白的单元格的行（　　）。

A．被放置在排序数据清单的最前面　B．被放置在排序数据清单的最后面

C．不被排序　D．应重新修改公式

8．某公司需要统计雇员工资情况，在 Excel 2010 工作表中按工资从高到低排序，如果工资相同，就以年龄降序排列，以下操作正确的是（　　）。

A．关键字为“年龄”，次关键字为“工资”

B．关键字为“工资”，次关键字为“年龄”

C．关键字为“工资+年龄”

D．关键字为“年龄+工资”

9．在 Excel 2010 中可以同时在多个单元格中输入相同的数据。选定需要输入数据的单元格，输入相应数据后按（　　）键。

A．【Tab】　　B．【Ctrl+Tab】　　C．【Ctrl+Enter】　　D．【Enter】

10．在 Excel 2010 中对数据透视表描述错误的是（　　）。

A．数据透视表只能放置在新工作表中

B．可以在“数据透视表字段列表”任务窗格中添加字段

C．可以更改计算类型

D．可以筛选数据

11．在 Excel 2010 中，在单元格 A1 内输入“第一季”，若要想实现单元格 A2、A3、A4 依次为“第二季”“第三季”“第四季”，则以下操作正确的是（　　）。

A．选中单元格 A1、A2、A3、A4，单击“开始”选项卡的“编辑”功能区中的“填充”按钮，选择“序列”选项，在“序列”对话框中选择“自动填充”选项

B．选中单元格 A1、A2、A3、A4，单击“开始”选项卡的“编辑”功能区中的“填充”按钮，选择“序列”选项，在“序列”对话框中选择“日期填充”选项

C．选中单元格 A1、A2、A3、A4，单击“开始”选项卡的“编辑”功能区中的“填充”按钮，选择“序列”选项，在“序列”对话框中选择“等差序列”选项

D．选中单元格 A1、A2、A3、A4，单击“编辑”→“填充”→“向下填充”

12．打开 Excel 2010 工作簿，将单元格 C2 设置为文本类型，输入时间“10:20:17”，选中 C2 单元格，按住【Alt】键，然后拖动鼠标向下填充句柄进行填充，完成的操作是（　　）。

A．下面单元格内连续出现“时”的递增

B．下面单元格内连续出现“分”的递增

C．下面单元格内连续出现“秒”的递增

D．下面单元格内全部都是“10:20:17”

二、判断题

1．汉字的排序只能按照其汉语拼音中第 1 个字母的升序或降序来排列。（　　）

2．在 Excel 2010 中只能按数值的大小排序，不能按文字的拼音字母或笔画多少排序。（　　）

3．逻辑值 True（真）大于 False（假）。（　　）

4．在 Excel 2010 中排序时，不管是升序还是降序，在序列中空白的单元格都被放置在排序数据清单的最后面。（　　）

5．在 Excel 2010 中可以对部分数据进行汇总、筛选、排序等操作。（　　）

6．在 Excel 2010 中利用高级筛选功能前必须为之指定一个条件区域，以便显示出符合条件的行；若多个不同的条件要同时成立，则所有的条件应在条件区域的同一行中。（　　）

7．在 Excel 2010 中分类汇总的字段可以是文本型。（　　）

8．在 Excel 2010 中如果要一次性在多个单元格中填入相同内容，采取的步骤包括选中多个单元格，输入内容，按【Ctrl+Enter】键。（　　）

9．在 Excel 2010 中的数据筛选的自动筛选前 10 项，就是只能将满足条件的前 10 项列出来。（　　）

10．在 Excel 2010 中的数据清单的列相当于数据库中的字段。（ ）

三、填空题

1．在 Excel 2010 中有一个图书库存管理工作表，数据清单字段名有图书编号、书名、出版社名称、出库数量、入库数量、出入库日期。若统计各出版社图书的“出库数量”总和及“入库数量”总和对应的数据进行分类汇总，分类汇总前要对数据排序，排序的主要关键字应是____________。

2．利用 Excel 2010 的数据筛选功能，可以在工作表中只显示符合特定筛选条件的某些数据行，不满足筛选条件的数据行将________。

3．“高级筛选”要求在一个与工作表中数据不同的地方制订一个区域来存放筛选的条件，这个区域称为____________。

4．当所排序的字段出现相同值时，可以利用____________进行排序。

5．所有错误值的优先级________。

6．在 Excel 2010 中创建分类汇总后，如果修改明细数据，那么汇总数据将会________。

7．在 Excel 2010 中，多关键字段的排序是按主要关键字、次要关键字和_______关键字进行排序的。

8．在 Excel 2010 中，若要快速显示数据中符合条件的记录，可利用 Excel 提供的_______功能。

9．在 Excel 2010 中无论是升序还是降序，空白单元格所在的行总是放在排序的_______。

10．在 Excel 2010 的“高级筛选”中，条件区域中不同行的条件是_______关系。

经典实例

实例 1 利用排序、筛选、分类汇总处理数据

实例描述

- 在工作表 Sheet1 中录入图 6-2 所示的数据清单，将工作表 Sheet1 的数据复制到工作表 Sheet2、Sheet3、Sheet4、Sheet5 中，或者打开数据资源包中对应的文件。
- 将 Sheet1 工作表单元格中的文字字体设置为楷体-GB2312，字号设置为 12 磅，对齐方式设置为居中。

	A	B	C	D	E	F	G	H	I
1	学号	姓名	性别	成绩1	成绩2	成绩3	成绩4	总成绩	平均成绩
2	1	张成祥	男	97	94	93	93	377	94.25
3	2	唐来去	男	80	73	69	87	309	77.25
4	3	张雷	男	85	71	67	77	300	75
5	4	韩文歧	男	88	81	83	81	333	83.25
6	5	郑俊霞	女	89	62	77	85	313	78.25
7	6	马云燕	女	91	68	76	82	317	79.25
8	7	王晓燕	女	86	81	80	93	340	85
9	8	贾莉莉	女	93	74	78	88	333	83.25
10	9	李广林	男	94	84	60	86	324	81
11	10	马丽萍	女	55	59	98	76	288	72
12	11	高云河	男	74	78	84	77	313	78.25

图 6-2　数据清单

- 为工作表 Sheet1（A1:I12）设置边框，外边框为绿色，粗实线（第 2 列第 6 个），内边框为蓝色（第 1 列最后 1 个）。
- 以总成绩为主关键字降序排序，以成绩 4 为次关键字进行升序排序。
- 将最后 1 列的数据格式设置为 1 位小数。
- 将工作表 Sheet2 的标签改为筛选记录。
- 筛选出成绩 1 大于 80 且成绩 4 大于或等于 85 的记录。
- 将工作表 Sheet3 的标签改为前 3 名记录。
- 筛选出“总成绩”最高的前 3 项。
- 将工作表 Sheet4 的标签改为 80 记录。
- 筛选出各科成绩均大于 80 的同学记录，并将结果复制到单元格 A20 以下的区域（用高级筛选做此题）。
- 在工作表 Sheet5 中创建分类汇总，以性别为分类字段，分别求出 4 科成绩的平均分。

要点分析

本实例包括以下内容：单元格格式设置、多列数据的排序、数据格式的修改、自动筛选、高级筛选、分类汇总。

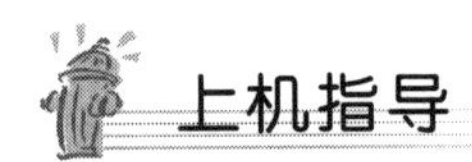

上机指导

操作过程如下。

（1）准备工作。录入图 6-2 所示的数据清单。

（2）单元格格式设置。选中工作表 Sheet1 的数据区域，在“开始”选项卡的“字体”功能区中的“字体”列表中选择“楷体-GB2312”选项，字号设置为 12 磅，单击“对齐方式”功能区中的“居中”按钮，对齐方式设置为居中。单击“对齐方式”功能区中的扩展按钮，打开图 6-3 所示的“设置单元格格式”对话框，单击“边框”选项卡，在“颜色”下拉列表中选择“绿色”选项，在“样式”列表中选择第 2 列第 6 个，单击“预置”选区中的“外边框”

按钮，设置外边框，利用同样的方法来设置内部线条，最后单击“确定”按钮，完成设置。

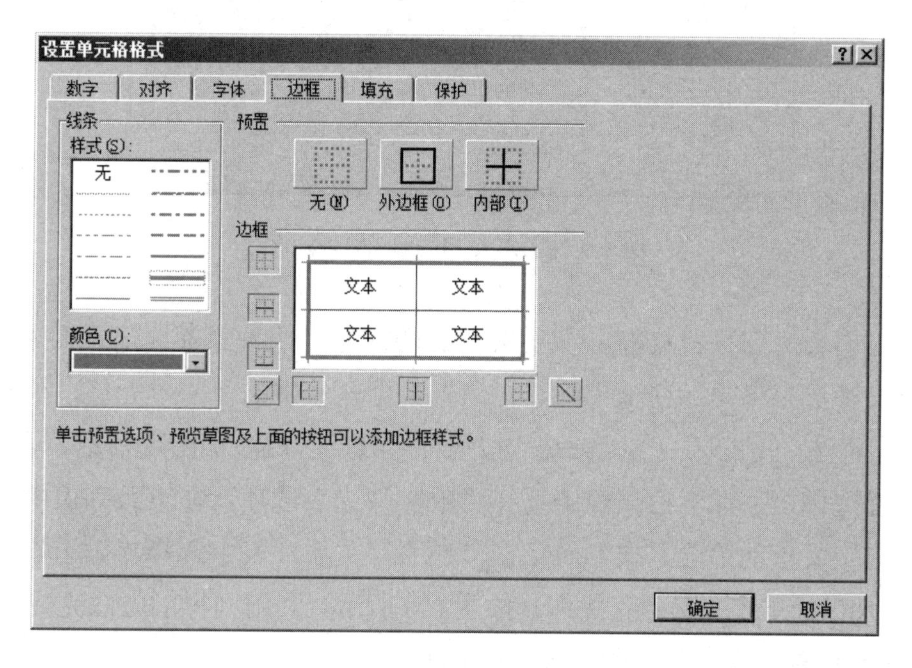

图 6-3　“设置单元格格式”对话框

（3）多列排序。将光标移至数据区域中的任一单元格，单击“数据”选项卡的“排序和筛选”功能区中的“排序”按钮，打开“排序”对话框，如图 6-4 所示。在“主要关键字”下拉列表中选择“总成绩”选项，在“次序”下拉列表中选择“降序”选项，单击“添加条件”按钮，添加次要关键字，在“次要关键字”下拉列表中选择“成绩 4”选项，在“次序”下拉列表中选择“升序”选项，最后单击“确定”按钮，完成设置。

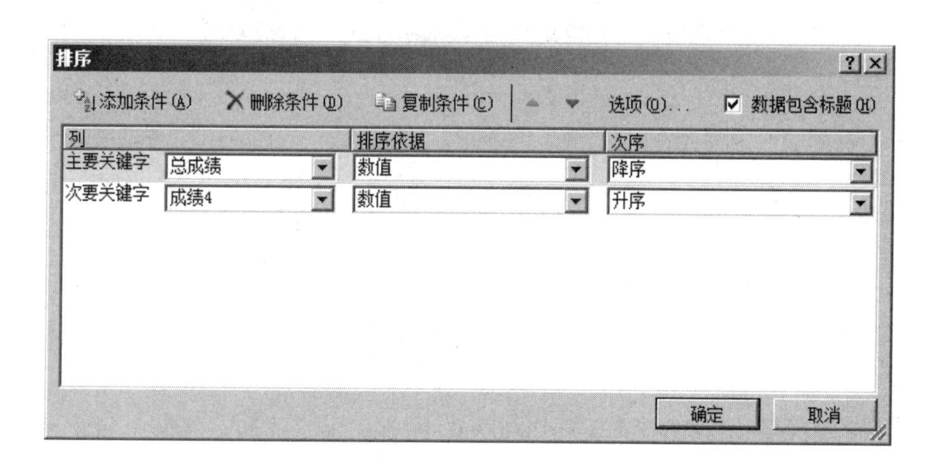

图 6-4　“排序”对话框

（4）选中最后 1 列数据所在的区域，单击“开始”选项卡的“数字”功能区中的“减少小数位数”按钮，即可将最后 1 列中的数字设置为 1 位小数。工作表 Sheet1 的效果图如图 6-5 所示。

	A	B	C	D	E	F	G	H	I
1	学号	姓名	性别	成绩1	成绩2	成绩3	成绩4	总成绩	平均成绩
2	1	张成祥	男	97	94	93	93	377	94.3
3	7	王晓燕	男	86	81	80	93	340	85.0
4	4	韩文歧	男	88	81	83	81	333	83.3
5	8	贾莉莉	男	93	74	78	88	333	83.3
6	9	李广林	女	94	84	60	86	324	81.0
7	6	马云燕	女	91	68	76	82	317	79.3
8	11	高云河	女	74	78	84	77	313	78.3
9	5	郑俊霞	女	89	62	77	85	313	78.3
10	2	唐来去	男	80	73	69	87	309	77.3
11	3	张雷	女	85	71	67	77	300	75.0
12	10	马丽萍	男	55	59	98	76	288	72.0

图 6-5　工作表 Sheet1 的效果图

（5）修改工作表的标签。双击工作表 Sheet2 的标签，输入“筛选记录”。

（6）自定义筛选。将光标移至“筛选记录”数据区域中的任一单元格，单击“数据”选项卡的“排序和筛选”功能区中的“筛选”按钮，为数据区域添加筛选标记。单击字段名“成绩 1”右侧的筛选标记，在下拉列表中选择“数字筛选”选项，在下级列表中选择“大于”选项，打开“自定义自动筛选方式”对话框，在不等关系列表中选择“大于”选项，在右侧文本框中输入“80”，单击“确定”按钮，如图 6-6 所示。利用同样的方法完成字段“成绩 4”大于或等于 85 的设置。满足条件的记录如图 6-7 所示。

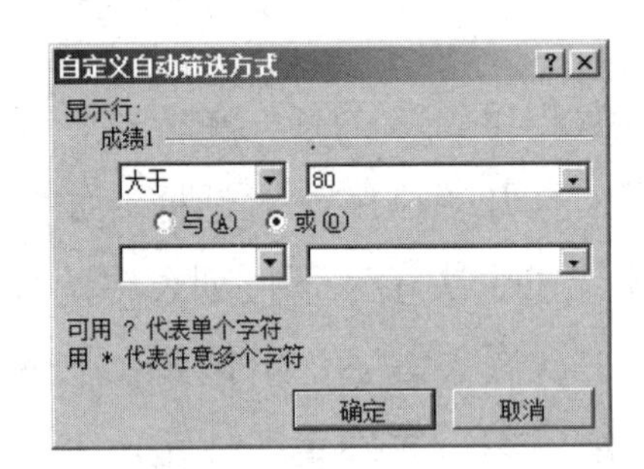

图 6-6　“自定义自动筛选方式”对话框

	A	B	C	D	E	F	G	H	I
1	学号	姓名	性别	成绩1	成绩2	成绩3	成绩4	总成绩	平均成绩
2	1	张成祥	男	97	94	93	93	377	94.25
6	5	郑俊霞	女	89	62	77	85	313	78.25
8	7	王晓燕	女	86	81	80	93	340	85
9	8	贾莉莉	女	93	74	78	88	333	83.25
10	9	李广林	男	94	84	60	86	324	81

图 6-7　满足条件的记录

（7）修改工作表标签。双击工作表 Sheet3 的标签，直接输入“前 3 名记录”即可。

（8）最大的前几项筛选。将光标移至工作表前 3 名记录数据区域的任一单元格中，单击“数据”选项卡的“排序和筛选”功能区中的“筛选”按钮，在数据区域添加自动筛选的标记，单击字段名“总成绩”右侧的筛选标记，在下拉列表中选择“数字筛选”选项，在下级列表中选择“10 个最大的值”选项，打开“自动筛选前 10 个”对话框，如图 6-8 所示。在“显示”下方的下拉列表中选择“最大”选项，在其右侧的文本框中输入“3”，单击“确定”按钮，工作表前 3 名的记录如图 6-9 所示。

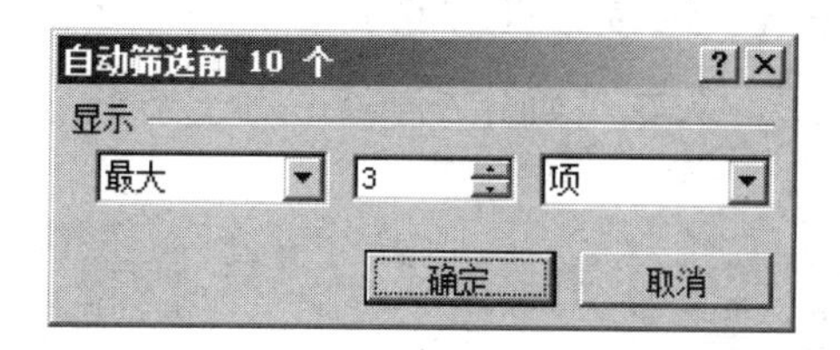

图 6-8　“自动筛选前 10 个”对话框

	A	B	C	D	E	F	G	H	I
1	学号	姓名	性别	成绩1	成绩2	成绩3	成绩4	总成绩	平均成绩
2	1	张成祥	男	97	94	93	93	377	94.25
5	4	韩文歧	男	88	81	83	81	333	83.25
8	7	王晓燕	女	86	81	80	93	340	85
9	8	贾莉莉	女	93	74	78	88	333	83.25

图 6-9　工作表前 3 名的记录

（9）修改工作表标签。双击工作表 Sheet4 的标签，直接输入“80 记录”即可。

（10）高级筛选。将光标移至工作表中“80”记录的单元格 B16，开始建立高级筛选的条件。高级筛选的条件区域如图 6-10 所示。

	A	B	C	D	E
16		成绩1	成绩2	成绩3	成绩4
17		>80	>80	>80	>80

图 6-10　高级筛选的条件区域

（11）将光标移至数据区域的任一个单元格，单击“数据”选项卡的“排序和筛选”功能区中的“高级”按钮，打开“高级筛选”对话框，如图 6-11 所示。在“方式”选区中选中“将筛选结果复制到其他位置”单选按钮，然后依次选择“列表区域”“条件区域”“复制到”中的相应区域，单击“确定”按钮。高级筛选结果如图 6-12 所示。

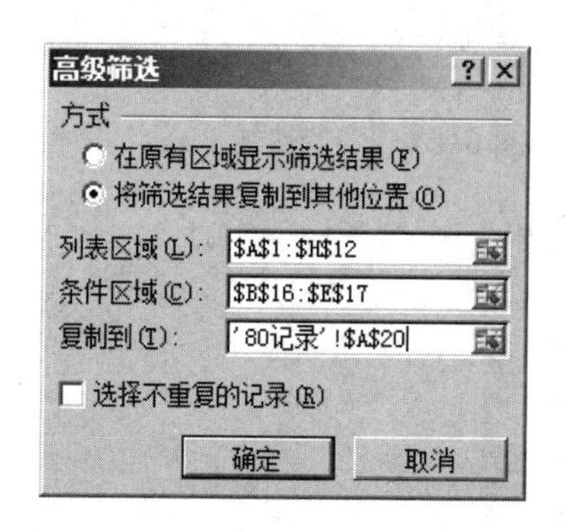

图 6-11　“高级筛选”对话框

（12）创建分类汇总。将光标移动至工作表 Sheet5 数据区域“性别”列中的任一单元格，单击“数据”选项卡的“排序和筛选”功能区中的“升序”按钮，首先对“性别”列进行升序排序。再次单击“数据”选项卡的“分级显示”功能区中的“分类汇总”按钮，打开“分类汇总”对话框，如图 6-13 所示。在“分类字段”下拉列表中选择“性别”选项，在“汇总方式”下拉列表中选择“平均值”选项，在“选定汇总项”选项组中勾选“成绩 1”“成绩 2”“成绩 3”“成绩 4”4 个复选框，单击“确定”按钮。分类汇总数据如图 6-14 所示。

	A	B	C	D	E	F	G	H	I
1	学号	姓名	性别	成绩1	成绩2	成绩3	成绩4	总成绩	平均成绩
2	1	张成祥	男	97	94	93	93	377	94.25
3	2	唐来去	男	80	73	69	87	309	77.25
4	3	张雷	男	85	71	67	77	300	75
5	4	韩文歧	男	88	81	83	81	333	83.25
6	5	郑俊霞	女	89	62	77	85	313	78.25
7	6	马云燕	女	91	68	76	82	317	79.25
8	7	王晓燕	女	86	81	80	93	340	85
9	8	贾莉莉	女	93	74	78	88	333	83.25
10	9	李广林	男	94	84	60	86	324	81
11	10	马丽萍	女	55	59	98	76	288	72
12	11	高云河	男	74	78	84	77	313	78.25
13									
14									
15									
16		成绩1	成绩2	成绩3	成绩4				
17		>80	>80	>80	>80				
18									
19									
20	学号	姓名	性别	成绩1	成绩2	成绩3	成绩4	总成绩	平均成绩
21	1	张成祥	男	97	94	93	93	377	94.25
22	4	韩文歧	男	88	81	83	81	333	83.25

图 6-12　高级筛选结果

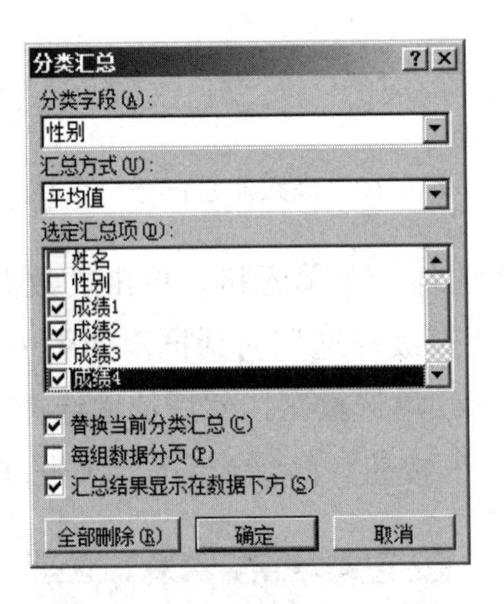

图 6-13　“分类汇总”对话框

	A	B	C	D	E	F	G	H	I
1	学号	姓名	性别	成绩1	成绩2	成绩3	成绩4	总成绩	平均成绩
2	1	张成祥	男	97	94	93	93	377	94.25
3	2	唐来去	男	80	73	69	87	309	77.25
4	3	张雷	男	85	71	67	77	300	75
5	4	韩文歧	男	88	81	83	81	333	83.25
6	9	李广林	男	94	84	60	86	324	81
7	11	高云河	男	74	78	84	77	313	78.25
8			**男 平均值**	86.33333	80.16667	76	83.5		
9	5	郑俊霞	女	89	62	77	85	313	78.25
10	6	马云燕	女	91	68	76	82	317	79.25
11	7	王晓燕	女	86	81	80	93	340	85
12	8	贾莉莉	女	93	74	78	88	333	83.25
13	10	马丽萍	女	55	59	98	76	288	72
14			**女 平均值**	82.8	68.8	81.8	84.8		
15			**总计平均值**	84.72727	75	78.63636	84.09091		

图 6-14　分类汇总数据

实例 2 利用数据透视表整理数据

实例描述

- 在工作表 Sheet1 中录入图 6-15 所示的数据清单，将工作表 Sheet1 的数据复制到工作表 Sheet2、Sheet3、Sheet4、Sheet5、Sheet6 中。

	A	B	C	D	E	F	G
1	职员登记表						
2	部门	序号	姓名	性别	职称	籍贯	工资
3	开发部	1	张林	男	高级	陕西	2000
4	测试部	2	王晓强	男	中级	江西	1600
5	文档部	3	文博	男	高级	河北	1200
6	市场部	4	刘冰丽	女	中级	山东	1800
7	市场部	5	李芳	女	中级	江西	1900
8	开发部	6	张红华	女	初级	湖南	1400
9	文档部	7	曹雨生	男	初级	广东	1200
10	测试部	8	赵文革	男	高级	上海	1800
11	开发部	9	钱里	男	中级	辽宁	2200
12	市场部	10	孙芳	女	中级	山东	1800
13	市场部	11	李木	女	初级	北京	1200
14	测试部	12	周卫红	女	初级	湖北	2100
15	文档部	13	王明	男	中级	山西	1500
16	开发部	14	刘磊	男	高级	陕西	2500
17	测试部	15	杨楠	女	高级	江西	2000
18	开发部	16	孙明芳	女	高级	辽宁	1700
19	市场部	17	张小强	男	中级	四川	1600
20	文档部	18	孙小冉	女	初级	江苏	1400

图 6-15 数据清单

- 标题格式：字体设置为黑体，字号设置为 20 磅，字形设置为加粗、倾斜，字体颜色设置为蓝色，底纹填充设置为黄色，对齐方式设置为合并居中（A～G 列）。
- 表头格式：字体设置为隶书，字号设置为 14 磅，底纹填充设置为茶色 25%，对齐方式设置为居中。
- 第 1 列格式：字体设置为楷体，字号设置为 12 磅，底纹填充设置为浅绿色，对齐方式设置为居中。
- 数据区域格式：对齐方式设置为居中，底纹填充设置为“白色，深色 35%”，“工资”列的数据格式设置为会计专用，小数点的位数设置为 0，使用货币符号。
- 列宽调整：序号和性别两列的宽度均设置为 6 磅。
- 工作表重命名：将工作表 Sheet1 重新命名为“职工情况表”。
- 插入 3 张工作表，并将职工情况表的数据复制到其他几张工作表中。
- 排序操作：打开工作表 Sheet2，将工作表 Sheet2 中的数据以工资为关键字，以递减方式排序。
- 自动筛选：打开工作表 Sheet3，筛选出性别为男的数据。

- 高级筛选：打开工作表 Sheet4，利用高级筛选，筛选出中级和高级职称职工的数据，并把结果放在单元格 A26 开始的区域。
- 分类汇总：打开工作表 Sheet5，首先以部门为关键字，按递增方式排序。然后将部门作为分类字段，将工资以均值进行分类汇总。
- 数据透视表：打开工作表 Sheet6，以职称为分页字段，以姓名为列字段，以工资为均值项，建立数据透视表，数据透视表显示在新建的工作表中，并筛选出职称为高级的数据。

要点分析

本实例包含以下内容：单元格格式设置，列宽调整，插入、重命名工作表，排序操作，自动筛选，高级筛选，分类汇总，建立数据透视表。

上机指导

操作过程如下。

（1）准备工作。录入图 6-15 所示的数据清单。

（2）标题格式。选中标题所在的区域（A～G 列），在“开始”选项卡的“字体”功能区中的“字体”下拉列表中将字体设置为黑体，在“字号”下拉列表中选择“20”选项，单击“加粗”“倾斜”按钮，在“字体颜色”下拉列表中选择“蓝色”选项，然后在“填充颜色”下拉列表中选择“黄色”选项。单击“开始”选项卡的“对齐方式”功能区中的“合并后居中”按钮，将标题设置为 A～G 列合并居中。

（3）表头格式。选中表头所在的单元格区域，在“字体”下拉列表中选择“隶书”选项，在“字号”下拉列表中选择“14”选项，在“填充颜色”下拉列表中选择“茶色，深色 25%”选项，单击“对齐方式”功能区中的“居中”按钮，将表头的对齐方式设置为居中。

（4）第 1 列格式。选择第 1 列所在的单元格区域，同上述操作，将字体设置为楷体，字号设置为 12 磅，底纹填充设置为浅绿色，对齐方式设置为居中。

（5）数据区域格式。选中数据所在区域，单击“居中”按钮，在“填充颜色”下拉列表中选择“白色，深色 35%”；然后只选中工资所在列的数据区域，单击“开始”选择卡的“数据”功能区中的“扩展”按钮，打开“设置单元格格式”对话框，在“分类”下拉列表中选择“会计专用”选项，在“小数位数”增量框中输入“0”，在“货币符号”下拉列表中选择人民币符号，单击“确定”按钮，如图 6-16 所示。

（6）列宽调整。选中序号和性别两列，单击“开始”选项卡的“单元格”功能区中的“格式”按钮，在下拉列表中选择“列宽”选项，打开“列宽”对话框，在文本框中输入 6，单击“确定”按钮。

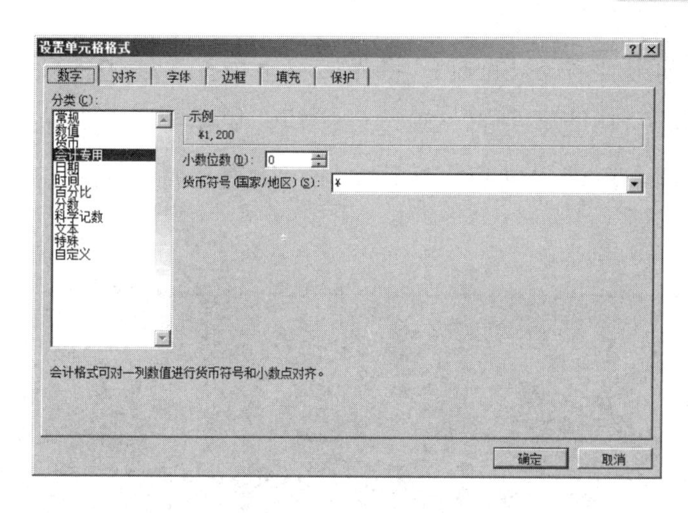

图 6-16　“设置单元格格式”对话框

（7）工作表重命名。双击工作表 Sheet1 的标签，直接输入“职工情况表”。

（8）插入工作表。右击工作表 Sheet3 的标签，在弹出的快捷菜单中选择“插入”选项，打开“插入”对话框，在“常用”选项卡中选择“工作表”选项，即可在工作表 Sheet3 之前插入一张名为“Sheet4”的工作表。利用同样的操作方法，插入工作表 Sheet5、工作表 Sheet6，然后把职工情况表的数据复制到其他几张工作表中。

心灵手巧： 如果需要同时插入几张工作表，就可以连续选中几张工作表，右击选中的工作表，在弹出的快捷菜单中选择“插入”选项，打开“插入”对话框，在列表中选择“工作表”选项，就可以同时插入几张工作表。

（9）排序操作。打开工作表 Sheet2，将光标移至工资所在列的任一单元格，单击“数据”选项卡的“排序和筛选”功能区中的“降序”按钮。排序后的数据如图 6-17 所示。

	A	B	C	D	E	F	G
1	职员登记表						
2	部门	序号	姓名	性别	职称	籍贯	工资
3	开发部	14	刘磊	男	高级	陕西	¥ 2,500
4	开发部	9	钱里	男	中级	辽宁	¥ 2,200
5	测试部	12	周卫红	女	初级	湖北	¥ 2,100
6	开发部	1	张林	男	高级	陕西	¥ 2,000
7	测试部	15	杨楠	女	高级	江西	¥ 2,000
8	市场部	5	李芳	女	中级	江西	¥ 1,900
9	市场部	4	刘冰丽	女	中级	山东	¥ 1,800
10	测试部	8	赵文革	男	高级	上海	¥ 1,800
11	市场部	10	孙芳	女	中级	山东	¥ 1,800
12	开发部	16	孙明芳	女	高级	辽宁	¥ 1,700
13	测试部	2	王晓强	男	中级	江西	¥ 1,600
14	市场部	17	张小强	男	中级	四川	¥ 1,600
15	文档部	13	王明	男	中级	山西	¥ 1,500
16	开发部	6	张红华	女	初级	湖南	¥ 1,400
17	文档部	18	孙小冉	女	初级	江苏	¥ 1,400
18	文档部	3	文博	男	高级	河北	¥ 1,200
19	文档部	7	曹雨生	男	初级	广东	¥ 1,200
20	市场部	11	李木	女	初级	北京	¥ 1,200

图 6-17　排序后的数据

（10）自动筛选。打开工作表 Sheet3，将光标移至数据区域中的任一单元格，单击“数据”选项卡的“排序和筛选”功能区中的“筛选”按钮，单击“性别”右侧的筛选标记，在下拉列表中选择“男”选项，单击“确定”按钮，即可筛选出性别为男的数据，筛选后的数据如图 6-18 所示。

	A	B	C	D	E	F	G
1	职员登记表						
2	部门	序号	姓名	性别	职称	籍贯	工资
3	开发部	1	张林	男	高级	陕西	¥ 2,000
4	测试部	2	王晓强	男	中级	江西	¥ 1,600
5	文档部	3	文博	男	高级	河北	¥ 1,200
9	文档部	7	曹雨生	男	初级	广东	¥ 1,200
10	测试部	8	赵文革	男	高级	上海	¥ 1,800
11	开发部	9	钱里	男	中级	辽宁	¥ 2,200
15	文档部	13	王明	男	中级	山西	¥ 1,500
16	开发部	14	刘磊	男	高级	陕西	¥ 2,500
19	市场部	17	张小强	男	中级	四川	¥ 1,600

图 6-18　筛选后的数据

（11）高级筛选。打开工作表 Sheet4，将光标移至单元格 B22，建立条件区域，如图 6-19 所示。

职称	职称
高级	
	中级

图 6-19　条件区域

（12）将光标移至数据区域任一单元格，单击“数据”选项卡的“排序和筛选”功能区中的“高级”按钮，打开“高级筛选”对话框，在“方式”选区中选中“将筛选结果复制到其他位置”单选按钮，然后依次选择“列表区域”“条件区域”“复制到”为单元格 A26，单击“确定”按钮，高级筛选结果如图 6-20 所示。

26	部门	序号	姓名	性别	职称	籍贯	工资
27	开发部	1	张林	男	高级	陕西	¥ 2,000
28	测试部	2	王晓强	男	中级	江西	¥ 1,600
29	文档部	3	文博	男	高级	河北	¥ 1,200
30	市场部	4	刘冰丽	女	中级	山东	¥ 1,800
31	市场部	5	李芳	女	中级	江西	¥ 1,900
32	测试部	8	赵文革	男	高级	上海	¥ 1,800
33	开发部	9	钱里	男	中级	辽宁	¥ 2,200
34	市场部	10	孙芳	女	中级	山东	¥ 1,800
35	文档部	13	王明	男	中级	山西	¥ 1,500
36	开发部	14	刘磊	男	高级	陕西	¥ 2,500
37	测试部	15	杨楠	女	高级	江西	¥ 2,000
38	开发部	16	孙明芳	女	高级	辽宁	¥ 1,700
39	市场部	17	张小强	男	中级	四川	¥ 1,600

图 6-20　高级筛选结果

（13）分类汇总。打开工作表 Sheet5，将光标移至部门所在列的任一数据单元格，单击“数据”选项卡的“排序和筛选”功能区中的“升序”按钮。首先对部门列进行升序排序，然后单击“数据”选项卡的“分级显示”功能区中的“分类汇总”按钮，打开“分类汇总”对话框，在“分类字段”下拉列表中选择“部门”选项，在“汇总方式”下拉列表中选择“平均值”选项，在“选定汇总项”选项组中勾选“工资”复选框，单击“确定”按钮。分类汇总后的数据如图 6-21 所示。

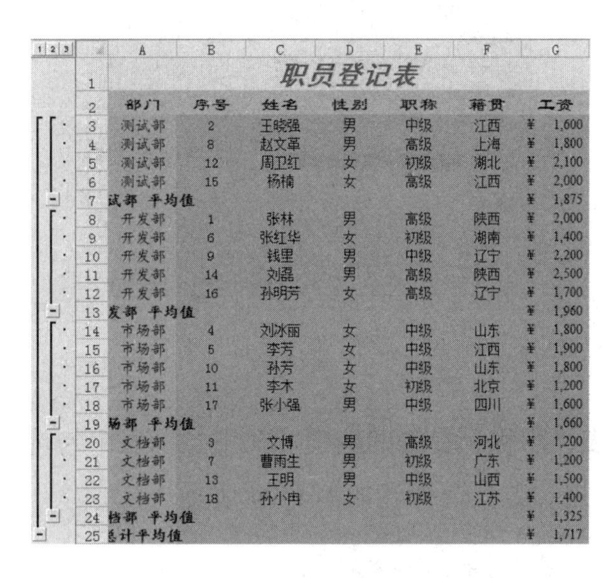

	A	B	C	D	E	F	G
1	职员登记表						
2	部门	序号	姓名	性别	职称	籍贯	工资
3	测试部	2	王晓强	男	中级	江西	¥ 1,600
4	测试部	8	赵文革	男	高级	上海	¥ 1,800
5	测试部	12	周卫红	女	初级	湖北	¥ 2,100
6	测试部	15	杨楠	女	高级	江西	¥ 2,000
7	试部 平均值						¥ 1,875
8	开发部	1	张林	男	高级	陕西	¥ 2,000
9	开发部	6	张红华	女	初级	湖南	¥ 1,400
10	开发部	9	钱里	男	中级	辽宁	¥ 2,200
11	开发部	14	刘磊	男	高级	陕西	¥ 2,500
12	开发部	16	孙明芳	女	高级	辽宁	¥ 1,700
13	发部 平均值						¥ 1,960
14	市场部	4	刘冰丽	女	中级	山东	¥ 1,800
15	市场部	5	李芳	女	中级	江西	¥ 1,900
16	市场部	10	孙芳	女	中级	山东	¥ 1,800
17	市场部	11	李木	女	初级	北京	¥ 1,200
18	市场部	17	张小强	男	中级	四川	¥ 1,600
19	场部 平均值						¥ 1,660
20	文档部	3	文博	男	高级	河北	¥ 1,200
21	文档部	7	曹雨生	男	初级	广东	¥ 1,200
22	文档部	13	王明	男	中级	山西	¥ 1,500
23	文档部	18	孙小冉	女	初级	江苏	¥ 1,400
24	档部 平均值						¥ 1,325
25	总计平均值						¥ 1,717

图 6-21　分类汇总后的数据

（14）数据透视表。打开工作表 Sheet6，将光标移至数据区域中的任一单元格，单击“插入”选项卡的“表格”功能区中的“数据透视表”按钮，在下拉列表中选择“数据透视表”选项，打开“创建数据透视表”对话框，在“选择数据透视表位置”选区中选中“新工作表”单选按钮，单击“确定”按钮，进入数据透视表编辑状态，如图 6-22 所示。

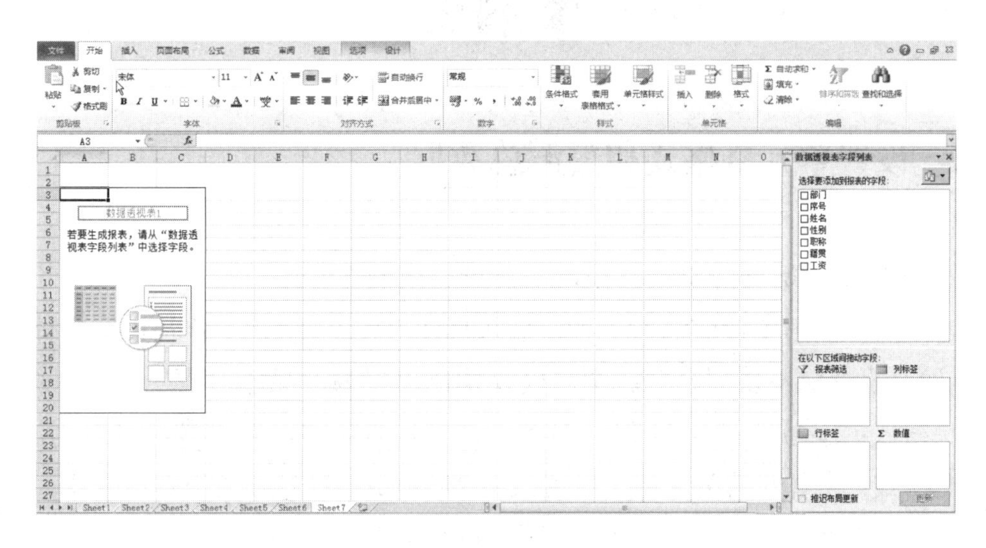

图 6-22　数据透视表编辑状态

（15）将“职称”字段拖放到“报表筛选”区域，将“姓名”字段拖放到“列标签”区域，将“工资”字段拖放到“数值”区域，默认的汇总方式为求和，单击“求和项：工资”按钮，在弹出的快捷菜单中选择“值字段设置”选项，打开“值字段设置”对话框，如图 6-23 所示。在“计算类型”列表中选择“平均值”选项。

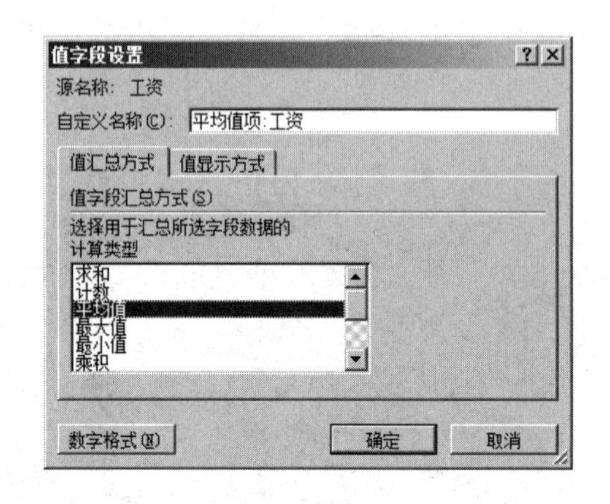

图 6-23　“值字段设置”对话框

（16）单击数据透视表“职称”右侧的按钮，在下拉列表中勾选“高级”复选框，即可筛选出职称为“高级”的数据。数据透视表如图 6-24 所示。

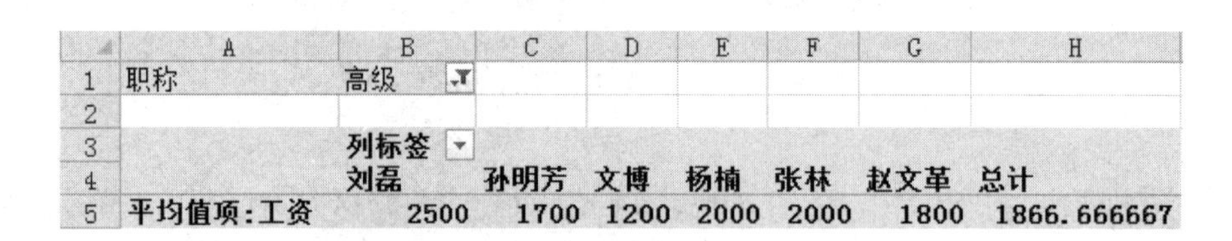

	A	B	C	D	E	F	G	H
1	职称	高级						
2								
3		列标签						
4		刘磊	孙明芳	文博	杨楠	张林	赵文革	总计
5	平均值项:工资	2500	1700	1200	2000	2000	1800	1866.666667

图 6-24　数据透视表

综合训练

训练 1　设置单元格格式和类汇总数据

录入图 6-25 所示的数据清单，并按以下要求完成操作。

（1）标题格式：在第 1 行前插入 1 行，输入标题“生产资料”，并且设置字体为隶书，字号设置为 20 磅，且在 A～D 列合并居中，底纹颜色设置为浅绿色。

（2）表头格式：字号设置为 12 磅，对齐方式设置为居中，底纹颜色设置为浅蓝色。

（3）数据格式：字体设置为宋体，字号设置为 10 磅，对齐方式设置为居中，底纹填充设置为“白色，深色 25%”，将最后 1 列数据区域设置为会计专用格式，使用货币符号，保留 2 位小数。

	A	B	C	D
1	日期	销售地区	产品名称	销售额
2	1995/5/12	西北	钢材	135
3	1995/5/15	华南	钢材	1540.5
4	1995/5/16	东北	塑料	1434.85
5	1995/5/17	华北	木材	1200
6	1995/5/18	西南	钢材	902
7	1995/5/19	东北	塑料	2183.2
8	1995/5/20	华北	木材	1355.4
9	1995/5/21	西南	木材	222.2
10	1995/5/22	东北	钢材	1324
11	1995/5/23	西北	塑料	2324
12	1995/5/24	华南	木材	678

图 6-25　数据清单

（4）边框格式：数据区域的颜色设置为红色，样式设置为第 2 列倒数第 2 个外边框。

（5）将工作表 Sheet1 的数据复制到工作表 Sheet2、Sheet3、Sheet4 中。

（6）打开工作表 Sheet2。

（7）以“销售额”为关键字进行递增的方式排序。

（8）对产品名称是钢材的单元格添加红色底纹（条件格式）。

（9）将“产品名称”所在的单元格定义为生产资料。

（10）打开工作表 Sheet3。

（11）筛选出销售地区是东北且销售额大于 2000 的记录。

（12）给单元格“销售额”添加批注，内容是“销售额大于 2000 的记录”。

（13）打开工作表 Sheet4。

（14）创建以“销售地区”为分类字段，对“销售额”进行求和的分类汇总。

训练 2　自动填充数据和自定义序列排序

录入图 6-26 所示的数据清单，并按以下要求完成操作。

	A	B	C	D	E	F	G	H	I
1	学号	姓名	语文	数学	英语	总分	平均	排名	优秀
2	20181001	毛莉	75	85	80	240	80.0		
3		杨青	68	75	64	207	69.0		
4		陈小鹰	58	69	75	202	67.3		
5		陆东兵	94	90	91	275	91.7		
6		闻亚东	84	87	88	259	86.3		
7		曹吉武	72	68	85	225	75.0		
8		彭晓玲	85	71	76	232	77.3		
9		傅珊珊	88	80	75	243	81.0		
10		钟争秀	78	80	76	234	78.0		
11		周旻璐	94	87	82	263	87.7		
12		柴安琪	60	67	71	198	66.0		
13		吕秀杰	81	83	87	251	83.7		
14		陈华	71	84	67	222	74.0		
15		姚小玮	68	54	70	192	64.0		
16		刘晓瑞	75	85	80	240	80.0		
17		肖凌云	68	75	64	207	69.0		
18		徐小君	58	69	75	202	67.3		
19		程俊	94	89	91	274	91.3		
20		黄威	82	87	88	257	85.7		
21		钟华	72	64	85	221	73.7		

图 6-26　数据清单

（1）表头格式：字体设置为宋体，字号设置为 11 磅，字形设置为加粗，对齐方式设置为居中，底纹颜色设置为“白色，深色 35%”。

（2）自动填充“学号”列、依次填充 20181001，20181002……。

（3）自定义序列：“优”“良”“可”，平均成绩 80 分以上的为“优”、70～80 分的为“良”、60～70 分的为“可”，并按自定义序列进行排序。

（4）设置“语文”“数学”“英语”3 列的列宽为 8 磅。

（5）数据格式：字体设置为楷体，字号设置为 10 磅，对齐方式设置为居中。

（6）边框格式：数据区添加外边框，其颜色设置为绿色，样式为第 2 列最后一个，添加内边框，其颜色设置为蓝色，样式设置为第 1 列最后一个。

（7）将工作表 Sheet1 的数据复制到工作表 Sheet2、Sheet3、Sheet4 中。

（8）打开工作表 Sheet2。

（9）以“总分”为主关键字，以“语文”为次关键字进行降序排序。

（10）打开工作表 Sheet3。

（11）自动筛选英语成绩大于等于 80 分，并且数学成绩大于等于 85 分的记录。

（12）打开工作表 Sheet4。

（13）高级筛选：筛选出“语文”>=75，“数学”>=75，“英语”>=75，“总分”>=250 的记录，并且将结果保存到单元格 A28 的下方。

（14）打开工作表 Sheet5。

（15）分类汇总：创建以“优秀”为分类字段，“语文”“数学”“英语”3 科成绩求平均值的分类汇总。

训练 3　利用数据透视表整理数据

录入图 6-27 所示的数据清单，并按以下要求完成操作。

	A	B	C	D	E	F	G	H
1	公司员工人事信息表							
2	编号	姓名	民族	籍贯	性别	学历	毕业院校	职务
3		茹　芳	汉族	湖北	女	本科	华中师范大学	职员
4		蒲海娟	汉族	河北	女	本科	安徽大学	职员
5		宋沛徽	汉族	安徽	男	硕士	四川大学	总经理
6		赵利军	回族	广东	男	本科	中国人民大学	职员
7		杨　斐	汉族	湖北	女	本科	中国人民大学	经理助理
8		王继芹	汉族	河南	女	硕士	清华大学	副总经理
9		杨远锋	汉族	河南	男	本科	首都师范大学	职员
10		王旭东	汉族	河北	男	本科	北方交通大学	职员
11		王兴华	蒙古族	辽宁	男	本科	苏州大学	职员
12		冯　丽	汉族	辽西	女	本科	西安电子科技大学	经理助理
13		旦艳丽	汉族	广东	女	硕士	河北大学	职员
14		苏晓强	汉族	安徽	男	本科	中国人民大学	职员
15		王　辉	汉族	山东	男	本科	武汉大学	职员
16		李鲜艳	汉族	福建	女	本科	山东大学	职员
17		吴　金	汉族	山西	男	本科	安徽大学	经理助理
18		张文安	回族	安徽	男	本科	南昌大学	职员
19		陈　杰	汉族	江苏	男	硕士	北京电子科技大学	经理助理
20		石孟平	汉族	天津	男	硕士	扬州大学	职员
21		武小淇	汉族	湖南	女	本科	中国人民大学	职员
22		吴瑞娟	汉族	江西	女	本科	北京大学	职员
23		赵润寅	汉族	山东	男	本科	南京师范大学	经理助理
24		张　星	汉族	湖北	男	本科	浙江大学	职员
25		魏　娟	回族	广东	女	硕士	东南大学	职员
26		贾丽淑	汉族	山西	女	本科	南京大学	职员
27		张　刚	汉族	安徽	男	本科	南开大学	副总经理

图 6-27　数据清单

（1）标题格式：合并 A1:H1 单元格，字体设置为楷体，字号设置为 20 磅，颜色设置为红色，字形设置为加粗、倾斜，对齐方式设置为居中、底端对齐，行高设置为 30 磅。

（2）表头格式：字号设置为 10 磅，对齐方式设置为居中，字形设置为加粗。

（3）自动填充：填充“编号”列，B0001，B0002……。

（4）数据区域：对齐方式设置为居中，各列列宽设置为自动调整列宽。

（5）设置边框：给数据区域添加绿色、粗实线（第 2 列第 6 个）的外边框，黄色、双线（第 2 列倒数第一个）的内边框。

（6）将第 6 行和第 13 行的数据进行互换。

（7）将工作表 Sheet1 的数据复制到工作表 Sheet2、Sheet3、Sheet4 中。

（8）打开工作表 Sheet2。

（9）自动筛选：筛选性别为男且学历为硕士的记录。

（10）打开工作表 Sheet3。

（11）高级筛选：筛选性别为女且职务为职员的记录。

（12）打开工作表 Sheet4。

（13）新建一张数据透视表。

要求：显示每种性别的不同职务的人数汇总情况。

- 行标签设置为“性别”。
- 列标签设置为“职务”。
- 数据区域设置为“职务”。
- 计数项为“职务”。

复杂计算

技能目标

- 掌握单元格相对引用、绝对引用、混合引用的概念。
- 掌握工作表中公式的输入和复制，能熟练运用公式进行数据计算。
- 掌握常用函数的使用（SUM、AVERAGE、MAX、MIN、COUNT、IF、SUMIF、RANK、COUNTIF、DATE、VLOOKUP、DATE、DAY、TODAY、NOW、MONTH、YEAR、TRIM、UPPER、LOWER）。

经典理论题型

一、选择题

1．在 Excel 2010 中，若要在图 7-1 所示的“计算机专业考试成绩单”中按输入公式方式填充“等级”列，填充要求是“综合成绩”高于 90 分（含 90 分）为“优秀”，60 分（含 60 分）到 90 分（不含 90 分）为“合格”，60 分以下为“不合格”，则以下公式正确的是（　　）。

A．=IF(E3>=90,“优秀”,(IF(E3>=60,“合格”,“不合格”)))

B．=IF(E3>=90,"优秀",IF(E3>=60,"合格","不合格"))

C．=IF(E3>=60,"合格",(IF(E3>=90,"不合格","优秀")))

D．=IF(E3<60,"不合格",(IF(E3>=90,"合格","优秀")))

	A	B	C	D	E	F
1	计算机专业考试成绩单					
2	学号	笔试	实践	面试	综合成绩	等级
3	SED01	90	90	90	90	优秀
4	SED02	72	59	78	69.3	合格
5	SED03	95	90	90	92.5	优秀
6	SED04	64	46	62	58.2	不合格

图 7-1　计算机专业考试成绩单

题型解析：IF 函数格式：=IF（条件，表达式 1，表达式 2）。含义：首先判断条件，条件成立函数值是表达式 1 的值，条件不成立函数值是表达式 2 的值。IF 函数还可以嵌套使用。答案 A 中双引号格式不对，应为英文半角。根据题目要求，答案 C 中条件 E3>=60 时有两种情况，大于等于 90 应为“优秀”。答案 D 中 E3>=90 时，函数值应是“优秀”，不是“合格”，所以 D 不对。因此，正确答案为 B。

2．在复制公式时，单元格引用将根据引用类型而改变；但是在移动公式时，单元格的引用将（　　）。

A．保持不变

B．根据引用类型改变

C．根据单元格位置改变

D．根据数据改变

题型解析：相对引用在被复制到其他单元格时，其单元格引用地址自动发生改变。绝对引用复制后的公式引用不会改变。但是在移动公式时，单元格的引用保持不变。因此，正确答案是 A。

二、判断题

1．在 Excel 2010 工作表中，C 列中所有单元格的数据是利用 B 列中相应单元格数据通过公式计算得到的，如果将该工作表 B 列中的数据删除，那么对 C 列不会产生影响。（　　）

题型解析：在 Excel 2010 工作表中，C 列中所有单元格的数据是利用 B 列中相应单元格数据通过公式计算得到的，如果将该工作表 B 列中的数据删除，那么删除 B 列的操作将对 C 列产生影响，C 列中的数据将失去意义。因此，该叙述错误。

2．在 Excel 2010 工作表中，单元格 D2 中的公式为“=SUM($A$2:$C$2)”，将该公式复制到 D3 中，其公式为“=SUM($A$2:$C$2)”。（　　）

题型解析：单元格引用时，在列字母和行数字前分别加“$”是单元格的绝对引用。绝对引用不会随着单元格地址的变化而变化。因此，该叙述正确。

三、填空题

1．在 Excel 2010 表格中，若 A1=2、B1=3、C1=4、D1=5、E1=6、A2=7、B2=8、C2=9、D2=10、E2=11、A3=2、B3=3、C3=4、D3=5、E3=6，则 SUM（A1:D2，B2:E3）的结果为________。

题型解析：A1:D2 表示 A1 单元格到 D2 单元格区域，B2:E3 表示 B2 单元格到 E3 单元格区域。SUM（A1:D2, B2:E3）表示对这个区域中的数字进行求和，结果为 104。

2．在 Excel 2010 高考成绩文档中，如果按照高考成绩总分进行计算，能够计算出高考成绩大于 500 的单元格数目的函数是________。

题型解析：COUNTIF 函数的功能是统计单元格区域中满足特定条件的单元格数目，所以答案是 COUNTIF。

理论同步练习

一、选择题

1．在 Excel 2010 中，销售业绩提成表如图 7-2 所示。若“总销量”达到或高于“奖励标准”，则在“有无奖金”列填充“有”，否则填充“无”。单元格 H6 中是“奖励标准”的值。现要求在单元格 F3 中填入公式，判断是否有奖金，并向下自动填充 F 列中其他的单元格；在单元格 H9 中填入公式计算奖励比例（有奖金人数除以总人数）。下列是单元格 F3 和单元格 H9 中分别填入的公式，其中完全正确的选项是（　　）。

	A	B	C	D	E	F	G	H	I	J	K
1	报考单位	报考职位	准考证号	姓名	性别	出生年月	学历	学位	法律职业资格证书编号	笔试成绩	面试成绩
2	三中院	法官(刑事)	050008502132	何晓萍	女	1973年3月7日	本科	学士	A20075109221043	154.0	68.8
3	市高院	法官(刑事)	050008505460	王春晓	女	1973年7月15日	本科	学士	A20053412220508	136.0	90.0
4	市高院	法官(刑事)	050008501144	耿直	女	1971年12月4日	本科	学士	A20053412220510	134.0	89.8
5	二中院	法官(刑事)	050008503756	吴丹华	女	1969年5月4日	本科	学士	A20053412220512	134.0	76.0
6	市高院	法官(民事、行政)	050008502813	阳曙文	男	1974年8月12日	本科	学士	A20024300000181	148.5	75.8
7	三中院	法官(民事、行政)	050008503258	曹晓锐	男	1980年7月28日	本科	学士	A20054401000417	147.0	89.8
8	二中院	法官(民事、行政)	050008500383	张涛	女	1979年9月4日	本科	学士	A20031409020169	144.5	76.8
9	市高院	法官(民事、行政)	050008502550	敖宇波	男	1979年7月16日	本科	学士	A20033311210746	144.0	89.5
10	二中院	法官(民事、行政)	050008504650	张晓磊	男	1973年11月4日	研究生	硕士	A20063717222140	143.0	78.0
11	市高院	法官(民事、行政)	050008501073	刘战平	女	1972年12月11日	本科	学士	A20063717222123	143.0	90.3
12	一中院	法官(刑事)	050008502309	赵东涛	男	1970年7月30日	研究生	硕士	A20025100000474	134.0	86.5
13											

图 7-2　销售业绩提成表

A．=IF(E3>=H6,"有","无")；=COUNTIF(F3:F10,"有")/COUNT(E3:E10)

B．=IF(E3>=$H$6,"有","无")；=COUNTIF(F3:F10,"有")/COUNT(E3:E10)

C．=IF(E3>=H$6,"有","无")；=COUNTIF(F3:F10,F6)/COUNT(F3:F10)

D．=IF(E3>=$H6,"有","无")；=COUNTIF(F3:F10,F6)/COUNT(F3:F10)

2．在 Excel 2010 工作表的某个单元格中输入公式=A3*100-B4，该单元格的值（　　）。

A．为单元格 A3 的值乘以 100 再减去单元格 B4 的值，该单元格的值不再变化

B．为单元格 A3 的值乘以 100 再减去单元格 B4 的值，该单元格的值将随着单元格 A3 和单元格 B4 值的变化而变化

C．为单元格 A3 的值乘以 100 再减去单元格 B4 的值，其中 A3、B4 分别代表某个变量的值

D．为空，因为该公式非法

3．单元格 A1 为数值 1，在单元格 B1 中输入公式：=IF(A1>0,“yes”,“no”)，单元格 B1 的内容为（　　）。

A．yes　　B．no　　C．不确定　　D．空白

4．在 Excel 2010 的数据清单中进行成绩统计，计算单元格 B2:B31 中的平均分，使用的方法不正确的是（　　）。

A．指定区域输入等号，利用函数 average(B2:B31)进行求平均分

B．指定区域输入等号，利用函数 sum(B2:B31)进行求平均分

C．指定区域输入等号，利用函数 sum(B2:B31)/30 进行求平均分

D．指定区域输入等号，利用(B2+B3+…+B31)/30 进行求平均分

5．在 Excel 2010 中的学生成绩统计单中，单元格 B2:B31 中的内容为全班 30 名同学的计算机成绩，若要在单元格 C2:C31 中对成绩 90 分以上（包括 90 分）的同学显示“优秀”，其他的显示为空，则需要在单元格 C2 中输入函数，然后对 C 列向下填充，以下单元格 C2 中的函数的正确写法为（　　）。

A．=IF(B2>=90, "优秀","")　　B．=COUNTIF(B2>=90, "优秀","")

C．=IF(B2>=90, "优秀")　　D．=COUNTIF(B2>=90, "优秀")

6．在公式框中输入“23+45”后，下列说法正确的是（　　）。

A．相应的活动单元格内立即显示为 23

B．相应的活动单元格内立即显示为 45

C．相应的活动单元格内立即显示为 68

D．相应的活动单元格内立即显示为 23+45

7．在 Excel 2010 工作表单元格中输入公式时，利用单元格地址 D$2 引用 D 列 2 行单元格，该单元格的引用称为（　　）。

A．混合地址引用　　B．交叉地址引用

C．相对地址引用　　D．绝对地址引用

8．在 Excel 2010 的公式中不可以使用的运算符是（　　）。

A．文本运算符　　B．下标运算符　　C．关系运算符　　D．算术运算符

9．在 Excel 2010 中能够进行条件格式设置的区域（　　）。

A．只能是一行　　B．只能是一个单元格

C．只能是一列　　D．可以是任何选定的区域

10. 在 Excel 2010 中，单元格 D3 中保存的公式为“=B$3+C$3”，若把它复制到单元格 E4 中，则 E4 中保存的公式为（　　）。

A. =B3+C3　　B. =B$4+C$4　　C. =C4+D4　　D. =C$3+D$3

二、判断题

1. 在引用 Excel 2010 的单元格时，单元格的地址会随着位移的方向与大小而改变的引用称为绝对引用。（　　）

2. 在计算公式中利用相对单元格引用的好处是当公式被复制时，公式内容会自动调整。（　　）

3. 在 Excel 2010 中常用函数 SUM（参数）用于统计参数范围内的数据个数。（　　）

4. 在 Excel 2010 中单元格名称的表示方法是行号在前列标在后。（　　）

5. 在 Excel 2010 中单元格 B1 的内容是数值 9，单元格 B2 的内容是数值 10，在单元格 B3 输入公式“=B1<B2”后，单元格 B3 中显示 TRUE。（　　）

6. 在 Excel 2010 中单元格 B2 的列相对引用且行绝对引用的混合引用地址为$B2。（　　）

7. 在 Excel 2010 中单元格中只能显示公式的计算结果，而不能显示输入的公式。（　　）

8. 在 Excel 2010 中所有用于计算的表达式都要以等号开头。（　　）

9. 在 Sheet1 中的单元格 C1 中输入公式“=Sheet2!A1+B1”，表示将 Sheet2 中单元格 A1 的数据与 Sheet1 中单元格 B1 的数据相加，结果放在 Sheet1 中的单元格 C1 中。（　　）

10. 如果 Excel 2010 中的某单元格显示为#DIV/0，那么就表示格式错误。（　　）

三、填空题

1. 数组公式是指对一组或多组数值执行多重计算，在输入数组公式后按_______组合键，结束公式的输入。

2. 在 Excel 2010 中，单元格 E4 中有公式“=$C$3+D4”，将公式复制到单元格 E6 中，单元格 E6 中的公式为___________。

3. 公式是一个包含了数据与运算符的数学方程式，在输入公式时必须以___________开始。

4. 公式中的运算符主要包括算术运算符、比较运算符、___________运算符与_____________运算符。

5. 用户可以通过_________________________的方法来改变公式的运算顺序。

6. 绝对引用是指引用一个或几个特定位置的单元格，会在相对引用的列字母和行数字前加一个__________符号。

7．在 Excel 2010 中文本运算符是利用__________将两个文本组合成一个文本的。

8．用户可以利用___________组合键快速显示或隐藏公式。

9．在 Excel 2010 中，单元格的引用地址利用其行号和列号来表示，单元格的引用地址分为 3 类，它们分别是___________、___________和__________。

10. 双击含有公式的单元格，使单元格处于编辑状态，单元格和编辑栏显示_____ ______。

经典实例

实例 1 利用 IF 函数判断数据

实例描述

- 新建工作簿：新建一个工作簿，在工作表 Sheet1 中录入图 7-3 所示的数据清单。

	A	B	C	D	E	F	G	H	I	J	K
1	报考单位	报考职位	准考证号	姓名	性别	出生年月	学历	学位	法律职业资格证书编号	笔试成绩	面试成绩
2	三中院	法官(刑事)	050008502132	何晓萍	女	1973年3月7日	本科	学士	A20075109221043	154.0	68.8
3	市高院	法官(刑事)	050008505460	王春晓	女	1973年7月15日	本科	学士	A20053412220508	136.0	90.0
4	市高院	法官(刑事)	050008501144	耿直	女	1971年12月4日	本科	学士	A20053412220510	134.0	89.8
5	二中院	法官(刑事)	050008503756	吴丹华	女	1969年5月4日	本科	学士	A20053412220512	134.0	76.0
6	市高院	法官(民事、行政)	050008502813	阳曙文	男	1974年8月12日	本科	硕士	A20024300000181	148.5	75.8
7	三中院	法官(民事、行政)	050008503258	曹晓锐	男	1980年7月28日	本科	学士	A20054401000417	147.0	89.8
8	二中院	法官(民事、行政)	050008500383	张涛	女	1979年9月4日	本科	学士	A20031409020169	144.5	76.8
9	市高院	法官(民事、行政)	050008502550	敖宇波	男	1979年7月16日	本科	学士	A20033311210746	144.0	89.5
10	二中院	法官(民事、行政)	050008504650	张晓磊	男	1973年11月4日	研究生	硕士	A20063717222140	143.0	78.0
11	市高院	法官(民事、行政)	050008501073	刘战平	女	1972年12月11日	本科	硕士	A20063717222123	143.0	90.3
12	一中院	法官(刑事、男)	050008502309	赵东涛	男	1970年7月30日	研究生	硕士	A20025100000474	134.0	86.5
13											

图 7-3 数据清单

- 填充数据：在工作表 Sheet1 的 A 列加入“报考序号”列，在单元格 A2 中输入“报考序号”，自动填充“报考序号”的值 B0001～B0011。
- 插入行：在工作表 Sheet1 的第 1 行上方插入 1 行，在单元格 A1 中输入“河北秦皇岛市公务员考试成绩表”。
- 插入函数。

  在单元格 M2 中输入“总分”，将考生笔试成绩和面试成绩的和放在“总分”列。

  在单元格 J14 中输入“最高分”，在单元格 K14 中填充“笔试成绩”的最大值，在单元格 L14 中填充“面试成绩”的最大值。

  在单元格 N2 中输入“是否通过”，根据考生的总分，判断其是否通过。总分在 230 分以上（包含 230 分）通过，总分在 230 分以下不通过。将判断结果放在“是否通过”列，填充到单元格 N13 中。

- 设置工作表 Sheet1 的单元格格式。

  合并单元格 A1:N1，标题的字体设置为楷体，字号设置为 20 磅，字体颜色设置为红色，字形设置为加粗、倾斜，对齐方式设置为居中、底端对齐，行高设置为 30 磅。

  设置 A 列的列宽为 12 磅。

  设置 K 列和 L 列（笔试成绩、面试成绩，不包括字段名）数据单元格的数字分类格式为“数值”，负数形式为第 4 种，取 2 位小数，无千分位分隔符。

  为工作表 Sheet1 设置相应的边框（A1:N14）：外边框为绿色、粗实线（第 2 列第 6 个），内边框为黄色、双线（第 2 列倒数第 1 个）。

- 重命名工作表。

  将工作表 Sheet1 重命名为“河北秦皇岛市公务员考试成绩表”。

要点分析

本实例包含以下内容：插入行、列，自动填充数据，使用函数，设置单元格格式，重命名工作表。

上机指导

操作过程如下。

（1）准备工作。新建一个工作簿，在工作表 Sheet1 中录入数据清单（见图 7-3）。

（2）自动填充“报考序号”列：选中第 1 列，右击，在弹出的快捷菜单中选择“插入”选项，自动在第 1 列前面插入 1 列，在单元格 A2 中输入“报考序号”，再单击单元格 A3，输入“B0001”，向下拖曳填充柄到第 13 行。

（3）插入行。选中第 1 行，右击，在弹出的快捷菜单中选择“插入”选项，自动在第 1 行上方插入 1 行，在单元格 A1 中输入“河北秦皇岛市公务员考试成绩表”。

（4）插入求和函数。单击单元格 M2，输入“总分”。单击单元格 M3，单击“开始”选项卡的“编辑”功能区中的“自动求和”按钮，在单元格 M3 中插入 SUM 函数，如图 7-4 所示，按【Enter】键，计算两科成绩并填入单元格 M3。向下拖曳填充柄到第 13 行，计算结果如图 7-5 所示。

	A	B	C	D	E	F	G	H	I	J	K	L	M	N	O
1	河北秦皇岛市公务员考试成绩表														
2	报考序	报考单位	报考职位	准考证号	姓名	性别	出生年月	学历	学位	法律职业资格证书	笔试成绩	面试成绩	总分		
3	B0001	三中院	法官(刑事)	050008502132	何晓萍	女	1973年3月7日	本科	学士	A20075109221043	154.0	68.8	=SUM(K3:L3)		
4	B0002	市高院	法官(刑事)	050008505460	王春晓	女	1973年7月15日	本科	学士	A20053412220508	136.0	90.0	SUM(number1, [number2], ...)		
5	B0003	市高院	法官(刑事)	050008501144	耿直	女	1971年12月4日	本科	学士	A20053412220510	134.0	89.8			
6	B0004	二中院	法官(刑事)	050008503756	吴丹华	女	1969年5月4日	本科	学士	A20053412220512	134.0	76.0			
7	B0005	市高院	法官(民事、行政)	050008502813	阳曙文	男	1974年8月12日	本科	学士	A20024300000181	148.5	75.8			
8	B0006	三中院	法官(民事、行政)	050008503258	曹晓锐	男	1980年7月28日	本科	学士	A20054401000417	147.0	89.8			
9	B0007	二中院	法官(民事、行政)	050008500383	张涛	女	1979年9月4日	本科	学士	A20031409020169	144.5	76.8			
10	B0008	市高院	法官(民事、行政)	050008502550	敖宇波	男	1979年7月16日	本科	学士	A20033311210746	144.0	89.5			
11	B0009	二中院	法官(民事、行政)	050008504650	张晓磊	男	1973年11月4日	研究生	硕士	A20063717222140	143.0	78.0			
12	B0010	市高院	法官(民事、行政)	050008501073	刘战平	女	1972年12月11日	本科	学士	A20063717222123	143.0	90.3			
13	B0011	一中院	法官(刑事)	050008502309	赵东涛	男	1970年7月30日	研究生	硕士	A20025100000474	134.0	86.5			

图 7-4　插入 SUM 函数

	A	B	C	D	E	F	G	H	I	J	K	L	M
1	河北秦皇岛市公务员考试成绩表												
2	报考序	报考单位	报考职位	准考证号	姓名	性别	出生年月	学历	学位	法律职业资格证书	笔试成绩	面试成绩	总分
3	B0001	三中院	法官(刑事)	050008502132	何晓萍	女	1973年3月7日	本科	学士	A20075109221043	154.0	68.8	222.8
4	B0002	市高院	法官(刑事)	050008505460	王春晓	女	1973年7月15日	本科	学士	A20053412220508	136.0	90.0	226.0
5	B0003	市高院	法官(刑事)	050008501144	耿直	女	1971年12月4日	本科	学士	A20053412220510	134.0	89.8	223.8
6	B0004	二中院	法官(刑事)	050008503756	吴丹华	女	1969年5月4日	本科	学士	A20053412220512	134.0	76.0	210.0
7	B0005	市高院	法官(民事、行政)	050008502813	阳曙文	男	1974年8月12日	本科	学士	A20024300000181	148.5	75.8	224.3
8	B0006	三中院	法官(民事、行政)	050008503258	曹晓锐	男	1980年7月28日	本科	学士	A20054401000417	147.0	89.8	236.8
9	B0007	二中院	法官(民事、行政)	050008500383	张涛	女	1979年9月4日	本科	学士	A20031409020169	144.5	76.8	221.3
10	B0008	市高院	法官(民事、行政)	050008502550	敖宇波	男	1979年7月16日	本科	学士	A20033311210746	144.0	89.5	233.5
11	B0009	二中院	法官(民事、行政)	050008504650	张晓磊	男	1973年11月4日	研究生	硕士	A20063717222140	143.0	78.0	221.0
12	B0010	市高院	法官(民事、行政)	050008501073	刘战平	女	1972年12月11日	本科	学士	A20063717222123	143.0	90.3	233.3
13	B0011	一中院	法官(刑事)	050008502309	赵东涛	男	1970年7月30日	研究生	硕士	A20025100000474	134.0	86.5	220.5

图 7-5　计算结果

心灵手巧： 如果求和函数中使用的参数比较少，还可以直接使用公式。单击单元格 M3，输入公式“=K3+L3”。

（5）插入 MAX 函数。单击单元格 J14，输入“最高分”，单击单元格 K14，单击“开始”选项卡的“编辑”功能区中的“自动求和”按钮右侧的下拉按钮，在下拉列表中选择“最大值”选项，如图 7-6 所示，自动选中数据区域，按【Enter】键，求出笔试成绩最高分，向下拖曳填充柄到单元格 L14，求出面试成绩最高分。

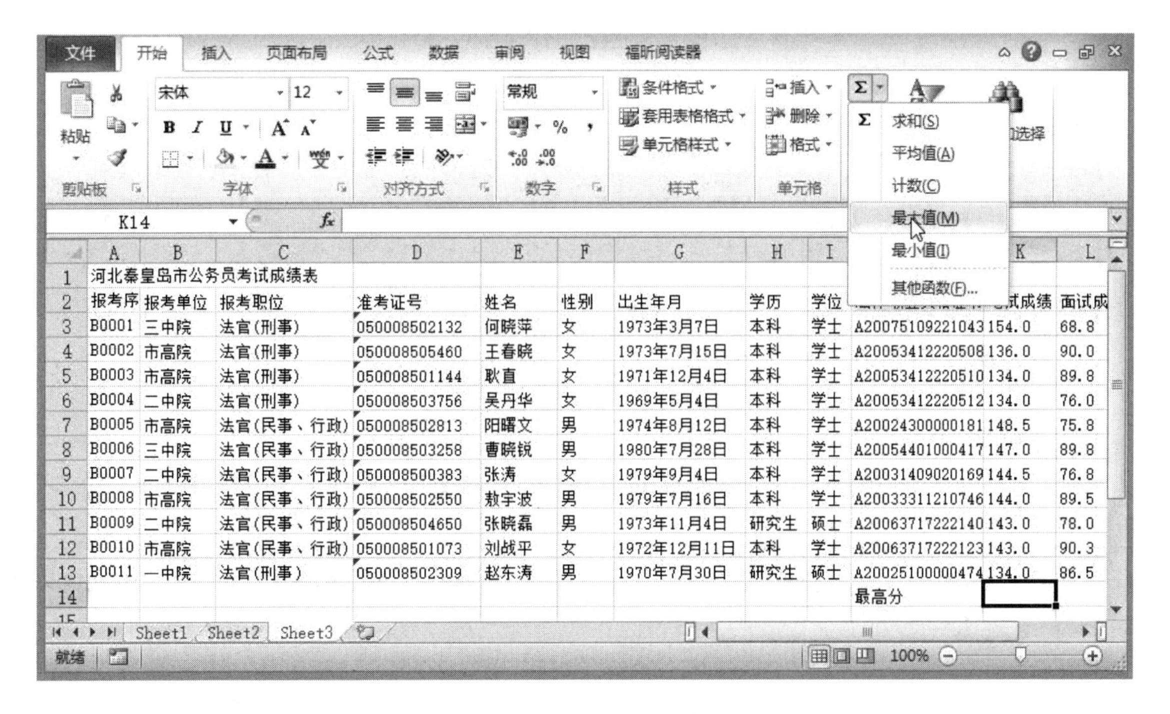

图 7-6　“最大值”选项

（6）插入 IF 函数。单击单元格 N2，输入“是否通过”。单击单元格 N3，单击“开始”选项卡的“编辑”功能区中的“自动求和”按钮右侧的下拉按钮，在下拉列表中选择“其他函数”选项，打开“其他函数”对话框，选择 IF 函数，单击“确定”按钮。打开“函数参数”对话框，如图 7-7 所示。

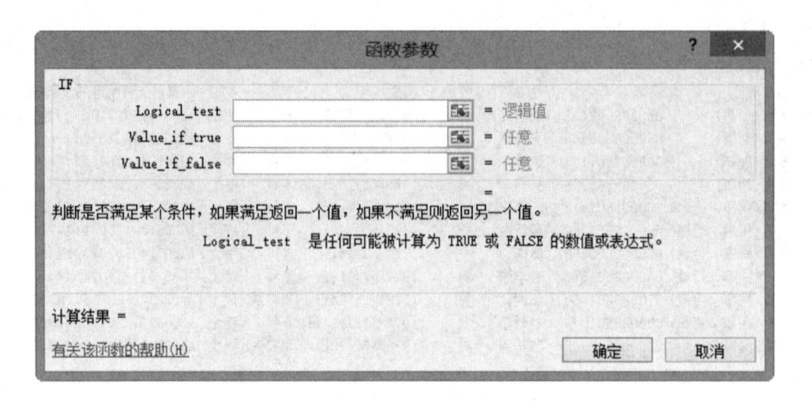

图 7-7　“函数参数”对话框

单击“Logical_test”文本框右侧的按钮，打开“函数参数”文本框，设置 IF 条件，如图 7-8 所示。输入条件“M3>=230”，单击后面的按钮，返回图 7-7 所示的对话框。在“Value_if_true”文本框中输入“通过”，在“Value_if_false”文本框中输入“未通过”。单击“确定”按钮。向下拖曳填充柄到单元格 N13。IF 函数的使用效果如图 7-9 所示。

图 7-8　设置 IF 条件

	B	C	D	E	F	G	H	I	J	K	L	M	N
1	皇岛市公务员考试成绩表												
2	报考单位	报考职位	准考证号	姓名	性别	出生年月	学历	学位	法律职业资格证书	笔试成绩	面试成绩	总分	是否通过
3	三中院	法官(刑事)	050008502132	何晓萍	女	1973年3月7日	本科	学士	A20075109221043	154.0	68.8	222.8	未通过
4	市高院	法官(刑事)	050008505460	王春晓	女	1973年7月15日	本科	学士	A20053412220508	136.0	90.0	226.0	未通过
5	市高院	法官(刑事)	050008501144	耿直	女	1971年12月4日	本科	学士	A20053412220510	134.0	89.8	223.8	未通过
6	二中院	法官(刑事)	050008503756	吴丹华	女	1969年5月4日	本科	学士	A20053412220512	134.0	76.0	210.0	未通过
7	市高院	法官(民事、行政)	050008502813	阳曙文	男	1974年8月12日	本科	学士	A20024300000181	148.5	75.8	224.3	未通过
8	三中院	法官(民事、行政)	050008503258	曹晓锐	男	1980年7月28日	本科	学士	A20054401000417	147.0	89.8	236.8	通过
9	二中院	法官(民事、行政)	050008500383	张涛	女	1979年9月4日	本科	学士	A20031409020169	144.5	76.8	221.3	未通过
10	市高院	法官(民事、行政)	050008502550	敖宇波	男	1979年7月16日	本科	学士	A20033311210746	144.0	89.5	233.5	通过
11	二中院	法官(民事、行政)	050008504650	张晓磊	男	1973年11月4日	研究生	硕士	A20063717222140	143.0	78.0	221.0	未通过
12	市高院	法官(民事、行政)	050008501073	刘战平	女	1972年12月11日	本科	学士	A20063717222123	143.0	90.3	233.3	通过
13	一中院	法官(刑事)	050008502309	赵东涛	男	1970年7月30日	研究生	硕士	A20025100000474	134.0	86.5	220.5	未通过
14									最高分	154.0	90.3		

图 7-9　IF 函数的使用效果

心灵手巧：如果对 IF 函数比较熟悉，可以直接在单元格 N3 中输入公式：=IF(M3>=230, “通过”, “未通过”)。

（7）设置单元格格式。选中单元格 A1:N1，单击“开始”选项卡的“对齐方式”功能区中的“合并后居中”右侧的下拉按钮，在下拉列表中选择“合并单元格”选项。选中单元格 A1，字体设置为楷体，字号设置为 20 磅，字体颜色设置为红色，字形设置为加粗，倾斜。右击，在弹出的快捷菜单中选择“设置单元格格式”选项，打开“设置单元格格式”对话框，单击“对齐”选项卡，将水平对齐和垂直对齐都设置为居中。

（8）设置列宽。选中 A 列，右击，设置列宽为 12 磅。

（9）设置数字格式。选中 K 列和 L 列（笔试成绩、面试成绩，不包括字段名）数据单元格，右击，在弹出的快捷菜单中选择“设置单元格格式”选项，打开“设置单元格格式”对话框，设置数字分类格式为“数值”，负数形式为第 4 种，取 2 位小数，无千分位分隔符。

（10）设置边框格式。选择单元格区域 A1:N14，右击，在弹出的快捷菜单中选择“设置单元格格式”选项，打开“设置单元格格式”对话框，单击“边框”选项卡，设置线条样式为粗实线（第 2 列第 6 个）、颜色为绿色，单击“外边框”按钮。设置线条样式为双线（第 2 列倒数第 1 个）、颜色为黄色，单击“内部”按钮。

（11）重命名工作表。选中工作表 Sheet1，右击，在弹出的快捷菜单中选择“重命名”选项，修改为“河北秦皇岛市公务员考试成绩表”。实例 1 的效果图如图 7-10 所示。

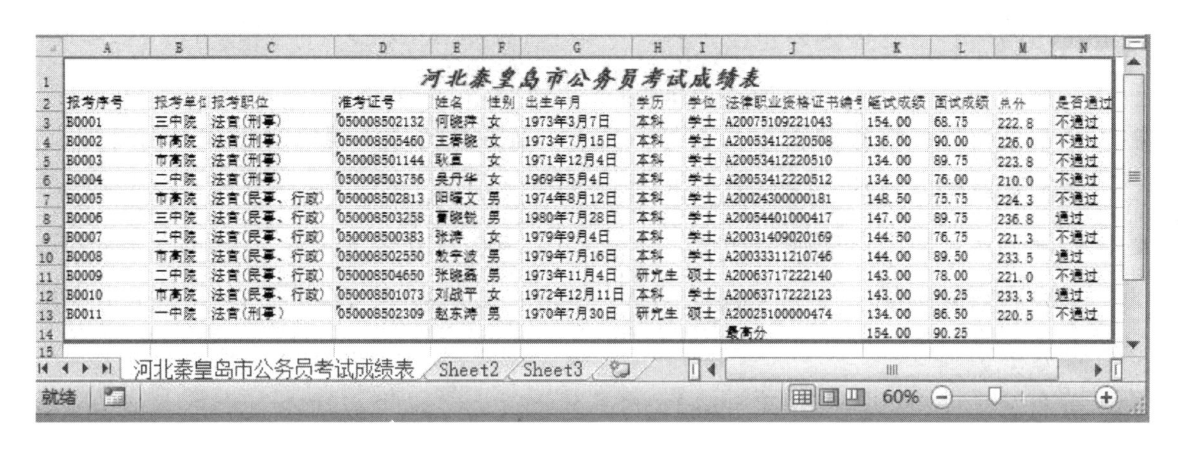

	A	B	C	D	E	F	G	H	I	J	K	L	M	N
1	河北秦皇岛市公务员考试成绩表													
2	报考序号	报考单位	报考职位	准考证号	姓名	性别	出生年月	学历	学位	法律职业资格证书编号	笔试成绩	面试成绩	总分	是否通过
3	B0001	三中院	法官(刑事)	050008502132	何晓萍	女	1973年3月7日	本科	学士	A20075109221043	154.00	68.75	222.8	不通过
4	B0002	市高院	法官(刑事)	050008505460	王春晓	女	1973年7月15日	本科	学士	A20053412220508	136.00	90.00	226.0	不通过
5	B0003	市高院	法官(刑事)	050008501144	耿直	女	1971年12月4日	本科	学士	A20053412220510	134.00	89.75	223.8	不通过
6	B0004	二中院	法官(刑事)	050008503756	吴丹华	女	1969年5月4日	本科	学士	A20053412220512	134.00	76.00	210.0	不通过
7	B0005	市高院	法官(民事、行政)	050008502813	阳耀文	男	1974年8月12日	本科	学士	A20024300000181	148.50	75.75	224.3	不通过
8	B0006	三中院	法官(民事、行政)	050008503258	曹晓锐	男	1980年7月28日	本科	学士	A20054401000417	147.00	89.75	236.8	通过
9	B0007	二中院	法官(民事、行政)	050008500383	张涛	女	1979年9月4日	本科	学士	A20031409020169	144.50	76.75	221.3	不通过
10	B0008	市高院	法官(民事、行政)	050008502550	敖宇波	男	1979年7月16日	本科	学士	A20033311210746	144.00	89.50	233.5	通过
11	B0009	二中院	法官(民事、行政)	050008504650	张晓磊	男	1973年11月4日	研究生	硕士	A20063717222140	143.00	78.00	221.0	不通过
12	B0010	市高院	法官(民事、行政)	050008501073	刘战平	女	1972年12月11日	本科	学士	A20063717222123	143.00	90.25	233.3	通过
13	B0011	一中院	法官(刑事)	050008502309	赵东涛	男	1970年7月30日	研究生	硕士	A20025100000474	134.00	86.50	220.5	不通过
14										最高分	154.00	90.25		
15														

图 7-10　实例 1 的效果图

实例 2　利用 SUM 和 LEFT 函数处理数据

实例描述

- 新建工作簿：新建一个工作簿，在工作表 Sheet1 中录入图 7-11 所示的数据清单。

	A	B	C	D	E	F	G	H
1	班级	学号	姓名	性别	数学	英语	语文	总分
2		100011	王学成	男	65	71	65	
3		100012	李磊	男	89	66	66	
4		100013	卢林玲	女	65	71	80	
5		100014	王国民	男	72	73	82	
6		200025	林国强	男	66	66	91	
7		200026	张静贺	女	82	66	70	
8		100015	陆海空	男	81	64	61	
9		200027	章少雨	女	85	77	51	
10		300041	章少华	女	99	91	91	

图 7-11　数据清单

- 插入行：在第 1 行上方插入 1 行，在单元格 A1 中输入“学生成绩表”。
- 设置单元格格式。

  合并单元格 A1:H1，字体设置为隶书，字号设置为 22 磅，字体颜色设置为红色，字形设置为加粗，对齐方式设置为居中、垂直靠下。行高设置为 28 磅。“数学”“英语”两列的列宽设置为 12 磅。

  其他数据字体设置为隶书，字号设置为 12 磅，对齐方式设置为居中。学号列设置为文本格式。
- 插入 SUM 函数：利用函数求各位同学的总分。
- 插入 IF 函数和 LEFT 函数：利用 IF 函数和 LEFT 函数，根据学生的学号得出该学生所在的班级。将学号为“1”开头的所有学生的班级编号输入为“01”，将学号为“2”开头的所有学生的班级编号输入为“02”，将学号为“3”开头的所有学生的班级编号输入为“03”。
- 自定义排序：将数据表按“语文”成绩从高到低排序，若语文相同，则再按“数学”成绩从高到低排序。
- 自动筛选：利用自动筛选功能，筛选出 01、02 班女生的记录，并将筛选后的成绩数据表内容复制到工作表 Sheet2 的 A1 开始的单元格中。将工作表 Sheet1 中原成绩数据表取消筛选。
- 重命名工作表：将工作表 Sheet1 的表名修改为“学生成绩表”。

要点分析

本实例包括以下内容：插入行并输入文本，设置单元格格式，使用函数，自定义排序，自动筛选数据，隐藏公式。

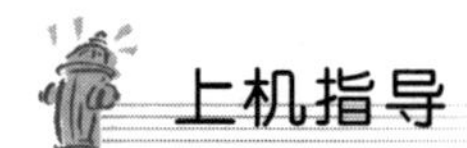

上机指导

操作过程如下。

（1）准备工作。新建一个工作簿，在工作表 Sheet1 中录入图 7-11 中的数据。

（2）插入行。选中第 1 行，右击，在弹出的快捷菜单中选择“插入”选项，在第 1 行上方插入 1 行，在单元格 A1 中输入“学生成绩表”。

（3）设置单元格格式。选中单元格 A1:H1，单击“开始”选项卡的“对齐方式”功能区中的“合并后居中”右侧的下拉按钮，在下拉列表中选择“合并单元格”选项。选中单元格 A1，字体设置为隶书，字号设置为 22 磅，字体颜色设置为红色，字形设置为加粗。右击，在弹出的快捷菜单中选择“设置单元格格式”选项，打开“设置单元格格式”对话框，在“对齐”选项卡中将水平对齐设置为居中，垂直对齐设置为靠下。

选择其他数据区域，字体设置为隶书，字号设置为 12 磅，对齐方式设置为居中。

选中“学号”列数据，右击，在弹出的快捷菜单中选择“设置单元格格式”选项，打开“设置单元格格式”对话框，在“数字”选项卡中将数字分类设置为“文本”，即设置“学号”列数据为文本类型。

（4）设置行高和列宽。选中第 1 行，右击，设置行高为 28 磅。选中“数学”和“英语”两列，右击，设置列宽为 12 磅。设置单元格格式的效果图如图 7-12 所示。

	A	B	C	D	E	F	G	H
1	学生成绩表							
2	班级	学号	姓名	性别	数学	英语	语文	总分
3		100011	王学成	男	65	71	65	
4		100012	李磊	男	89	66	66	
5		100013	卢林玲	女	65	71	80	
6		100014	王国民	男	72	73	82	
7		200025	林国强	男	66	66	91	
8		200026	张静贺	女	82	66	70	
9		100015	陆海空	男	81	64	61	
10		200027	章少雨	女	85	77	51	
11		300041	章少华	女	99	91	91	

图 7-12　设置单元格格式的效果图

（5）插入 SUM 函数。单击单元格 H3，单击“开始”选项卡的“编辑”功能区中的“自动求和”按钮，在单元格 H3 中插入 SUM 函数，求出学生的总分。向下拖曳填充柄到第 11 行，计算出所有学生的总分。

（6）插入 IF 函数和 LEFT 函数。单击单元格 A3，输入“=IF(LEFT(B3)="1","01",IF(LEFT(B3)="2","02","03"))”。按下【Enter】键，向下拖曳填充柄到第 11 行，使用 IF 函数和 LEFT 函数的效果图如图 7-13 所示。

A3　fx　=IF(LEFT(B3,1)="1","01", IF(LEFT(B3,1)="2","02", "03"))

	A	B	C	D	E	F	G	H
1	学生成绩表							
2	班级	学号	姓名	性别	数学	英语	语文	总分
3	01	100011	王学成	男	65	71	65	201
4	01	100012	李磊	男	89	66	66	221
5	01	100013	卢林玲	女	65	71	80	216
6	01	100014	王国民	男	72	73	82	227
7	02	200025	林国强	男	66	66	91	223
8	02	200026	张静贺	女	82	66	70	218
9	01	100015	陆海空	男	81	64	61	206
10	02	200027	章少雨	女	85	77	51	213
11	03	300041	章少华	女	99	91	91	281

图 7-13　使用 IF 函数和 LEFT 函数的效果图

心灵手巧：在使用嵌套函数时，不能使用插入函数的方法，只能使用公式输入的方法。LEFT()函数是指从文本字符串的第一个字符开始返回指定个数的字符。

（7）自定义排序。选中数据区域任一单元格，单击“数据”选项卡的“排序和筛选”功能区中的“排序”按钮，打开图 7-14 所示的“排序”对话框，在“主要关键字”下拉列表中选择“语文”选项，在“排序依据”下拉列表中选择“数值”选项，在“次序”下拉列表中选择“降序”选项。单击“添加条件”按钮。在“次要关键字”下拉列表中选择“数学”选项，在“排序依据”下拉列表中选择“数值”选项，“次序”下拉列表中选择“降序”选项。利用相同的方法对“英语”“总分”进行排序，排序结果如图 7-15 所示。

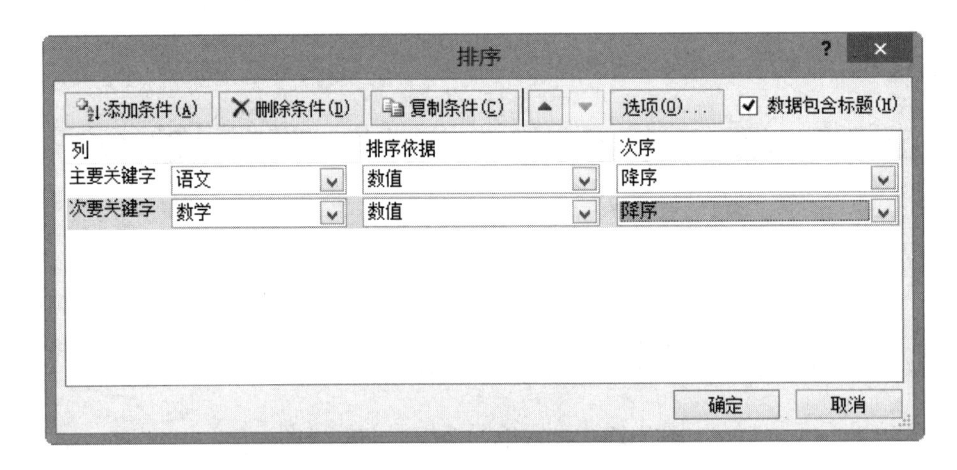

图 7-14 “排序”对话框

	A	B	C	D	E	F	G	H
1	学生成绩表							
2	班级	学号	姓名	性别	数学	英语	语文	总分
3	03	300041	章少华	女	99	91	91	281
4	02	200025	林国强	男	66	66	91	223
5	01	100014	王国民	男	72	73	82	227
6	01	100013	卢林玲	女	65	71	80	216
7	02	200026	张静贺	女	82	66	70	218
8	01	100012	李磊	男	89	66	66	221
9	01	100011	王学成	男	65	71	65	201
10	01	100015	陆海空	男	81	64	61	206
11	02	200027	章少雨	女	85	77	51	213

图 7-15 排序结果

（8）自动筛选。选中数据区域任一单元格，单击“数据”选项卡的“排序和筛选”功能区中的“筛选”按钮，在每个字段名的右边都会出现一个下拉箭头，单击“班级”右边的下拉箭头，在下拉列表中取消勾选“03”复选框，设置筛选条件，如图 7-16 所示。自动筛选后的数据清单如图 7-17 所示，表中只显示“班级”为“01”和“02”的学生数据。

（9）选中单元格区域 A1:H11，右击，在弹出的快捷菜单中选择“复制”选项，单击工作表“Sheet2”，选择单元格 A1，右击，在弹出的快捷菜单中选择“粘贴”选项，将筛选结果复制到工作表 Sheet 2 的 A1 开始的单元格中，如图 7-18 所示。

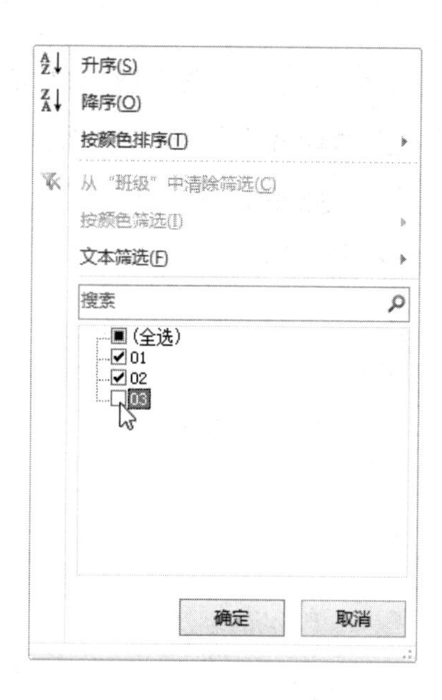

图 7-16　设置筛选条件

	A	B	C	D	E	F	G	H
1	学生成绩表							
2	班级	学号	姓名	性别	数学	英语	语文	总分
4	02	200025	林国强	男	66	66	91	223
5	01	100014	王国民	男	72	73	82	227
6	01	100013	卢林玲	女	65	71	80	216
7	02	200026	张静贺	女	82	66	70	218
8	01	100012	李磊	男	89	66	66	221
9	01	100011	王学成	男	65	71	65	201
10	01	100015	陆海空	男	81	64	61	206
11	02	200027	章少雨	女	85	77	51	213

图 7-17　自动筛选后的数据清单

A32　fx

	A	B	C	D	E	F	G	H
1	学生成绩表							
2	班级	学号	姓名	性别	数学	英语	语文	总分
3	02	200025	林国强	男	66	66	91	223
4	01	100014	王国民	男	72	73	82	227
5	01	100013	卢林玲	女	65	71	80	216
6	02	200026	张静贺	女	82	66	70	218
7	01	100012	李磊	男	89	66	66	221
8	01	100011	王学成	男	65	71	65	201
9	01	100015	陆海空	男	81	64	61	206
10	02	200027	章少雨	女	85	77	51	213
11								
12								
13								
14								
15								
16								

Sheet1　Sheet2　Sheet3

就绪

图 7-18　将筛选结果复制到工作表 Sheet2 中

（10）取消自动筛选。单击工作表 Sheet1，选中数据区域任一单元格，再次单击“数据”选项卡的“排序和筛选”功能区中的“筛选”按钮，取消自动筛选。

（11）重命名工作表。选中工作表 Sheet1 的标签，右击，在弹出的快捷菜单中选择“重命名”选项，将工作表 Sheet1 的表名修改为“学生成绩表”。实例 2 的效果图如图 7-19 所示。

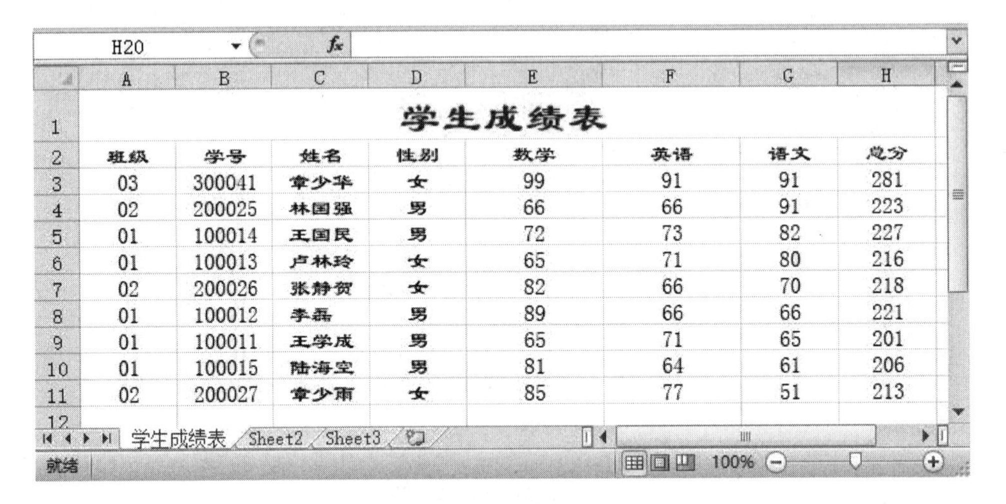

学生成绩表

班级	学号	姓名	性别	数学	英语	语文	总分
03	300041	章少华	女	99	91	91	281
02	200025	林国强	男	66	66	91	223
01	100014	王国民	男	72	73	82	227
01	100013	卢林玲	女	65	71	80	216
02	200026	张静贺	女	82	66	70	218
01	100012	李磊	男	89	66	66	221
01	100011	王学成	男	65	71	65	201
01	100015	陆海空	男	81	64	61	206
02	200027	章少雨	女	85	77	51	213

图 7-19　实例 2 的效果图

综合训练

训练 1　利用公式和函数处理数据

录入表 7-1 所示的数据清单，并按要求完成以下操作。

表 7-1　数据清单

姓名	性别	高数	英语	C 语言	总评	平均成绩
赵小梅	男	80	90	75		
王树前	男	86	55	87		
刘芳	女	59	65	95		
孙玉凤	女	70	85	80		
张力山	男	90	85	65		
	平均分					
各科及格人数	高数					
	英语					
	C 语言					

（1）新建工作簿，在工作表 Sheet1 中输入以上数据。

（2）在“王树前”行上面插入 1 行，分别输入“劳金超”“男”“91”“78”“69”。

（3）在“姓名”列左面插入 1 列，字段名为“学号”，并输入“1”“2”“3”“4”“5”“6”。

（4）计算每个学生各门课程的平均成绩并填充到“平均成绩”下属各单元格中。结果不保留小数。

（5）按公式计算总评：“总评=高数*0.4+英语*0.4+C 语言*0.2”。计算并填充到总评下属各单元格中。

（6）将 A～H 列宽设置为“自动调整列宽”。

（7）在第 1 行上面插入 1 行，输入标题“学生成绩表”，字体设置为黑体，字形设置为倾斜，字号设置为 20 磅，并使其跨列居中。

（8）分别求 3 科的平均分并填入单元格 D9、E9、F9。

（9）统计各科及格人数并填入相应的单元格（利用 COUNTIF 函数）。

（10）除标题外的其余文字设置为楷体，字号设置为 12 磅，对齐方式设置为右对齐。

（11）定义单元格区域 B3:B8 名称为“学生名单”。

训练 1 的效果图如图 7-20 所示。

	A	B	C	D	E	F	G	H	I
1			学生成绩表						
2	学号	姓名	性别	高数	英语	C语言	总评	平均成绩	
3	1	赵小梅	男	80	90	75	83	82	
4	2	劳金超	男	91	78	69	81.4	79	
5	3	王树前	男	86	55	87	73.8	76	
6	4	刘芳	女	59	65	95	68.6	73	
7	5	孙玉凤	女	70	85	80	78	78	
8	6	张力山	男	90	85	65	83	80	
9			平均分:	79.3	76.3	78.5			
10		各科及格人数:	高数:	5					
11			英语:	5					
12			C语言:	6					

图 7-20　训练 1 的效果图

训练 2　设置数据清单格式及完成复杂计算

录入表 7-2 所示的数据清单，并按要求完成以下操作。

（1）新建工作簿，在工作表 Sheet1 中输入以上数据。

（2）求每个学生的总分和平均分，不保留小数。

（3）求每科成绩的最高分和最低分。

（4）求每科成绩的平均分，不保留小数。

（5）求每科的优秀率。单科成绩大于等于 80 分的为优秀。数字格式设置为百分比，不保留小数（利用 COUNTIF()函数和 COUNT()函数）。

表 7-2 数据清单

学号	姓名	入学时间	语文	英语	数学	总分	平均分
1709011501	王小帅		98	90	87		
1709011502	张楠		86	99	87		
1709011503	吴文丽		59	65	95		
1709011504	孙丽华		70	59	80		
1709011505	张景		90	85	86		
		最高分					
		最低分					
		平均分					
		优秀率					
		及格率					

（6）求各科的及格率。单科成绩大于等于60分的为及格（利用COUNTIF()函数和COUNT()函数）。

（7）通过学号填充入学时间，入学时间是学号的前六位（利用LEFT()函数）。

（8）在I1单元格中输入“等级”。统计每个学生的等级：总分在270分（包含270分）以上的为优秀，总分在240分（包含240分）以上270分以下的为良好，总分在180分（包含180）以上240分以下的为合格，总分在180分以下的为不合格。

（9）设置单元格格式：选中数据区域，将字体设置为楷体，字号设置为12磅，对齐方式设置为居中。设置外边框为粗实线（第2列第6种），颜色为红色，内部为细实线（第1列第6种），颜色为深蓝色。

训练2的效果图如图7-21所示。

	A	B	C	D	E	F	G	H	I
1	学号	姓名	入学时间	语文	英语	数学	总分	平均分	等级
2	1709011501	王小帅	170901	98	90	87	275	92	优秀
3	1709011502	张楠	170901	86	99	87	272	91	优秀
4	1709011503	吴文丽	170901	59	65	95	219	73	及格
5	1709011504	孙丽华	170901	70	59	80	209	70	及格
6	1709011505	张景	170901	90	85	86	261	87	良好
7			最高分	98	99	95			
8			最低分	59	59	80			
9			平均分	81	80	87			
10			优秀率	60%	60%	100%			
11			及格率	80%	80%	100%			

图7-21 训练2的效果图

训练 3　单元格地址的绝对引用

录入表 7-3 所示的数据清单，并按要求完成以下操作。

表 7-3　数据清单

2012 年年底工资结算表									
								日工资	60 元
部门编号	姓名	开始日期	结束日期	应出勤（天）	事假	病假	旷工	扣发工资	实发工资
	陈冲	2012/2/28	2013/1/26						
	任福发	2012/2/28	2013/1/22		1				
	戴起胜	2012/2/28	2013/1/28				2		
	姜林宏	2012/2/28	2013/2/20						
	杨晓川	2012/2/28	2013/3/15						
	梁汝慧	2012/2/28	2013/1/26			6			
	事假	病假	旷工						
扣款（元）	10	5	20						

（1）新建工作簿，在工作表 Sheet1 中输入以上数据。

（2）合并单元格 A1:J1，标题的字体设置为隶书，字号设置为 18 磅，字体颜色设置为红色，对齐方式设置为居中。设置单元格底纹，颜色为浅绿色，图案样式设置为 12.5%灰色。合并单元格 A2:H2。

（3）填充部门编号，前 3 条记录部门编号为“001”，后 3 条记录部门编号为“002”。

（4）利用公式计算“应出勤（天）”“扣发工资”“实发工资”列数据，各项数据计算公式如下。

应出勤（天）=结束日期-开始日期

扣发工资=事假×事假扣款+病假×病假扣款+旷工×旷工扣款

实发工资=应出勤（天）×日工资-扣发工资，“日工资”使用单元格 J2 中的数据。

（5）表格中的“扣发工资”“实发工资”列数据单元格区域设置为会计专用格式，应用货币符号，保留 2 位小数，右对齐；其他各单元格中文本的字体设置为华文隶书，对齐方式设置为居中，字号设置为 12 磅。

（6）按实发工资降序排序。

（7）给表格设置相应的边框线。设置外边框为粗实线（第 2 列第 6 种），颜色为红色。内部横线为粗实线，颜色为深蓝色，竖线为细实线，颜色为深蓝色。

训练 3 的效果图如图 7-22 所示。

	A	B	C	D	E	F	G	H	I	J
1	2012年年底工资结算表									
2									日工资	60
3	编号部门	姓名	开始日期	结束日期	应出勤（天）	事假	病假	旷工	扣发工资	实发工资
4	002	杨晓川	2012/2/28	2013/3/15	381				¥ -	¥ 22,860.00
5	002	姜林宏	2012/2/28	2013/2/20	358				¥ -	¥ 21,480.00
6	001	戴超胜	2012/2/28	2013/1/28	335			2	¥40.00	¥ 20,060.00
7	001	陈冲	2012/2/28	2013/1/26	333				¥ -	¥ 19,980.00
8	002	邢汝慧	2012/2/28	2013/1/26	333		6		¥30.00	¥ 19,950.00
9	001	任福发	2012/2/28	2013/1/22	329	1			¥10.00	¥ 19,730.00
10										
11		事假	病假	旷工						
12	扣款（天）	10	5	20						

图 7-22　训练 3 的效果图

图表对象

技能目标

- 掌握建立多种类型图表的操作方法。
- 掌握编辑和修改图表选项的操作技巧。
- 掌握修饰图表的操作方法。

经典理论题型

一、选择题

1．图表的类型有多种，折线图最适合反映（　　）。

A．数据之间量与量的大小差异

B．数据之间的对应关系

C．单个数据在所有数据构成的总和中所占比例

D．数据间量的变化快慢

题型解析：在 Excel 2010 中，Excel 提供了十几种图表类型，每一种图表类型还有若干子类型。例如，柱形图和条形图都可以比较相交于类别轴上的数值大小；折线图和散点图都适

用于反映数据随时间的变化趋势；饼图和圆环图都适用于数据系列中每一项占数据系列总值的百分比。因此，本题答案为D。

2．在Excel 2010中产生图表的源数据发生变化后图表将（　　）。

A．不会改变　　　　B．发生改变，但与数据无关

C．发生相应的改变　　　　D．被删除

题型解析：在Excel 2010中，图表与数据源之间是链接关系，因此若产生图表的数据源发生变化，则图表会自动更新。因此，所以本题答案为C。

二、判断题

1．在Excel 2010中，若要删除图表中的某个数据系列，则需要双击图表中的该数据系列，然后按【Delete】键。（　　）

题型解析：在Excel 2010中，如果要删除图表中的某个数据系列，那么单击该数据系列，按【Delete】键即可，若双击图表系列，则会打开对应的对话框。因此，该叙述错误。

2．在Excel 2010中，能够很好地通过扇形反映每个对象的一个属性值在总值当中占比例大小的图表类型是饼图。（　　）

题型解析：在Excel 2010中，饼图和圆环图适用于表示数据系列中每一项占系列总值的百分比，而圆环图是可以表示多个数据系列的，它的每个圆环代表一个数据系列。因此，该叙述正确。

三、填空题

1．图表根据生成位置的不同，可以分为_______图表和_______图表。

题型解析：在Excel 2010中，图表的位置共有两个：一是位于新工作表中，二是位于数据源所在的工作表中。因此，本题答案为工作和嵌入式。

2．在Excel 2010中可以利用工具栏或按__________键快速创建图表。

题型解析：在Excel 2010中既可以利用“插入”选项卡的“图表”功能区中的“图表”按钮来制作图表，也可以利用【F11】键快速创建一个图表。因此，本题答案为【F11】。

理论同步练习

一、选择题

1．图表将各种（　　）数据图形化，从而产生很好的视觉效果，为观察数据，比较数据

的差异带来极大的便利，也是进行趋势预测的有效手段。

A．表格　　B．单元格　　C．文本　　D．数值

2．（　　）是指通过轴来界定的区域，包括所有数据系列。

A．绘图区　　B．图表区　　C．坐标轴　　D．图例

3．（　　）图可以用于比较类别间的值，还可以以三维效果的方式显示。

A．堆积百分比　　B．堆积　　C．簇状柱形　　D．三维

4．（　　）图用于按相同间隔显示数据的趋势。

A．面积　　B．条形　　C．饼　　D．折线

5．图表与原始数据之间是相互（　　）的，因此若改变原始数据，则图表中的数据将随之进行相应的变动。

A．影响　　B．链接　　C．联系　　D．作用

6．不能添加趋势线的图表类型是（　　）。

A．气泡（散点）图　　B．股价图

C．柱形图　　D．饼图

7．（　　）图表是指在同一图表中生成从某一数据源的不同角度分析获得的不同类型的图表。

A．动态　　B．自定义　　C．数值　　D．浮动

8．在 Excel 2010 中，对图表的编辑不包括（　　）。

A．快速创建图表　　B．调整图表大小

C．调整图表数据　　D．改变图表的类型

9．用 Excel 2010 可以创建各类图表，如条形图、柱形图等。为了描述特定时间内各个项之间的差别，并对各项进行比较，应该选择的图表是（　　）。

A．条形图　　B．折线图　　C．饼图　　D．面积图

10．在 Excel 2010 中，图表中的（　　）会随着工作表中数据的改变而发生相应的改变。

A．图例　　B．系列数据的值

C．图表类型　　D．图表位置

二、判断题

1．图表制作完成后，其图表类型可以随意更改。（　　）

2．在 Excel 2010 中编辑图表时，只需要单击图表即可激活。（　　）

3．图表实际上就是指把表格数据图形化。（　　）

4．在生成图表时，图表位置若选在新的工作表中，则可称为图表工作表。（　　）

5．在 Excel 2010 中，当图表关联的数据发生变化时，根据原先的数据生成的图表不会发

生变化。　　　　　　　　　　　　　　　　　　　　　　　　　　（　　）

6. 如果工作表数据已建立图表，那么修改工作表数据的同时也必须手动修改对应的图表。

（　　）

7. Excel 2010 工作簿中既有一般工作表又有图表，保存文件时是将工作表和图表作为一个整体，用一个文件来保存的。　　　　　　　　　　　　　　　　　　　（　　）

8. 独立图表是将工作表数据与相应图表分别保存在不同的工作表中。　　（　　）

9. 饼图适用于各数据与整体的关系及所占比例情况的分析。　　　　　　（　　）

10. 在 Excel 2010 中，图表中的大多数图表项不能被移动或调整大小。　（　　）

三、填空题

1. 右击一个图表对象，会出现____________。

2. 若要改变显示在工作表中的图表类型，则应在图表工具的“____________”选项卡的“__ ______________”组中选择一个新的图表类型。

3. 默认的图表类型是二维的____________图。

4. 在 Excel 2010 中生成一个图表工作表，在默认状态下该图表工作表的名称是_______。

5. ____________图表是将图表与数据同时置于一个工作表内。

6. 在 Excel 2010 中，图表的 X 轴通常作为____________。

7. “图表工具”所具有的选项卡有_______、_______、_______。

8. Excel 2010 所包含的图表类型共有______种。

9. 在 Excel 2010 中创建图表，首先要打开“______”选项卡，然后在“图表”功能区中选择相应的图表类型即可。

10. 在 Excel 2010 中建立图表时，有很多图表类型可供选择，能够很好地表现一段时期内数据变化趋势的图表类型是______。

经典实例

实例 1　利用三维簇状柱形图制作成绩对照表

录入图 8-1、图 8-2 所示的工作表 Sheet1、工作表 Sheet2 中的数据，完成以下操作。[①]

① 说明：表中单价的单位为元，数量的单位为个。

	A	B	C	D	E
1	商品名称	单价	数量	日期	总计
2	电饭锅	120.00	2	1999/3/8	240
3	高压锅	55.00	1	1999/5/4	55
4	气压热水瓶	25.00	4	1999/1/4	100
5	气压热水瓶	28.00	1	1999/3/8	28
6	电饭锅	125.00	2	1999/5/4	250
7	高压锅	50.00	3	1999/1/4	150
8	气压热水瓶	25.00	6	1999/3/8	150
9	水壶	12.00	9	1999/2/6	108
10	气压热水瓶	24.00	5	1999/3/8	120
11	高压锅	45.00	1	1999/2/6	45
12	电饭锅	118.00	2	1999/2/6	236
13	高压锅	48.00	6	1999/1/8	288
14	水壶	15.00	3	1999/5/4	45

图 8-1　工作表 Sheet1 中的数据

	A	B	C	D	E	F
1	班级	姓名	性别	数学	英语	语文
2	一班	王学成	男	65	71	65
3	二班	李磊	男	89	66	66
4	一班	卢林玲	女	65	71	80
5	一班	王国民	男	72	73	82
6	三班	林国强	男	66	66	91
7	二班	张静贺	女	82	66	70
8	一班	陆海空	男	81	64	61
9	二班	章少雨	女	85	77	51
10	三班	章少华	女	99	91	91
11	一班	甘甜	女	50	61	70
12	二班	王海明	男	58	51	61
13	三班	李月玫	女	78	89	95
14	一班	张伟	男	82	71	85
15	三班	杨青	女	66	76	68
16	一班	陈水君	女	99	97	99
17	一班	何进	男	58	61	72
18	二班	朱宇强	男	95	88	94
19	二班	张长荣	女	62	61	73
20	一班	沈丽	女	77	74	72
21	三班	冯志林	男	60	77	61
22	三班	周文萍	女	77	69	62
23	三班	徐君秀	女	80	78	69
24	二班	陈云竹	女	74	86	76
25	二班	高宝根	男	92	75	79
26	一班	陈小灵	女	51	73	59
27	一班	陈弦	男	55	71	50
28	一班	毛阿敏	女	76	88	72
29	二班	张云	女	75	83	69
30	三班	白雪	女	80	84	76
31	二班	王大刚	男	73	67	81

图 8-2　工作表 Sheet2 中的数据

实例描述

（1）利用工作表 Sheet1 中的数据汇总不同商品的“总计最大值”。

（2）根据工作表 Sheet2 中的数据制作一班男生（班级为“一班”，性别为“男”）数学成绩的图表。

- 分类轴：姓名。
- 数值轴：数学。
- 图表类型：三维簇状柱形图。
- 添加标题：图表标题为“一班男生数学成绩对照表”，字体设置为楷体，字形设置为加粗、倾斜，字体颜色设置为绿色，字号设置为 18 磅。
- 分类轴标题：姓名。
- 数值轴标题：成绩。
- 图例：底部。
- 系列名称：数学成绩。
- 图表位置：作为新的工作表插入，名称为“图表 1”。

要点分析

本实例包含 3 项内容：创建分类汇总，筛选出满足图表的数据，创建一个满足条件的图表。

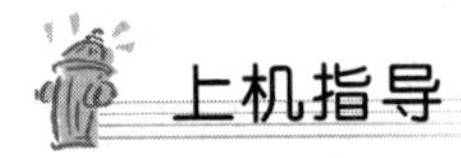

上机指导

操作过程如下。

（1）创建分类汇总。打开工作表 Sheet1，将光标移至商品名称列的任意一单元格，单击“开始”选项卡的“编辑”功能区中的“排序和筛选”按钮，在下拉列表中选择“升序”选项，完成“商品名称”列的升序排序。单击“数据”选项卡的“分级显示”功能区中的“分类汇总”按钮，打开“分类汇总”对话框进行设置，如图 8-3 所示，分类汇总结果如图 8-4 所示。

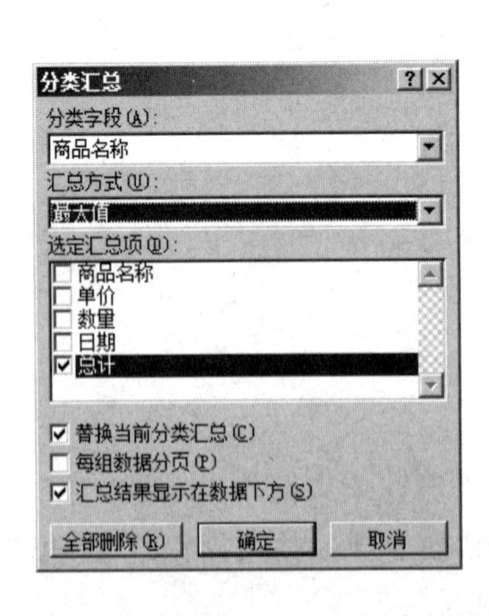

图 8-3 “分类汇总”对话框中的设置

	A	B	C	D	E
1	商品名称	单价	数量	日期	总计
2	电饭锅	120.00	2	1999/3/8	240
3	电饭锅	125.00	2	1999/5/4	250
4	电饭锅	118.00	2	1999/2/6	236
5	**电饭锅 最大值**				250
6	高压锅	55.00	1	1999/5/4	55
7	高压锅	50.00	3	1999/1/4	150
8	高压锅	45.00	1	1999/2/6	45
9	高压锅	48.00	6	1999/1/8	288
10	**高压锅 最大值**				288
11	气压热水瓶	25.00	4	1999/1/4	100
12	气压热水瓶	28.00	1	1999/3/8	28
13	气压热水瓶	25.00	6	1999/3/8	150
14	气压热水瓶	24.00	5	1999/3/8	120
15	**气压热水瓶 最大值**				150
16	水壶	12.00	9	1999/2/6	108
17	水壶	15.00	3	1999/5/4	45
18	**水壶 最大值**				108
19	**总计最大值**				288

图 8-4 分类汇总结果

（2）筛选记录。打开工作表 Sheet2，将光标移至数据区域中的任一单元格，单击“数据”选项卡的“排序和筛选”功能区中的“筛选”按钮，开启筛选。单击“性别”字段名右侧的下拉按钮，只勾选“男”复选框；单击“班级”字段名右侧的下拉按钮，只勾选“一班”复选框，筛选出班级为一班、性别为男的数据，筛选后的数据如图 8-5 所示。

	A	B	C	D	E	F
1	班级	姓名	性别	数学	英语	语文
2	一班	王学成	男	65	71	65
5	一班	王国民	男	72	73	82
8	一班	陆海空	男	81	64	61
14	一班	张伟	男	82	71	85
17	一班	何进	男	58	61	72
27	一班	陈弦	男	55	71	50

图 8-5　筛选后的数据

（3）创建图表。将光标移至数据区域中的任一单元格，单击“插入”选项卡的“图表”功能区中的“柱形图”按钮，在下拉列表中选择“三维簇状柱形图”选项，打开图表工具进入图表编辑状态。

（4）修改数据源。单击“设计”选项卡的“数据”功能区中的“选择数据”按钮，打开“选择数据源”对话框，单击“图表数据区域”右侧文本框后的按钮，在数据清单中只选择“姓名”“数学”两列数据。单击“图例项（系列）”下方的“编辑”按钮，打开“编辑数据系列”对话框，在“系列名称”文本框中输入“数学成绩”，如图 8-6 所示，单击“确定”按钮，返回“选择数据源”对话框，如图 8-7 所示。

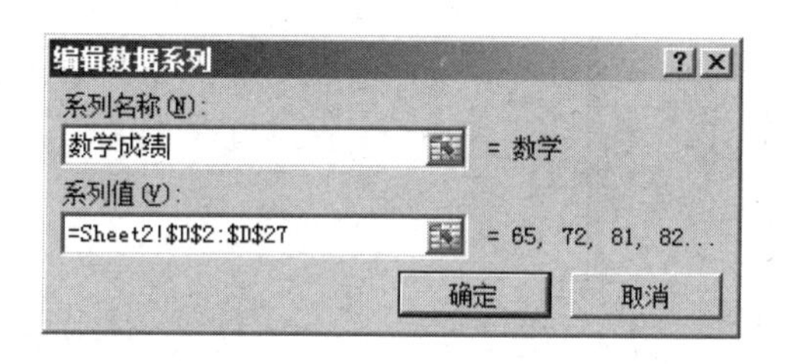

图 8-6　“编辑数据系列”对话框

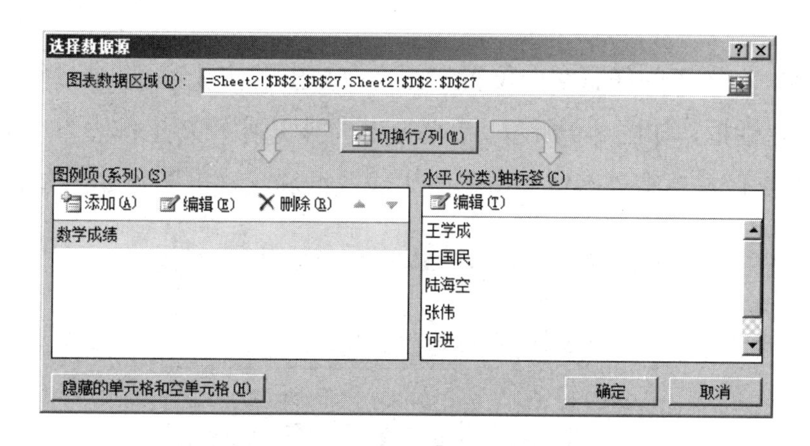

图 8-7　“选择数据源”对话框

（5）图表标题。单击图表标题，输入“一班男生数学成绩对照表”，选中标题，单击“开始”选项卡的“字体”功能区中对应的按钮，将字体设置为楷体，字形设置为加粗、倾斜，字体颜色设置为绿色，字号设置为 18 磅。图表标题位置默认在图表上方，若要更改图表标题的位置，则单击“布局”选项卡的“标签”功能区中的“图表标题”按钮，在下拉列表中选择相应的选项即可。

（6）坐标轴标题。单击“布局”选项卡的“标签”功能区中的“坐标轴标题”按钮，在下拉列表中选择“主要横坐标轴标题”选项，在下级列表中选择“坐标轴下方标题”选项，即给图表添加横坐标轴标题，输入“姓名”，利用相同操作给数值轴添加“竖排标题”，内容为“成绩”。

（7）图例位置。右击图例，在弹出的快捷菜单中选择“设置图例格式”选项，打开“设置图例格式”对话框，如图 8-8 所示。在“图例位置”选区中选中“底部”单选按钮，单击“关闭”按钮，完成设置。

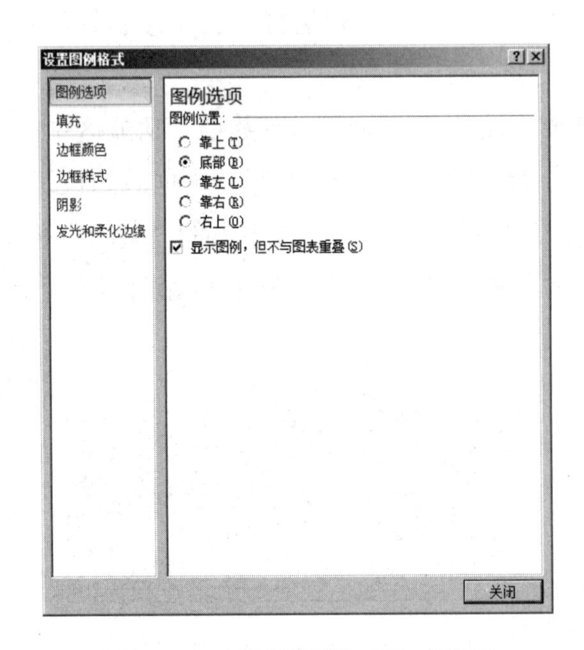

图 8-8　“设置图例格式”对话框

（8）图表位置。在图表的任意空白位置右击，在弹出的快捷菜单中选择“移动图表”选项，打开“移动图表”对话框，如图 8-9 所示。在该对话框中选中“新工作表”单选按钮，在其右侧文本框中输入“图表 1”，单击“确定”按钮，生成三维簇状柱形图，如图 8-10 所示。

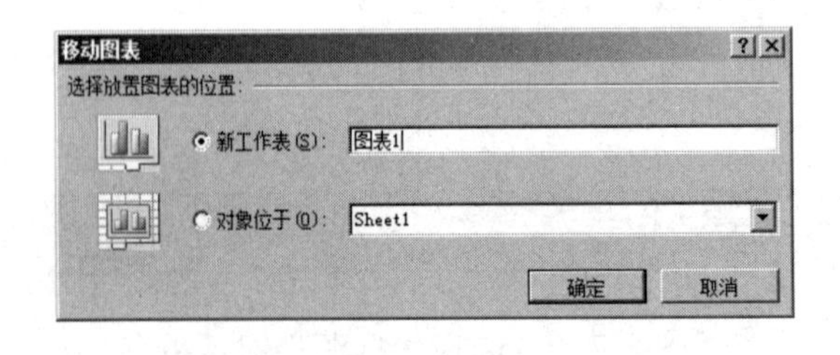

图 8-9　“移动图表”对话框

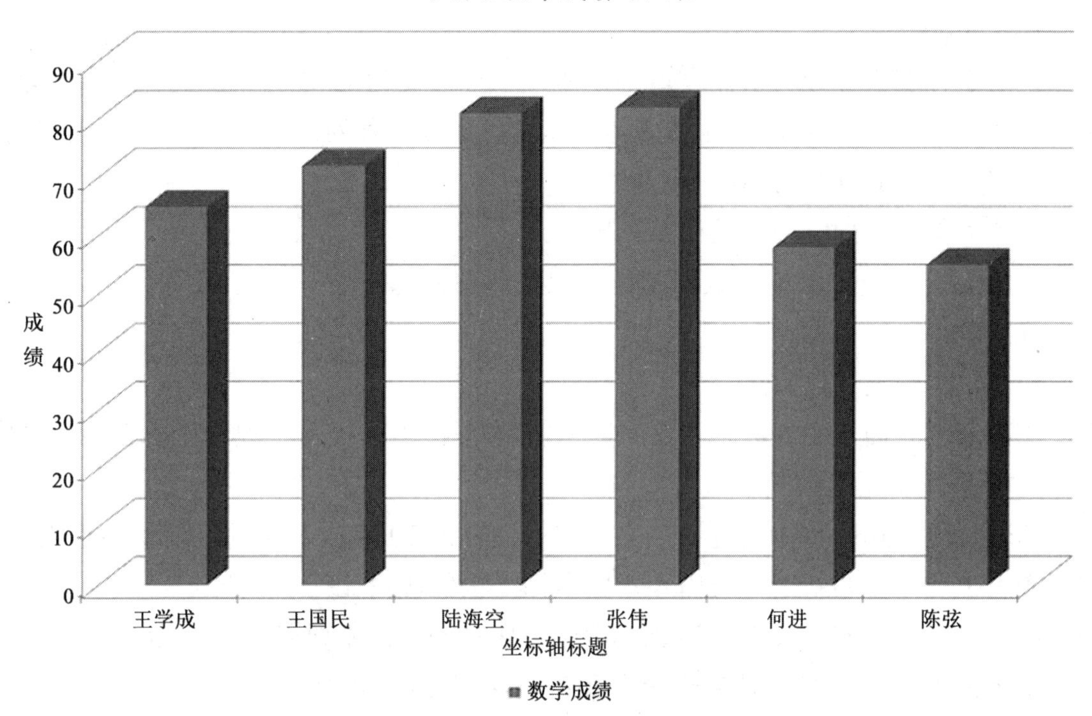

图 8-10　三维簇状柱形图

心灵手巧：在对图表进行修改时既可以借助图表工具的“设计”“布局”“格式”选项卡中的选项来完成，也可以在图表相应位置右击，在弹出的快捷菜单中选择对应的选项。

实例 2　利用簇状柱形图制作商场销售额对比图

录入图 8-11 所示的工作表 Sheet1、Sheet2 中的数据，完成以下操作。

	A	B	C	D	E	F
1	各商场部分商品销售额					
2						
3	序号	单位名称	服装	鞋帽	电器	化妆品
4	1	东方广场	75000	144000	786000	293980
5	2	人民商场	81500	285200	668000	349500
6	3	幸福大厦	68000	102000	563000	165770
7	4	平价超市	18000	128600	963000	191550

单位：元

图 8-11　工作表 Sheet1、工作表 Sheet2 中的数据

实例描述

（1）在工作表 Sheet1 中进行以下操作。

- 将标题的字体设置为宋体，字形设置为加粗，字号设置为 14 磅，将标题设置为 A～F 列合并居中。
- 将第 3 行表头部分的字体设置为楷体，字号设置为 12 磅，对齐方式设置为居中。
- 将第 4～7 行数据区域的字体设置为宋体，字号设置为 10 磅，对齐方式设置为居中。
- 设置第 3 行的行高为 20 磅。
- 设置第 1 列的列宽为自动调整列宽。

（2）利用工作表 Sheet2 中的数据制作簇状柱形图。

- 分类轴：单位名称。
- 数值轴：服装和化妆品。
- 在图表上方插入图表标题“各商场销售额对比图”；插入主要纵坐标轴标题“旋转过的标题”，销售额（元）。
- 图表标题格式：字体设置为隶书，字号设置为 20 磅，字体颜色设置为蓝色。
- 图表位置：作为新工作表插入，图名为“销售额对比”。
- 主要纵坐标轴刻度最小值为 0，最大值为 360000；主要刻度单位为 30000；次要刻度单位为 6000；数字使用千位分隔符，保留 2 位小数。
- 绘图区格式设置：背景设置为“渐变填充”的“预设颜色”中的“红木”，类型设置为“线性”，方向设置为“线性向下”。

要点分析

本实例包含两项内容：内容格式排版、创建满足条件的图表。

上机指导

操作过程如下。

（1）准备工作。录入数据或者打开对应的文件。

（2）格式排版。打开工作表 Sheet1，选中标题，单击“开始”选项卡的“字体”功能区中的“字体”按钮，将字体设置为宋体，字形设置为加粗，字号设置为 14 磅，选中标题所在的行（A～F 列），单击“开始”选项卡的“对齐方式”功能区中的“合并后居中”按钮，将标题设置为 A～F 列合并居中。

（3）表头格式。选中表头单元格，将字体设置为楷体，字号设置为 12 磅，对齐方式设置为居中。

（4）数据区域。选中第 4～7 行的数据区域，将字体设置为宋体，字号设置为 10 磅，单击“居中”按钮，对齐方式设置为居中。

（5）行高、列宽。将光标移至第 3 行，单击“开始”选项卡的“单元格”功能区中的“格式”按钮，在其下拉列表中选择“行高”选项，打开“行高”对话框，在文本框中输入“20”，单击“确定”按钮。利用同样操作将光标移至第 1 列，在下拉列表中选择“自动调整列宽”

选项，调整第 1 列的宽度。

（6）创建图表。打开工作表 Sheet2，将光标移至数据区域任意单元格，单击“插入”选项卡的“图表”功能区中的“柱形图”按钮，在下拉列表中选择“簇状柱形图”选项，在当前位置创建一个簇状柱形图，并打开图表工具进入图表编辑状态。

（7）修改数据源。在图表的空白区域右击，在弹出的快捷菜单中选择“选择数据”选项，打开“选择数据源”对话框，重新选择创建图表中的“单位名称”“服装”“化妆品”3 列数据。单击“切换行与列”按钮，将单位名称列数据作为图表的分类轴。

（8）图表标题。单击“布局”选项卡的“标签”功能区中的“图表标题”按钮，在下拉列表中选择“图表上方”选项，在图表上方添加一个标题，输入“各商场销售额对比图”，并将字体设置为隶书，字号设置为 20 磅，字体颜色设置为蓝色。

（9）纵坐标轴标题。单击“布局”选项卡的“标签”功能区中的“坐标轴标题”按钮，在下拉列表中选择“主要纵坐标轴标题”选项，在下级列表中选择“旋转过的标题”选项，添加纵坐标轴标题，输入“销售额（元）”。

（10）更改坐标轴刻度。单击“布局”选项卡的“坐标轴”功能区中的“坐标轴”按钮，在下拉列表中选择“主要纵坐标轴”选项，在下级列表中选择“其他主要纵坐标轴选项”选项，打开“设置坐标轴格式”对话框，设置“最小值”“最大值”“主要刻度单位”“次要刻度单位”，如图 8-12 所示，选择左侧的“数字”选项，设置坐标轴数字格为使用千位分隔符，保留 2 位小数，最后单击“关闭”按钮。

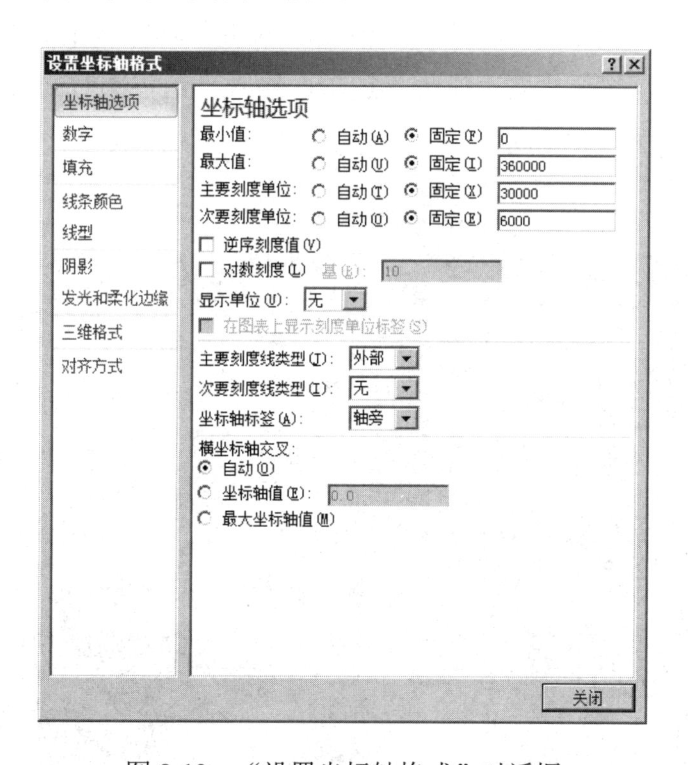

图 8-12　“设置坐标轴格式”对话框

（11）绘图区格式设置。单击“布局”选项卡的“背景”功能区中的“绘图区”按钮，在下拉列表中选择“其他绘图区选项”选项，打开“设置绘图区格式”对话框，设置绘图区填充颜色，选择“渐变填充”选项，“预设颜色”设置为“红木”，“类型”设置为“线性”，“方向”设置为“线性向下”，如图 8-13 所示，最后单击“关闭”按钮。

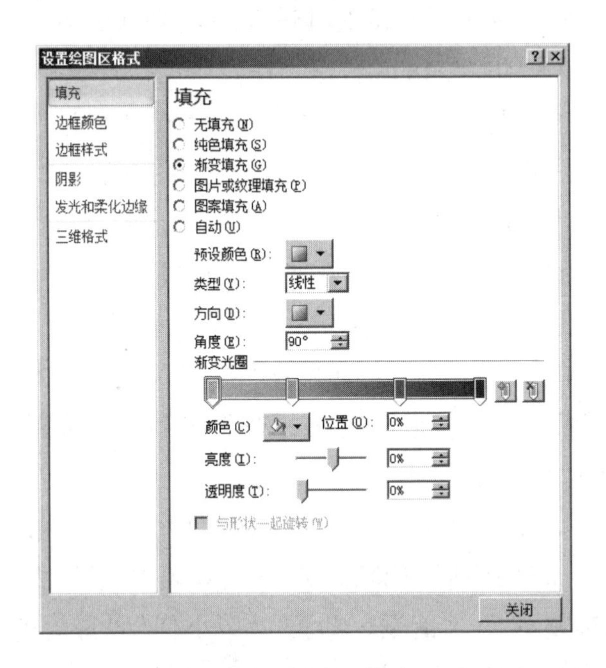

图 8-13 “设置绘图区格式”对话框

（12）更改图表位置。单击“设计”选项卡的“位置”功能区中的“移动图表”按钮，打开“移动图表”对话框，选择“新工作表”选项，输入“销售额对比”，单击“确定”按钮。各商场销售额对比图如图 8-14 所示。

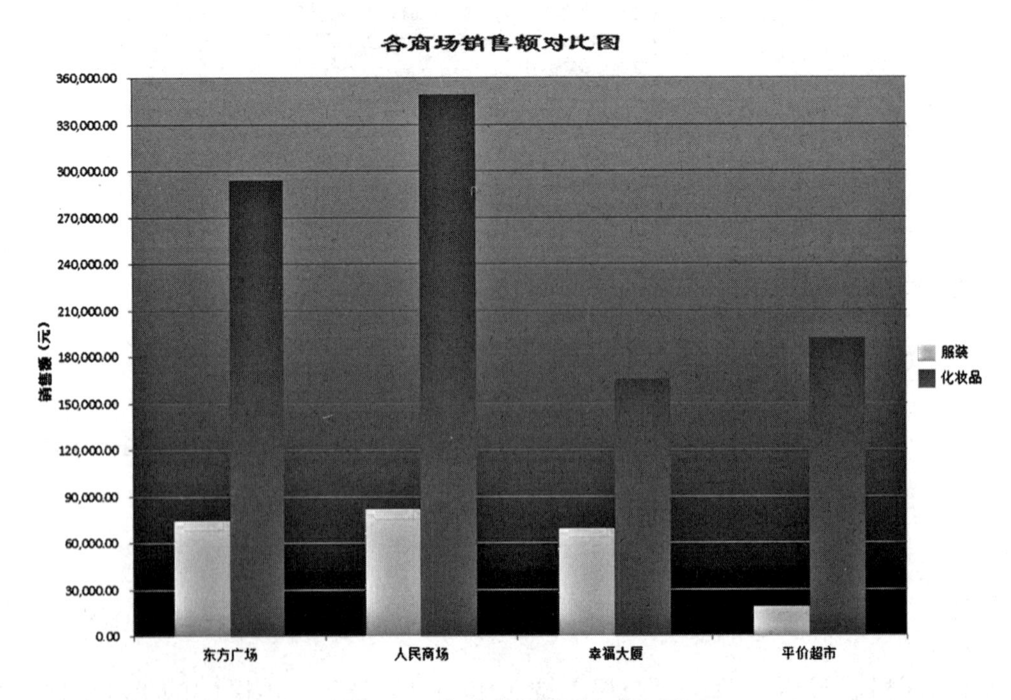

图 8-14 各商场销售额对比图

综合训练

训练 1　制作簇状柱形图

录入图 8-15 所示的数据清单，并按要求完成以下操作。

	A	B	C	D	E	F
1	姓名	学历	部门	基本工资	奖金	实发工资
2	毛海洋	本科	财务部	2000	1350	
3	李丙昆	中专	办公室	2000	1600	
4	赵芳	大专	财务部	2500	1500	
5	邵胜春	大专	办公室	2500	1500	
6	殷倩	中专	办公室	2500	1600	
7	周涛	本科	办公室	3000	1400	
8	刘洋	本科	办公室	3000	1400	
9	张浩	大专	广告部	2000	2500	
10	程一杰	中专	广告部	2000	2500	
11	宋宇	中专	广告部	2000	2500	
12	刘浩	中专	业务部	2000	2600	
13	李益民	本科	办公室	3000	1700	
14	周忠	中专	业务部	2000	2700	
15	李嘉琦	中专	广告部	2000	2700	
16	李国用	本科	财务部	3000	2000	
17	江晓亮	本科	办公室	3500	1700	
18	陈澍	大专	广告部	2500	2800	
19	宋倩男	大专	广告部	2500	2800	
20	孙超	本科	业务部	3000	2600	
21	刘军良	本科	业务部	3000	2600	
22	尹军	中专	业务部	3000	2600	
23	张为	本科	财务部	4500	1350	

单位：元

图 8-15　数据清单

（1）计算“实发工资”，实发工资=基本工资+奖金。

（2）统计“学历为本科的人数”，并将统计结果填入单元格 B27。

（3）统计“实发工资”大于等于 5000 元的人数并将统计结果填入单元格 F27。

（4）对“学历”一列进行升序排序。

（5）将工作表 Sheet1 中的数据复制到工作表 Sheet2、Sheet3、Sheet4、Sheet5 中。

（6）在工作表 Sheet2 中进行自动筛选，筛选部门为财务部的数据。

（7）在工作表 Sheet3 中进行分类汇总，按“学历”分类，对“基本工资”“奖金”“实发工资”3 个字段求平均值。

（8）在工作表 Sheet4 中对所有记录进行自动筛选，筛选出“实发工资”小于 4000 元的记录。

（9）在工作表 Sheet5 中创建一个簇状柱形图。

- 分类轴：姓名。
- 数值轴：基本工资、奖金、实发工资。
- 图例：位置靠上，字体设置为黑体，字号设置为 10 磅。
- 图表标题：在图表上方插入图表的标题“职工工资图表”，且字体设置为隶书，字号设置为 20 磅，字体颜色为红色。
- 纵坐标轴标题：在纵坐标轴上插入竖排标题，内容为“工资”，且字体设置为仿宋，字号设置为 16 磅。
- 图表位置：位于新工作表中，工作表名称为“职工工资图表”。

训练 1 图表的效果如图 8-16 所示。

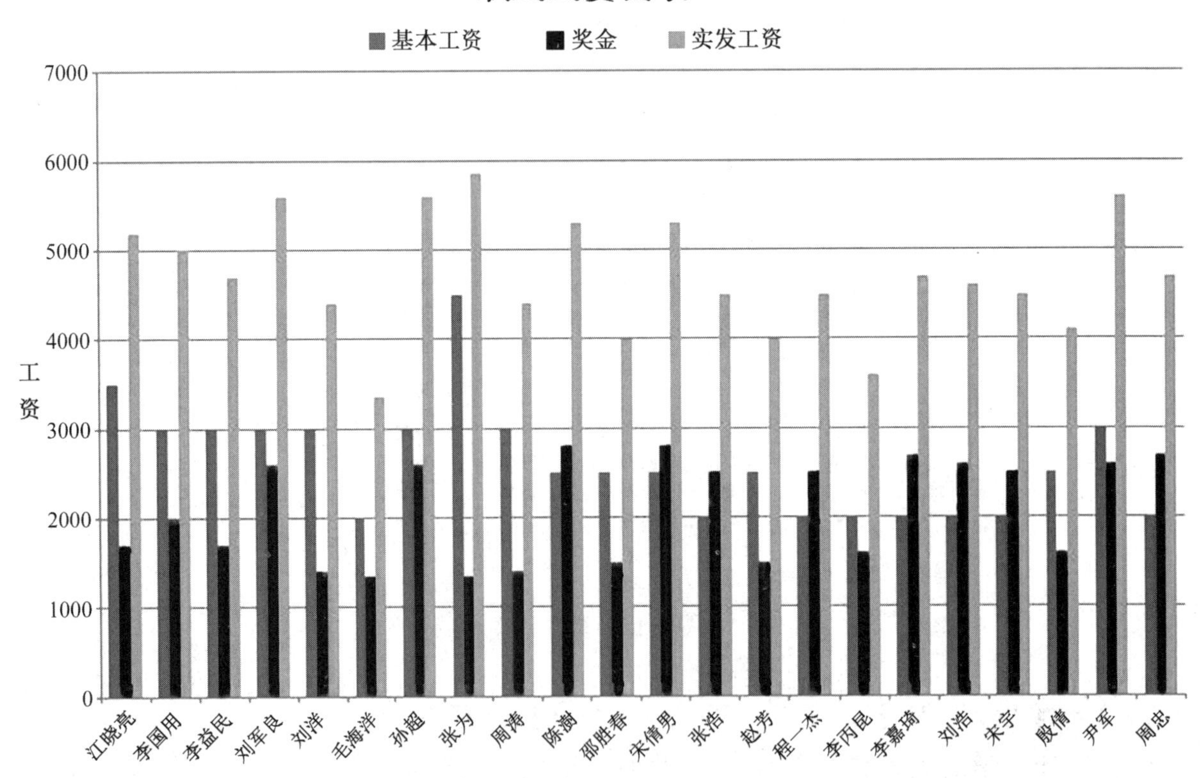

图 8-16　训练 1 图表的效果

训练 2　制作嵌入式簇状条形图

录入图 8-17 所示的数据清单，并按要求完成以下操作。

	A	B	C	D	E	F	G
1	班级	姓名	数学	语文	英语	物理	化学
2	9901	王佳丽	79	81	76	86	82
3	9901	王林	86	82	69	58	79
4	9901	刘羽	60	54	80	69	65
5	9901	贾为国	93	97	70	89	92
6	9902	许国威	70	75	75	90	82
7	9902	李振兴	68	56	78	73	68
8	9902	杨良蔷	89	92	76	87	65
9	9902	王桂兰	67	73	68	70	89
10	9903	李德光	76	80	65	53	89
11	9903	张小红	89	89	58	91	89
12	9903	王向栋	76	65	98	68	91
13	9904	李弘香	65	89	87	83	76
14	9904	王望乡	54	90	79	68	57
15	9904	张长躬	67	64	91	97	67
16	9904	赵铁钧	58	80	75	76	89
17	9904	刘芳	87	65	67	86	91

图 8-17 数据清单

（1）在“化学”字段的右边加入新字段“总分”，然后按公式“总分=数学+语文+英语＋物理+化学”进行计算，并填充“总分”下属各单元格。

（2）在第 1 行上面插入 1 行，合并单元格 A1～H1，输入标题“学生成绩表”，字体设置为楷体、加粗，字号设置为 24 磅，对齐方式设置为居中。

（3）除标题外的其余文字的字体设置为仿宋，字号设置为 12 磅，对齐方式设置为右对齐。

（4）将 A～H 列设置为自动调整列宽。

（5）将工作表 Sheet1 中的数据复制到工作表 Sheet2、Sheet3 中。

（6）在工作表 Sheet2 中对所有记录按总分从大到小的顺序排序。

（7）在工作表 Sheet3 中进行分类汇总，分类字段为“班级”，分别求出“各科成绩的平均分”。

（8）利用分类汇总后的二级数据创建一个嵌入式簇状条形图。

- 分类轴：班级。
- 数值轴：语文、数学和英语。
- 图表标题：在图表上方插入图表的标题“学生成绩图表”，字体设置为黑体，字号设置为 22 磅，添加下画线。
- X 轴标题为“成绩”，Y 轴标题为“班级”，字体设置为楷体，字号设置为 14 磅。
- 图例选“底部”，字体设置为宋体，字号设置为 10 磅。
- X 轴和 Y 轴上的文字的字体设置为仿宋，字号设置为 8 磅。
- 图表区域填充“纸莎草纸”纹理。

训练 2 图表的效果如图 8-18 所示。

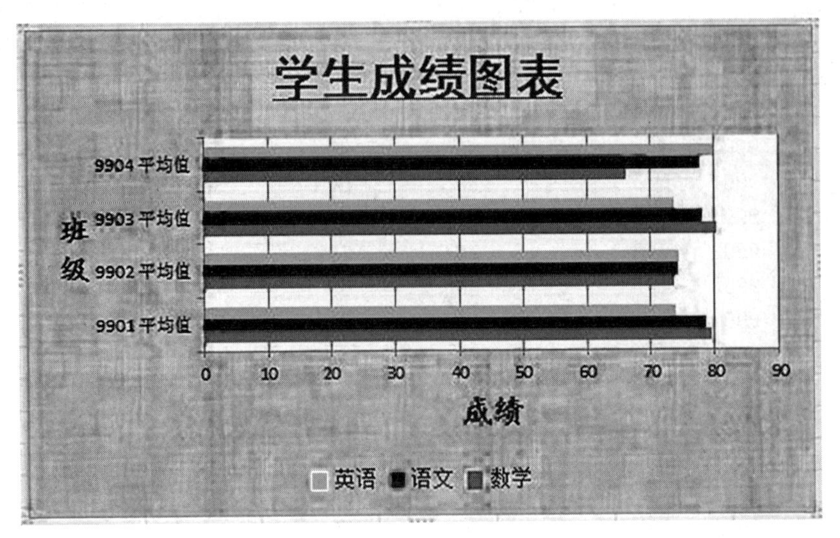

图 8-18 训练 2 图表的效果

训练 3 制作分离型饼图

录入图 8-19 所示的数据清单，并按要求完成以下操作。

	A	B	C	D	E	F
1	帐目	项目	实际支出	预计支出	调配拔款	差额
2	110	薪工	164146	199000	180000	
3	120	保险	58035	73000	66000	
4	311	设备	4048	4500	4250	
5	140	通讯费	17138	20500	18500	
6	201	差旅费	3319	3900	4300	
7	324	广告	902	1075	1000	

单位：元

图 8-19 数据清单

（1）标题格式：在第 1 行上方插入 1 行，输入“2023 年预算清单”，字体设置为黑体，字号设置为 18 磅，字形设置为加粗，并且将 A～F 列合并居中；底纹设置为深蓝色；字体颜色设置为白色。

（2）数据单元区域设置：将“实际支出”“预计支出”“调配拔款”3 列数据设置为会计专用格式，应用货币符号，且保留 2 位小数；其他单元格的对齐方式设置为居中。

（3）按公式“差额=预计支出-调配拨款”计算“差额”，并将结果填入相应的单元格中。

（4）为“差额”单元格添加批注“差额等于预计支出和调配拨款的差值”。

（5）将“实际支出”列单元格中数值小于 10000 元的单元格内容设置为红色（提示：利用条件格式命令）。

（6）给单元格 A2:F8 区域应用“主题单元格样式”中的“强调文字颜色 5”样式。

（7）将工作表 Sheet1 命名为“预算”。

（8）将工作表 Sheet1 中的数据复制到工作表 Sheet2、Sheet3 中。

（9）在工作表 Sheet2 中以“实际支出”列为关键字进行升序排序。

（10）利用自动筛选，筛选出实际支出小于 10000 元的记录。

（11）在工作表 Sheet3 中创建一个分离型饼图。

- 分类轴：项目。
- 数值轴：调配拨款。
- 图例：靠左。
- 图表标题：在图表上方插入图表的标题“2023 年度项目调配拨款”，字体设置为楷书，字号设置为 18 磅，字体颜色设置为红色。
- 数据标签：显示最佳匹配数据标签。
- 绘图区格式：填充颜色为“渐变填充”中“预设颜色”中的“茵茵绿原”。

训练 3 图表的效果如图 8-20 所示。

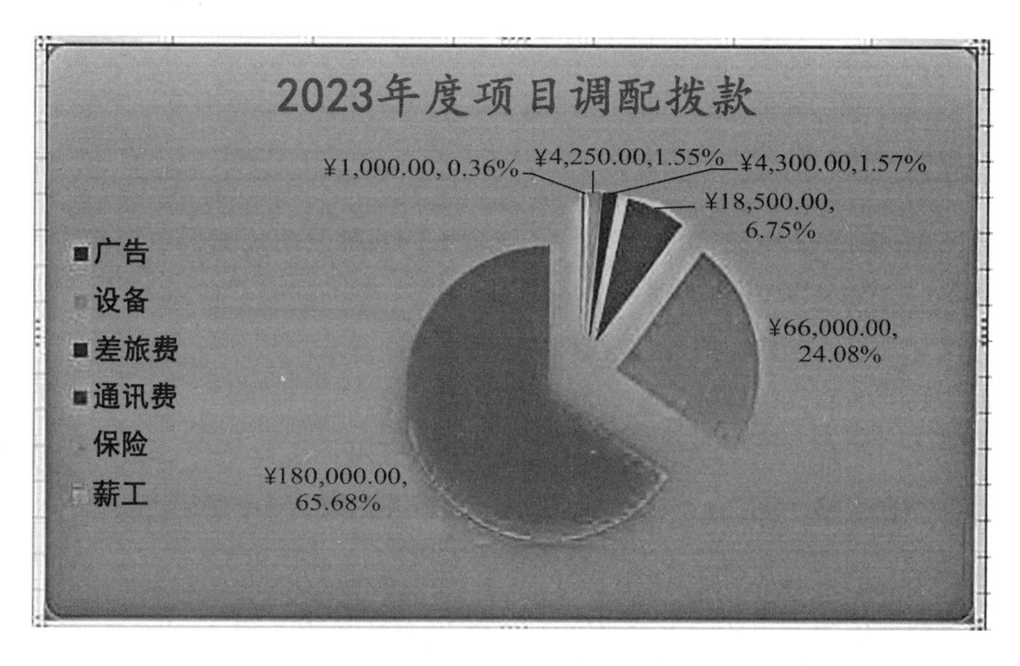

图 8-20　训练 3 图表的效果

PowerPoint 2010 基础

技能目标

- 熟悉 PowerPoint 2010 的运行环境、各选项卡的名称及功能面板中包含的选项组。
- 掌握 PowerPoint 2010 的启动、退出操作方法。
- 掌握演示文稿的创建、打开、保存和关闭的操作方法。
- 掌握幻灯片的添加、删除、更改版式等基本操作。
- 掌握文本、图片、艺术字等内容在幻灯片中的应用。
- 熟悉并掌握表格、图表、SmartArt 图形等内容在幻灯片中的应用。
- 熟悉音频、视频等特效效果在幻灯片中的应用。
- 掌握幻灯片主题选用、模板应用、背景效果设置的操作方法。
- 熟悉幻灯片母版的设计制作。
- 熟悉并掌握幻灯片动画效果设置。
- 熟悉并掌握幻灯片切换效果设置。
- 熟悉并掌握放映方式的设置与操作。
- 熟悉并掌握幻灯片作品的打包设置。

经典理论题型

一、选择题

1．PowerPoint 2010 系统默认的视图方式是（　　）。

A．阅读视图　　B．幻灯片浏览

C．普通视图　　D．幻灯片放映

题型解析：PowerPoint 2010 为用户提供了普通视图、幻灯片浏览、阅读视图和幻灯片放映，系统默认的是普通视图。因此，本题选择 C。

2．对幻灯片中的对象创建动画时应选择（　　）选项卡。

A．动画　　B．切换　　C．设计　　D．插入

题型解析：对幻灯片中的对象创建动画时应选择“动画”选项卡。在“动画”选项卡中可以创建、修改与删除动画效果。因此，本题选择 A。

二、判断题

1．在 PowerPoint 2010 中可以通过占位符的方法创建图表。　　（　　）

题型解析：在包含图表占位符的幻灯片版式中可以通过单击“插入图表”按钮创建图表。因此，该叙述正确。

2．在 PowerPoint 2010 中，更改模板中的图片是在普通视图中进行的。　　（　　）

题型解析：在普通视图中既无法选择模板图片，也无法更改模板中的图片，但可以切换至幻灯片模板视图，然后对模板图片进行更改。因此，该叙述错误。

三、填空题

1．母版是模板的一部分，主要用来定义演示文稿中____________。

题型解析：母版是模板的一部分，主要用来定义演示版文稿中所有幻灯片的格式，其内容主要包括文本与对象在幻灯片中的位置、文本与对象占位符的大小、文本样式、效果、主题等信息。因此，答案为所有幻灯片的格式。

2．PowerPoint 2010 主要提供了__________、____________与__________3 种母版。

题型解析：PowerPoint 2010 主要提供了幻灯片母版、讲义母版与备注母版 3 种母版。因此答案为幻灯片母版、讲义母版、备注母版。

理论同步练习

一、选择题

1. 在下列选项中属于演示文稿的扩展名的是（　　）。

A. .opx　　B. .pptx　　C. .dwg　　D. .jpg

2. 选择全部幻灯片时可用快捷键（　　）。

A.【Shift+A】　　B.【Ctrl+A】　　C.【F3】　　D.【F4】

3. 当在幻灯片中插入了声音以后，幻灯片中将会出现（　　）

A. 喇叭标记　　B. 一段文字说明

C. 超链接说明　　D. 超链接按钮

4. 在 PowerPoint 2010（　　）中可以查看演示文稿中的图片、形状与动画效果。

A. 普通视图　　B. 幻灯片放映

C. 幻灯片浏览　　D. 阅读

5. 当需要将幻灯片转移至其他地方放映时应（　　）。

A. 将幻灯片文稿发送至磁盘

B. 将幻灯片打包

C. 设置幻灯片的放映效果

D. 将幻灯片分成多个子幻灯片，以存入磁盘

6. PowerPoint 2010 将演示文稿保存为“演示文稿设计模板”时的扩展名是（　　）。

A. .pot　　B. .pptx　　C. .pps　　D. .ppa

7. 下列叙述错误的是（　　）。

A. 若幻灯片母版中添加放映控制按钮，则所有的幻灯片上都会包含放映控制按钮

B. 在幻灯片之间不能进行跳转链接

C. 在幻灯片中也可以插入自己录制的声音文件

D. 在播放幻灯片的同时也可以播放 CD 唱片

8. 在 PowerPoint 2010 中下列有关设计模板说法错误的是（　　）。

A. 它是控制演示文稿统一外观的最有力、最快捷的一种方法

B. 它是通用于各种演示文稿的模型、可直接应用于用户的演示文稿

C. 用户不可以修改

D. 模板有两种：设计模板和内容模板

9. 用户在绘制自定义动画路径时，需要按（　　）键结束绘制。

A.【Delete】 B.【Space】 C.【Enter】 D.【Ctrl】

10．在 PowerPoint 2010 中插入（ ）时不能设置格式和样式。

A．绘制的表格 B．Word 2010 表格

C．Excel 2010 表格 D．PowerPoint 2010 自带的表格

二、判断题

1．“删除背景”工具是 PowerPoint 2010 中新增的图片编辑功能。（ ）

2．在 PowerPoint 2010 中，单击“插入”选项卡可以创建表、形状与图表。（ ）

3．设计动画时既可以在幻灯片内设计动画效果，也可以在幻灯片间设计动画效果。（ ）

4．在“设计”选项卡中可以进行幻灯片页面设置、主题设置、模板的选择和设计。（ ）

5．对 PowerPoint 2010 功能区中的命令不能进行增加和删除。（ ）

6．在 PowerPoint 2010 中，在“审阅”选项卡中可以进行拼写检查语言、翻译、中文简体转换等操作。（ ）

7．PowerPoint 2010 的主要功能是文字处理。（ ）

8．演示文稿与幻灯片的关系是演示文稿由若干个幻灯片组成。（ ）

9．光标位于幻灯片窗格中时，单击“开始”选项卡的“幻灯片”功能区中的“新建幻灯片”按钮，插入的新幻灯片位于当前幻灯片之前。（ ）

10．PowerPoint 2010 视图不包含大纲视图。（ ）

三、填空题

1．设计配色方案主要是在_________中进行的。

2．从当前幻灯片开始放映幻灯片的快捷键是_________。

3．在 PowerPoint 2010 中对幻灯片放映条件进行设置时，应在__________选项卡中进行。

4．幻灯片切换是指每张幻灯片的出场效果，在 PowerPoint 2010 中可以设置幻灯片切换的持续时间、切换_________和换片方式。

5．创建演示文稿时默认创建_____________版式的幻灯片。

6．若要使幻灯片在播放时能每隔 3 秒自动转到下一页，则可以在__________选项卡中进行设置。

7．PowerPoint 2010 为用户提供了_______视图、____________视图、________视图和______________视图。

8．PowerPoint 2010 为用户提供了_____________、____________与_____________三种放映方式。

9．右击包含超链接的对象，执行______________命令即可删除超链接。

10．在设置幻灯片的放映方式时，放映类型主要包括演讲者放映（全屏幕）、__________________、在展台浏览（全屏幕）3 种放映类型。

经典实例

实例 1　制作基础演示文稿

实例描述

（1）新建演示文稿，将第 1 张默认的幻灯片删除。

（2）插入 1 张空白幻灯片。

- 插入 1 个横排文本框，内容为“应聘人基本资料”，字体设置为隶书，字号设置为 48 磅，字形设置为加粗、倾斜，字体颜色设置为红色。
- 设置幻灯片背景为“渐变填充”，预设颜色为“茵茵绿原”，类型为“线性”。
- 在幻灯片中添加任意 1 个剪贴画。

（3）插入第 2 张幻灯片。

- 设置幻灯片版式为标题与内容。设置标题文字内容为艺术字“个人简介”，艺术字样式为“填充-红色，强调文字颜色 2，粗糙棱台”。
- 在文本处添加“姓名：张三”“性别：男”“年龄：24”“学历：本科”4 个项目。字体设置为隶书，字号设置为 36 磅，字形设置为加粗，字体颜色设置为红色，行距设置为 1.5 倍行距。
- 在幻灯片中添加任意 1 个剪贴画。
- 设置幻灯片背景为纹理填充，纹理填充为信纸。
- 设置标题自定义动画为“按字/词自右侧飞入”，文本自定义动画为“按段落淡出”，剪贴画自定义动画为“自底部飞入”。

（4）设置全部幻灯片切换效果为“从全黑淡出”。

要点分析

本实例包含以下内容：新建幻灯片；插入文本框，输入文本，设置文本格式；插入剪贴画；设置幻灯片背景；插入艺术字；自定义动画；设置幻灯片切换效果。

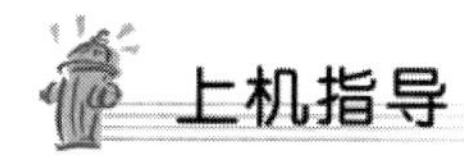

上机指导

操作过程如下。

（1）新建演示文稿。单击“文件”选项卡的“新建”按钮，选择“空白演示文稿”选项，单击“创建”按钮，创建演示文稿。选择幻灯片，右击，在弹出的快捷菜单中选择“删除幻灯片”选项，将默认幻灯片删除。

（2）创建空白幻灯片。单击“开始”选项卡的“幻灯片”功能区中的“新建幻灯片”下拉按钮，在下拉列表中选择“空白”选项，创建一个空白幻灯片。

（3）插入文本框。单击“插入”选项卡，在“文本”功能区中单击“文本框”按钮，拖动鼠标在幻灯片中的合适位置绘制出横排文本框，输入文本“应聘人基本资料”，字体设置为隶书，字号设置为 48 磅，字形设置为加粗、倾斜，字体颜色设置为红色。

（4）设置幻灯片背景。右击幻灯片，在弹出的快捷菜单中选择“设置背景格式”选项，打开“设置背景格式”对话框，设置填充为“渐变填充”，预设颜色为“茵茵绿原”，类型为“线性”，如图 9-1 所示。

图 9-1 “设置背景格式”对话框

（5）插入剪贴画。单击“插入”选项卡的“图像”功能区中的“剪贴画”按钮，打开“剪贴画”任务窗格，单击“搜索”按钮，在幻灯片中的相应位置插入剪贴画，如图 9-2 所示。

（6）插入第 2 张幻灯片。单击“开始”选项卡的“幻灯片”功能区中的“新建幻灯片”

下拉按钮，在下拉列表中选择幻灯片版式：“标题与内容”。

图 9-2　插入剪贴画

（7）插入艺术字。单击“插入”选项卡的“文本”功能区中的“艺术字”下拉按钮，在下拉列表中选择“填充-红色，强调文字颜色 2，粗糙棱台”。输入艺术字文本“个人简介”，将艺术字拖放到标题区。

（8）输入内容。在“内容”文本框中输入“姓名：张三”，按【Enter】键；输入“性别：男”，按【Enter】键；输入“年龄：24”，按【Enter】键；输入“学历：本科”。设置字体为隶书，字号设置为 36 磅，字形设置为加粗，字体颜色设置为红色，行距为 1.5 倍行距。

（9）插入剪贴画。单击“插入”选项卡的“图像”功能区中的“剪贴画”按钮，打开“剪贴画”任务窗格，单击“搜索”按钮，在幻灯片中的相应位置插入剪贴画，如图 9-3 所示。

个人简介

- 姓名：张三
- 性别：男
- 年龄：24
- 学历：本科

图 9-3　插入剪贴画

（10）设置幻灯片背景。右击第 2 张幻灯片，在弹出的快捷菜单中选择“设置背景格式”选项，打开“设置背景格式”对话框。设置填充为“图片”或“纹理填充”，纹理填充为信纸，如图 9-4 所示。

图 9-4 设置幻灯片背景

（11）设置标题动画效果。选中“个人简介”，单击“动画”选项卡，在“动画”功能区中选择“飞入”动画效果，打开“动画窗格”对话框，如图 9-5 所示。单击动画设置后面的下拉按钮，在下拉列表中选择“效果选项”选项，打开“飞入”对话框，如图 9-6 所示。在“效果”选项卡中设置方向为“自右侧”，动画文本为“按字/词”，单击“确定”按钮。

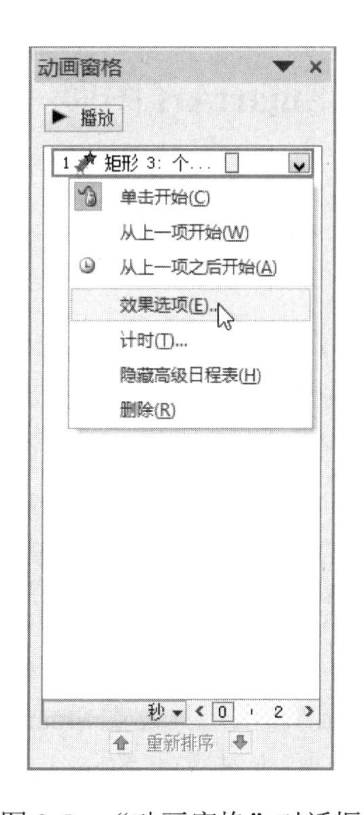

图 9-5 “动画窗格”对话框

（12）设置文本动画效果。选择“内容”占位符，单击“动画”选项卡，在“动画”功能区中选择“淡出”动画效果，单击动画效果右侧的“效果选项”下拉按钮。在下拉列表中选择“按段落”选项，如图 9-7 所示。

图 9-6 “飞入”对话框

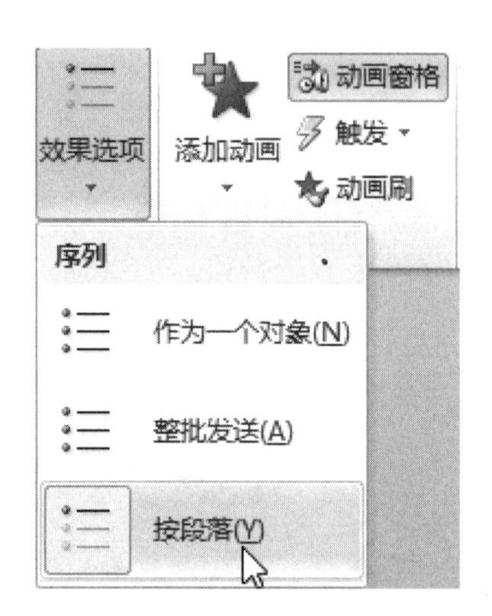

图 9-7 “按段落”选项

（13）设置剪贴画动画效果。选中剪贴画，设置动画效果为“飞入”，在“效果选项”下拉列表中选择“自底部”选项。

（14）设置切换效果。选择第 1 张幻灯片，单击“切换”选项卡，设置切换效果为“淡出”，在“效果选项”下拉列表中选择“全黑”选项，单击“全部应用”按钮。

（15）保存此演示文稿。

实例 2　在幻灯片中插入 SmartArt 图形

实例描述

（1）新建 4 张“空白”版式的幻灯片。

（2）选择第 1 张幻灯片，设置背景图片“图片素材”。在第 1 张幻灯片的黑色区域绘制横排文本框，输入文本“小家电行业销售分析报告”。字体设置为华文新魏，字号设置为 44 磅、字形设置为加粗，字体颜色设置为白色。设置文本动画效果为“中央向左右展开劈裂”，持续时间为“1 秒”。

（3）选择第 2 张幻灯片，绘制横排文本框，输入文本“小家电行业销售分析报告”，字体设置为华文新魏，字号设置为 40 磅，字形设置为加粗，对齐方式设置为居中。在第 2 张幻灯片中插入“水平项目符号列表”SmartArt 图形。设置 SmartArt 样式为三维、卡通效果。更改颜色设置为“彩色填充-强调文字颜色 3”。在插入的 SmartArt 图形中单击文本占位符，输入图 9-8 所示的第 2 张幻灯片 SmartArt 图形中的文本，字体设置为华文新魏、字号设置为 24 磅。

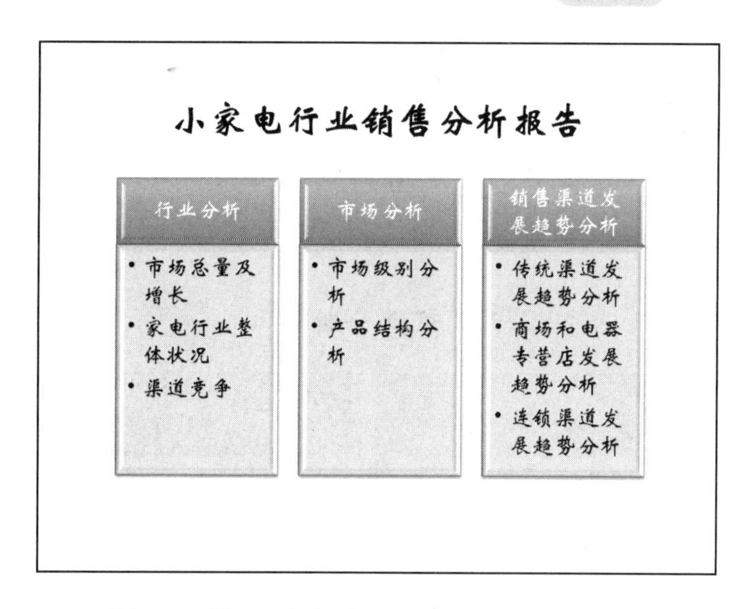

图 9-8 第 2 张幻灯片 SmartArt 图形中的文本

（4）选择第 3 张幻灯片，绘制横排文本框，输入文本“行业分析”。字体设置为华文新魏，字号设置为 40 磅，字形设置为加粗，对齐方式设置为居中。在第 3 张幻灯片中添加“垂直块列表”SmartArt 图形，设置样式为三维、嵌入，更改颜色为“彩色填充-强调文字颜色 3”。删除第 2 行第 2 个形状中的 1 个项目符号。在文本占位符后输入图 9-9 所示的第 3 张幻灯片 SmartArt 图形中的文本，字体设置为华文新魏，第 1 列文字的字号设置为 24 磅，第 2 列文字的字号设置为 20 磅。

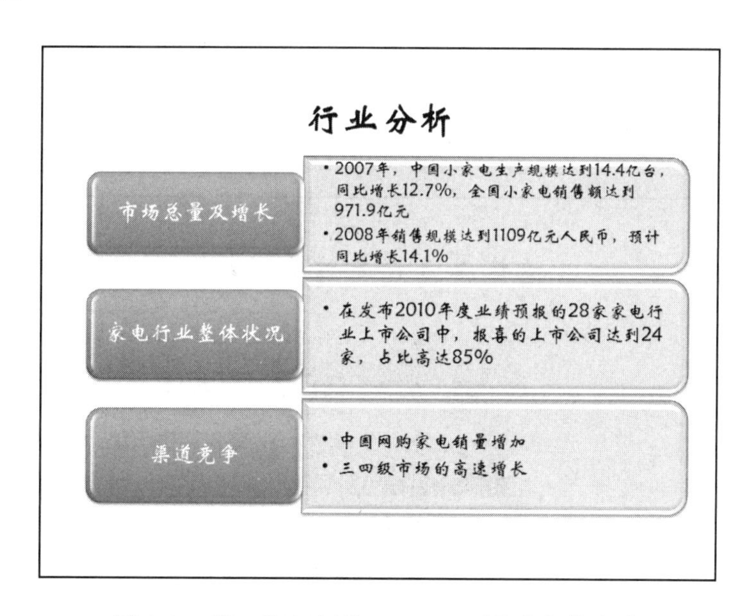

图 9-9 第 3 张幻灯片 SmartArt 图形中的文本

（5）选择第 4 张幻灯片，绘制横排文本框，输入文本“市场分析”，字体设置为华文新魏，字号设置为 40 磅，字形设置为加粗，对齐方式设置为居中。在第 4 张幻灯片中添加 2 个“表格列表”SmartArt 图形，设置样式为三维、嵌入，更改颜色为“彩色轮廓-强调文字颜色 3”，将其调整为合适大小。删除第 2 个 SmartArt 图形第 2 行最后 1 个形状。在文本占位符后输入图 9-10 所示的第 4 张幻灯片 SmartArt 图形中的文本，字体设置为华文新魏，第 1 行文字的字号设置为 36 磅，第 2 行文字的字号设置为 20 磅。

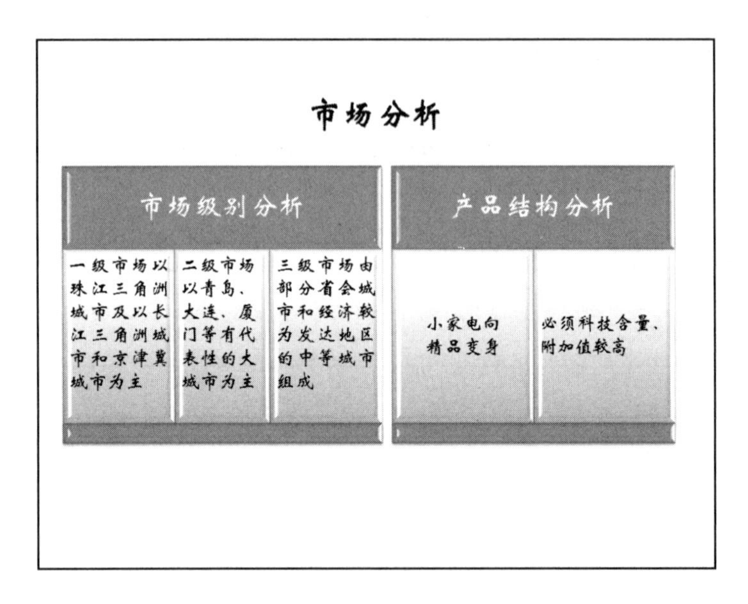

图 9-10　第 4 张幻灯片 SmartArt 图形中的文本

（6）选择第 5 张幻灯片，绘制横排文本框，输入文本“销售渠道发展趋势分析”。格式设置为华文新魏，字号设置为 40 磅，字形设置为加粗，对齐方式设置为居中。在第 5 张幻灯片中添加“垂直曲形列表”SmartArt 图形，设置样式为三维、优雅，更改颜色为“彩色填充-强调文字颜色 3”。在文本占位符后输入图 9-11 所示的第 5 张幻灯片 SmartArt 图形中的文本，字体设置为华文新魏，字号设置为 28 磅。

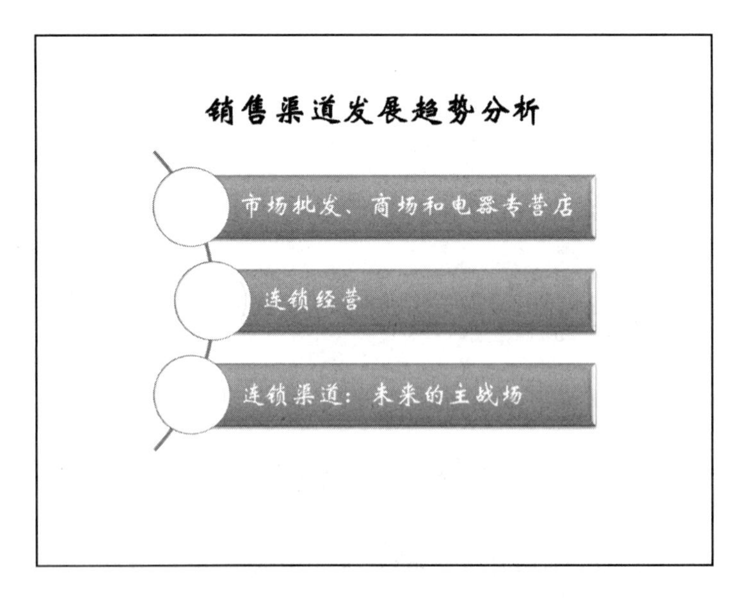

图 9-11　第 5 张幻灯片 SmartArt 图形中的文本

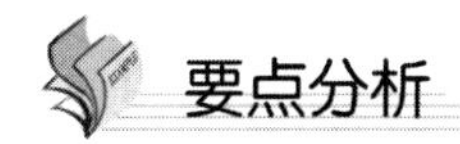

要点分析

本实例包含以下内容：新建空白幻灯片，插入背景图片，插入 SmartArt 图形，设置 SmartArt 图形格式，设置幻灯片切换效果，自定义动画。

上机指导

操作过程如下。

（1）新建幻灯片。新建 4 张空白幻灯片。

（2）插入背景图片。选择第 1 张幻灯片，单击“设计”选项卡，单击“背景”功能区中的“背景样式”后面的下拉按钮，在下拉列表中选择“设置背景格式”选项，打开“设置背景格式”对话框，如图 9-12 所示。单击“填充”选项卡，选中“图片或纹理填充”单选按钮，单击“文件”按钮，在打开的对话框中选择图片文件“图片素材.bmp”。

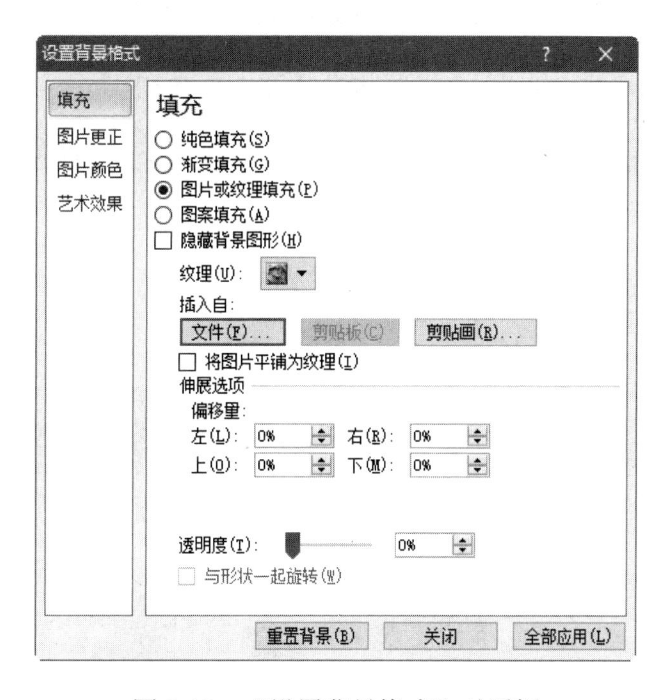

图 9-12 “设置背景格式”对话框

（3）输入标题。在幻灯片黑色区域绘制横排文本框，输入文本“小家电行业销售分析报告”。字体设置为华文新魏，字号设置为 44 磅，字形设置为加粗，字体颜色设置为白色。设置文本动画效果为“中央向左右展开劈裂”，持续时间为“1 秒”，第 1 张幻灯片的效果图如图 9-13 所示。

（4）输入第 2 张幻灯片的标题。选择第 2 张幻灯片，绘制横排文本框，输入文本“小家电行业销售分析报告”。字体设置为华文新魏，字号设置为 40 磅，字形设置为加粗，对齐方式设置为居中。

（5）插入“SmartArt 图形”。单击第 2 张幻灯片的其他位置。单击“插入”选项卡，单击“插图”功能区中的“SmartArt”按钮，打开“选择 SmartArt 图形”对话框，如图 9-14 所示。从列表中选择“水平项目符号列表”选项，单击“确定”按钮，在第 2 张幻灯片中就出现图 9-15 所示的“水平项目符号列表”SmartArt 图形。

图 9-13　第 1 张幻灯片的效果图

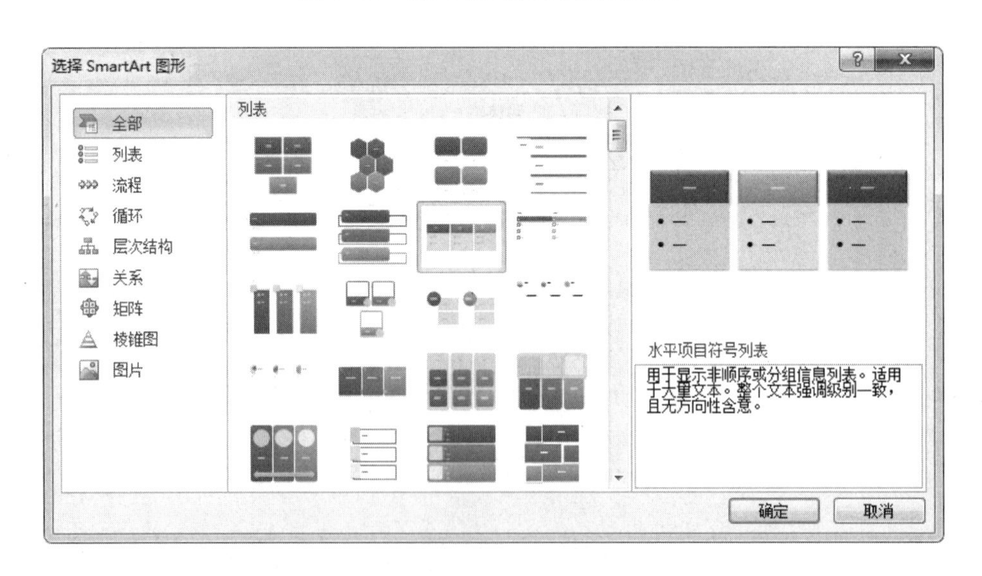

图 9-14　“选择 SmartArt 图形”对话框

（6）插入“SmartArt 图形”。选中 SmartArt 图形第 1 列第 2 个形状。单击自动打开的“SmartArt 工具/设计”选项卡，在“创建图形”功能区单击“添加项目符号”按钮，这样就增加了 1 个项目符号。利用同样的方法在第 3 列第 2 个形状中增加 1 个项目符号。

（7）设置 SmartArt 图形格式。选中整个 SmartArt 图形，在“SmartArt 工具/设计”选项卡的“SmartArt 样式”功能区中选择“三维”“卡通”选项。单击“更改颜色”下拉按钮，在打开的“颜色”列表中选择“彩色填充-强调文字颜色 3”选项，如图 9-16 所示。

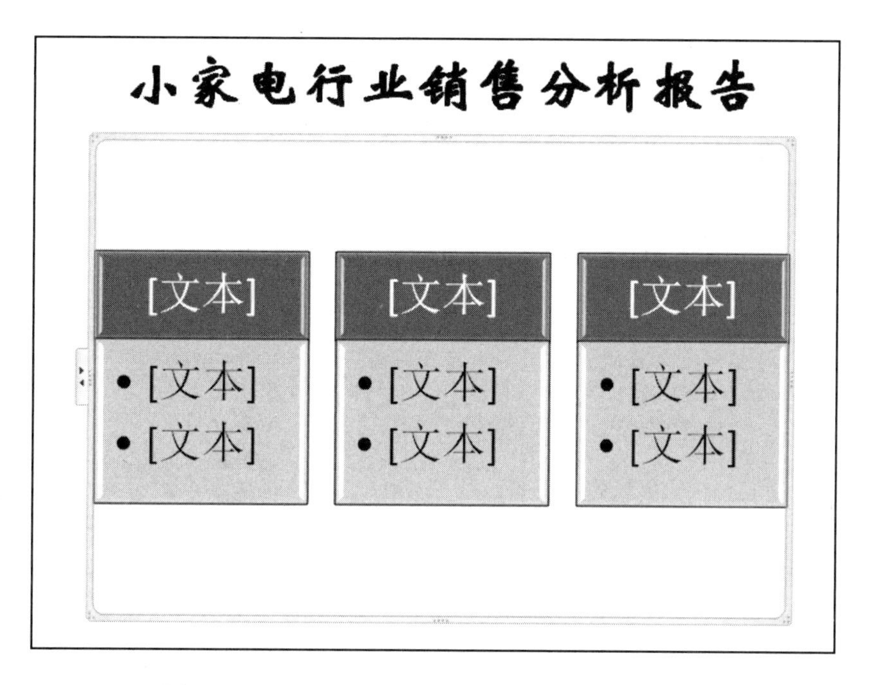

图 9-15 “水平项目符号列表”SmartArt 图形

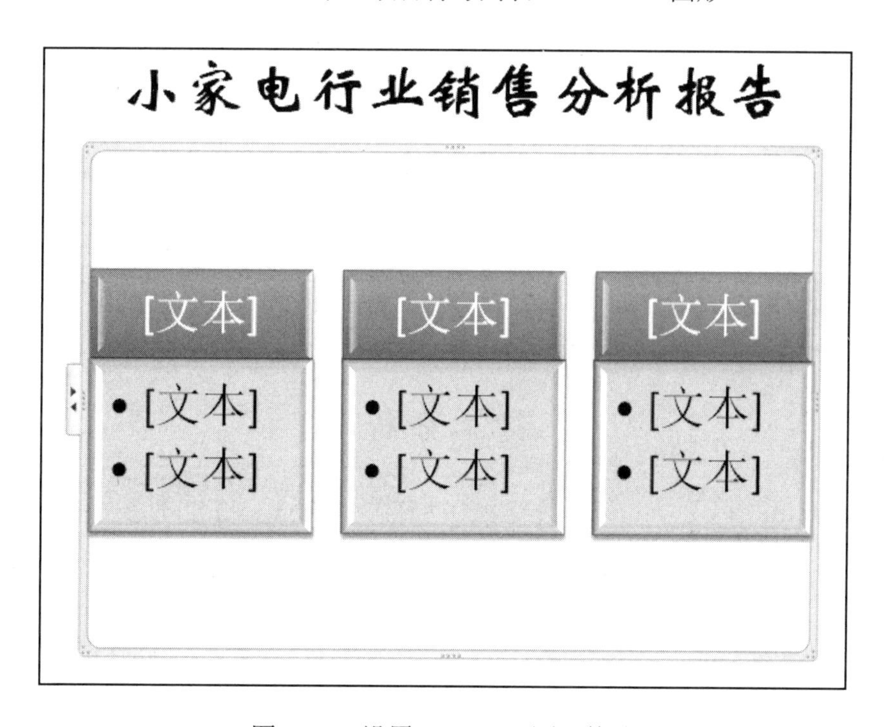

图 9-16 设置 SmartArt 图形格式

（8）在 SmartArt 图形中输入文本。在插入的 SmartArt 图形中单击文本占位符，输入图 9-17 所示的文本，字体设置为华文新魏，第 1 行文本字号为 24 磅，第 2 行文本字号为 20 磅。第 2 张幻灯片的效果图如图 9-17 所示。

（9）输入第 3 张幻灯片的标题。选择第 3 张幻灯片，绘制横排文本框，输入文本“行业分析”。字体设置为华文新魏，字号设置为 40 磅，字形设置为加粗，对齐方式设置为居中。

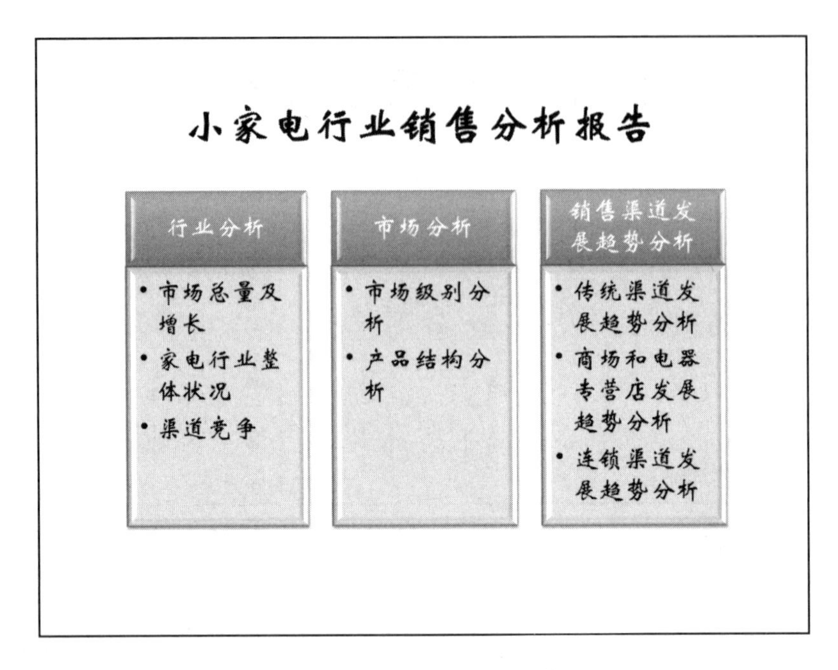

图 9-17　第 2 张幻灯片的效果图

（10）添加 SmartArt 图形及设置格式。利用上述方法，在第 3 张幻灯片中添加“垂直块列表”SmartArt 图形，设置样式为三维、嵌入，更改颜色为“彩色填充-强调文字颜色 3”。删除第 2 行第 2 个形状中的 1 个项目符号。在文本占位符后输入图 9-18 所示的文本，将文字的字体设置为华文新魏，将第 1 列文字的字号设置为 24 磅，将第 1 行第 2 列文字的字号设置为 18 磅，将第 2 列其他文本文字的字号设置为 20 磅。第 3 张幻灯片的效果图如图 9-18 所示。

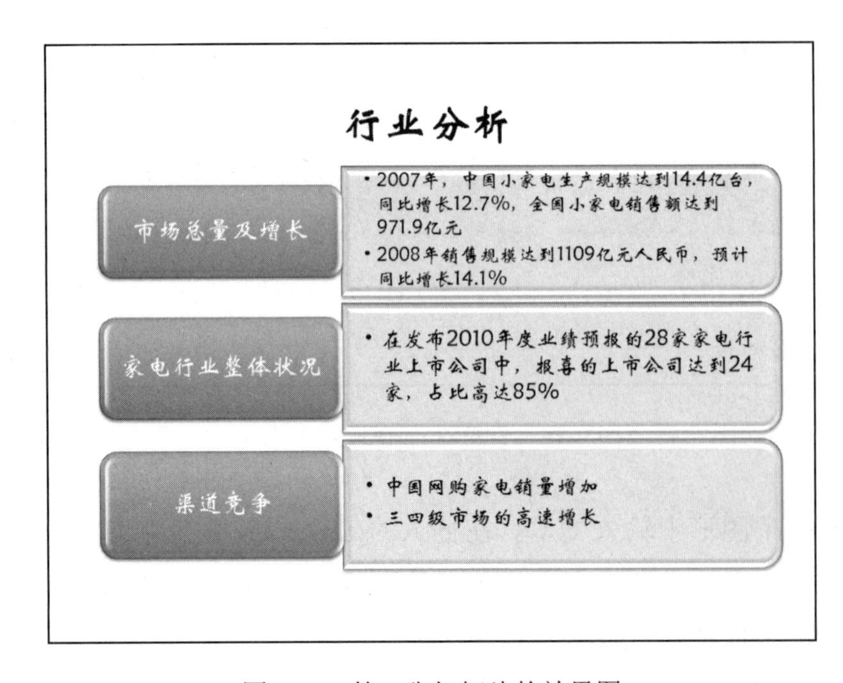

图 9-18　第 3 张幻灯片的效果图

（11）输入第 4 张幻灯片的标题。选择第 4 张幻灯片，绘制横排文本框，输入文本“市场分析”。字体设置为华文新魏，字号设置为 40 磅，字形设置为加粗，对齐方式设置为居中。

（12）添加 SmartArt 图形及设置格式。在第 4 张幻灯片中添加两个“表格列表”SmartArt 图形，设置样式为三维、嵌入，更改颜色为“彩色轮廓-强调文字颜色 3”，将其调整为合适大小。单击第 2 个 SmartArt 图形第 2 行最右侧的 1 个形状，单击“SmartArt 工具/设计”选项卡的“创建图形”功能区中的“降级”按钮，删除 1 个形状，如图 9-19 所示。在文本占位符后输入图 9-20 所示的文本，字体设置为华文新魏，第 1 行字号设置为 36 磅，第 2 行字号设置为 20 磅。第 4 张幻灯片的效果图如图 9-20 所示。

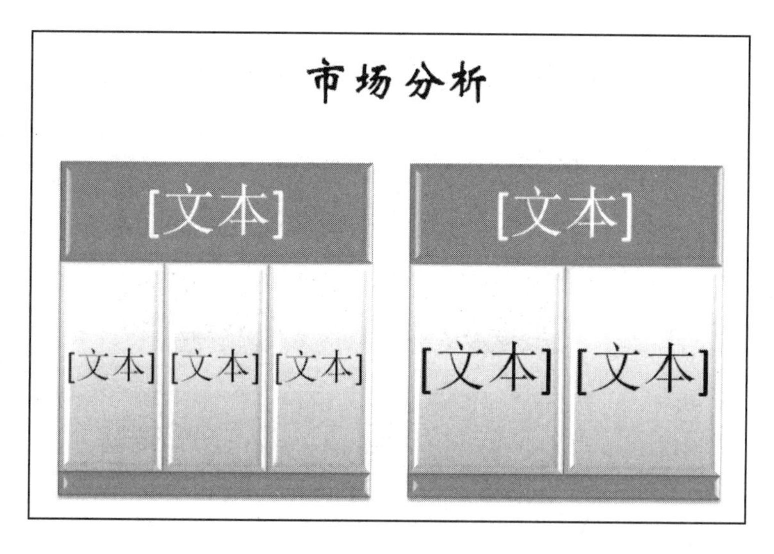

图 9-19　删除形状

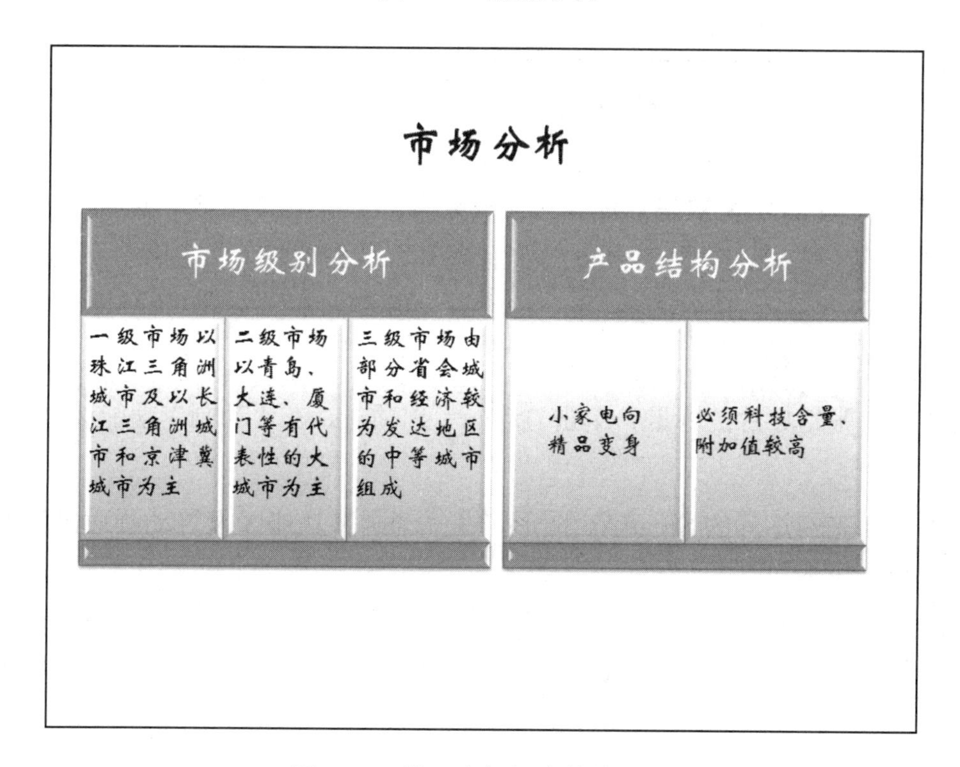

图 9-20　第 4 张幻灯片的效果图

（13）输入第 5 张幻灯片的标题。选择第 5 张幻灯片，绘制横排文本框，输入文本“销售渠道发展趋势分析”。字体设置为华文新魏，字号设置为 40 磅，字形设置为加粗，对齐方式设置为居中。

（14）添加 SmartArt 图形及设置格式。在第 5 张幻灯片中添加“垂直曲形列表”SmartArt 图形，设置样式为三维、优雅，更改颜色为“彩色填充-强调文字颜色 3”。在文本占位符后输入图 9-21 所示的文本，字体设置为华文新魏，字号设置为 28 磅。第 5 张幻灯片的效果图如图 9-21 所示。

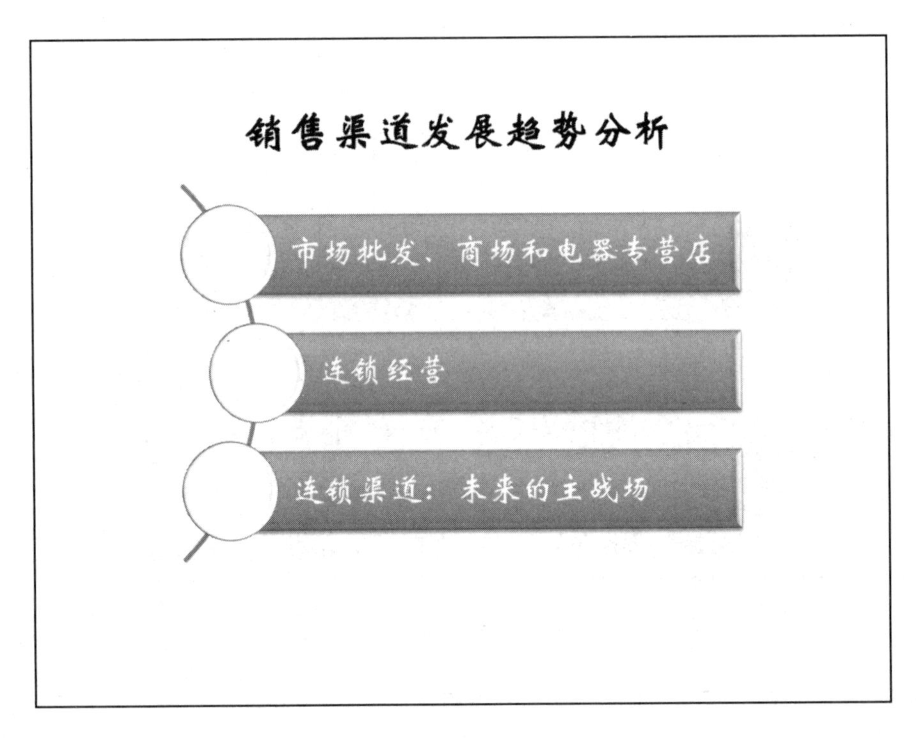

图 9-21　第 5 张幻灯片的效果图

（15）设置幻灯片的切换效果。选择第 1 张幻灯片，单击“切换”选项卡，在切换效果列表中选择“分割”选项，效果为中央向左右展开，持续时间为 1.5 秒。单击“全部应用”按钮。

（16）设置自定义动画。

分别选中后 4 张幻灯片的标题，单击“动画”选项卡，在“动画”功能区中选择“淡出”动画效果。

分别选中后 4 张幻灯片的 SmartArt 图形，在“动画”功能区设置动画效果为阶梯状，方向为左下，序列为逐个。

（17）保存此演示文稿。

综合训练

训练 1 制作环境保护宣传演示文稿

新建演示文稿“训练 1”，并按要求完成以下操作。

（1）创建包含 5 张幻灯片的演示文稿，5 张幻灯片都使用“标题和内容”版式。

（2）输入第 1 张幻灯片的标题“环境保护”，将标题文字的字体设置为楷体，字号设置为 48 磅，字体颜色设置为红色，字形设置为加粗。动画效果设置为淡出，持续时间设置为 3 秒。

在内容区域输入以下文字。

环境保护是指人类为解决现实的或潜在的环境问题，协调人类与环境的关系，保障经济社会的持续发展而采取的各种行动的总称。环境保护又指人类有意识地保护自然资源并使其得到合理的利用，防止自然环境受到污染和破坏；对受到污染和破坏的环境必须做好综合治理，以创造出适合人类生活、工作的环境。

将内容区域中文字的字体设置为楷体，字号设置为 28 磅，字体颜色设置为深蓝色，字形设置为加粗，行距设置为 1.5 倍行距。动画效果设置为轮子，效果为轮辐图案（8）。

（3）输入第 2 张幻灯片的标题“环境保护的主要内容”，将标题文字的字体设置为楷体、字号设置为 44 磅，字体颜色设置为红色。动画效果设置为左右向中央收缩劈裂，持续时间设置为 3 秒。

在内容区域中输入以下文字。

- 防止生活和生产污染
- 防止建设和开发产生的破坏
- 保护有价值的自然环境

将内容区域中文字的字体设置为楷体，字号设置为 28 磅，字体颜色设置为深蓝色，行距设置为 1.5 倍行距。动画效果设置为自左侧擦除，持续时间设置为 2 秒。为 3 行文本设置超链接，分别链接到第 3 张、第 4 张、第 5 张幻灯片。

（4）输入第 3 张幻灯片的标题“防止生活和生产污染”，将标题文字的字体设置为楷体，字号设置为 44 磅，字体颜色设置为红色，动画效果设置为形状。

在内容区域中输入以下文字。

包括防治工业生产排放的“三废”（废水、废气、废渣）、粉尘、放射性物质，以及产生的噪声、振动、恶臭和电磁微波辐射，交通运输活动产生的有害气体、液体、噪声，海上船舶运输排出的污染物，工农业生产和人民生活使用的有毒有害化学品，城镇生活排放的烟尘、污水和垃圾等造成的污染。

将内容区域中文字的字体设置为楷体，字号设置为 28 磅，字体颜色设置为深蓝色，行距设置为 1.5 倍行距，动画效果设置为缩放。

（5）输入第 4 张幻灯片的标题“防止建设和开发产生的破坏”，将标题文字的字体设置为楷体，字号设置为 44 磅，字体颜色设置为红色，动画效果设置为浮入。

在内容区域中输入以下文字。

物种的保全，植物植被的养护，动物的回归，生物多样性的维护，转基因的合理慎用，濒临灭绝生物的特殊保护，灭绝物种的恢复，栖息地的扩大，人类与生物的和谐共处，不欺负其他物种，等等。

将内容区域中文字的字体设置为楷体，字号设置 28 磅，字体颜色设置为深蓝色，行距设置为 1.5 倍行距，动画效果设置为缩放。

（6）输入第 5 张幻灯片的标题“保护有价值的自然环境”，将标题文字的字体设置为楷体，字号设置为 44 磅，字体颜色设置为红色，动画效果设置为随机线条。

在内容区域中输入以下文字。

包括对珍稀物种及其生活环境、特殊的自然发展史遗迹、环保地质现象、地貌景观等提供有效的保护。另外，城乡规划、控制水土流失和沙漠化、植树造林、控制人口的增长和分布、合理配置生产力等，也都属于环境保护的内容。

将内容区域中文字的字体设置为楷体，字号设置为 28 磅，字体颜色设置为深蓝色，行距设置为 1.5 倍行距，动画效果设置为缩放。

（7）在第 3、第 4、第 5 张幻灯片的右下角分别添加“后退或前一项”动作按钮，设置超链接，链接到第 2 张幻灯片。

（8）所有幻灯片的切换效果设置为涟漪。

（9）幻灯片的主题设置为波形。

训练 1 的效果图如图 9-22 所示。

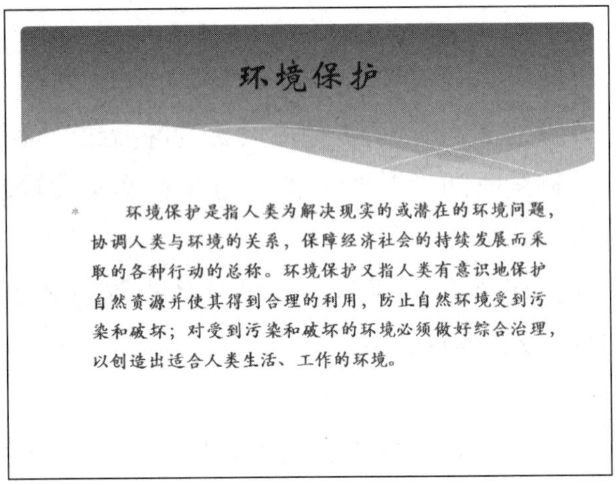

环境保护

* 环境保护是指人类为解决现实的或潜在的环境问题，协调人类与环境的关系，保障经济社会的持续发展而采取的各种行动的总称。环境保护又指人类有意识地保护自然资源并使其得到合理的利用，防止自然环境受到污染和破坏；对受到污染和破坏的环境必须做好综合治理，以创造出适合人类生活、工作的环境。

第 1 张幻灯片

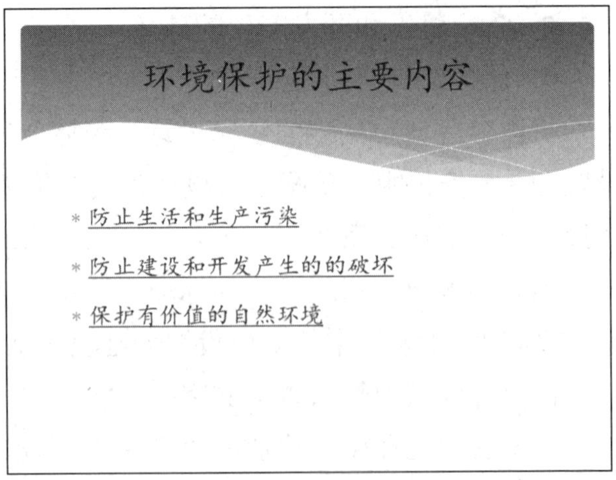

环境保护的主要内容

* 防止生活和生产污染
* 防止建设和开发产生的的破坏
* 保护有价值的自然环境

第 2 张幻灯片

图 9-22　训练 1 的效果图

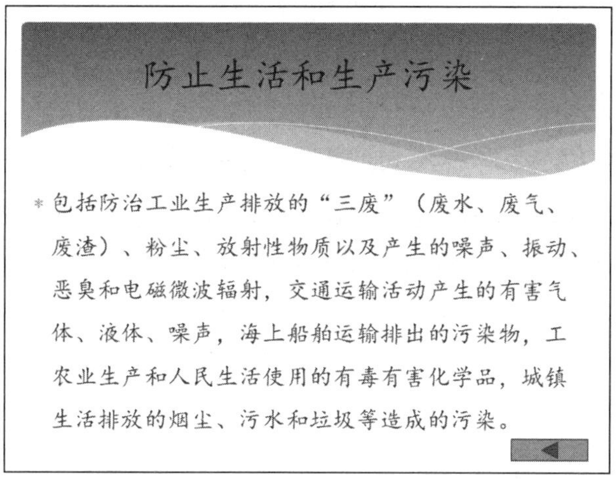

第 3 张幻灯片

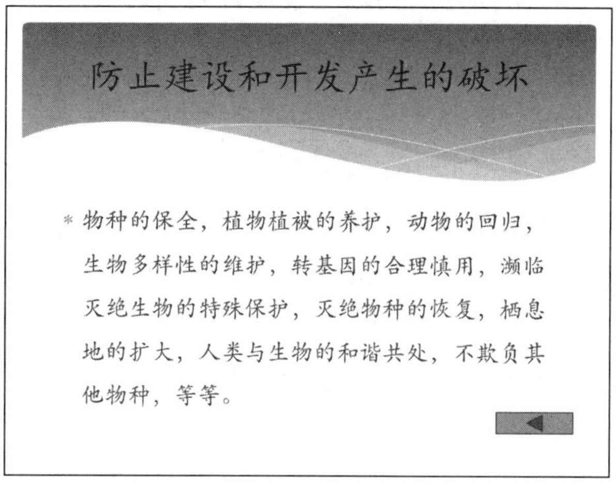

第 4 张幻灯片

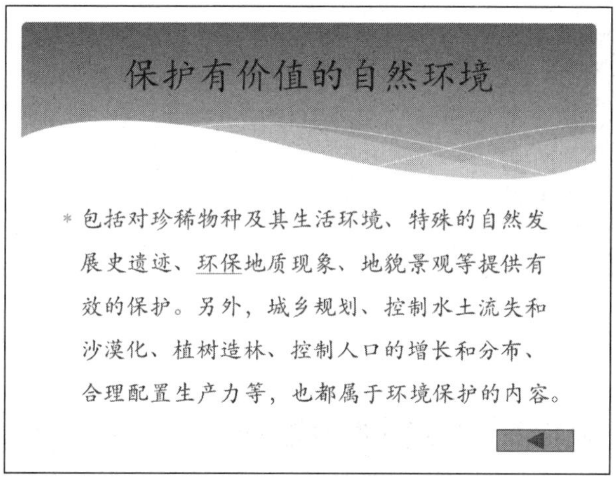

第 5 张幻灯片

图 9-22　训练 1 的效果图（续）

训练 2　制作载人潜水器演示文稿

新建演示文稿“训练 2”，并按要求完成以下操作。

（1）创建包含 6 张幻灯片的演示文稿，第 1 张幻灯片以“标题幻灯片”版式建立，其余幻灯片都以“标题和内容”版式建立。

（2）输入第 1 张幻灯片的主标题“载人潜水器”，将主标题文字的字体设置为隶书，字号设置为 56 磅，添加阴影，字形设置为加粗。输入副标题“‘蛟龙’号”，将副标题文字的字体设置为隶书，字号设置为 32 磅。

将主标题的动画效果设置为旋转，持续时间设置为 2 秒。将副标题的动画效果设置为自右侧飞入。

（3）输入第 2 张幻灯片的标题"'蛟龙'号载人潜水器"，将标题文字的字体设置为隶书。字号设置为 44 磅，字体颜色设置为"深蓝，文字 2"，字形设置为加粗，对齐方式设置为居中。

在内容区域中插入"射性循环"SmartArt 图形。SmartArt 样式选择"优雅"选项，在文本占位符后分别输入文本"蛟龙"号、基本介绍、应用领域、技术特点、海试意义，将文本文字的字体设置为隶书，字号设置为 28 磅。

第 2 张幻灯片的文本如图 9-23 所示。

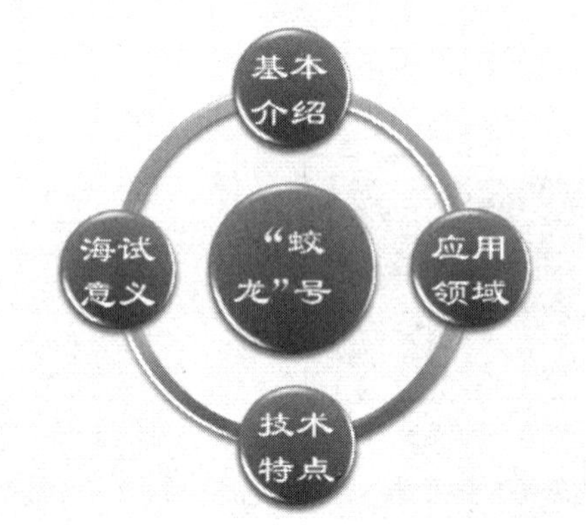

图 9-23　第 2 张幻灯片的文本

将第 2 张幻灯片标题的动画效果设置为自左侧擦除，持续时间设置为 2 秒。SmartArt 图形动画效果设置为轮子，持续时间设置为 2 秒。

（4）输入第 3 张幻灯片的标题"基本介绍:"，将标题文字的字体设置为隶书，字号设置为 50 磅，字体颜色设置为"深蓝 文字 2"，字形设置为加粗，对齐方式设置为左对齐。

在内容区域中输入以下文字。

"蛟龙"号载人潜水器是我国首台自主设计、自主集成研制的作业型深海载人潜水器，设计最大下潜深度为 7000 米级。"蛟龙"号可在占世界海洋面积 99.8%的广阔海域中使用，对于我国开发利用深海的资源有着重要的意义。

将内容区域中文字的字体设置为宋体，字号设置为 28 磅，行距设置为 1.5 倍行距。

将第 3 张幻灯片标题的动画效果设置为自左侧擦除，持续时间设置为 1.5 秒。文本内容的动画效果设置为回旋，持续时间设置为 2 秒。

（5）输入第 4 张幻灯片的标题"应用领域:"，将标题文字的字体设置为隶书，字号设置为 50 磅，字体颜色设置为"深蓝，文字 2"，字形设置为加粗，对齐方式设置为左对齐。

在内容区域中输入以下文字。

1. 运载科学家和工程技术人员进入深海，在海山、洋脊、盆地和热液喷口等复杂海底进行机动、悬停、正确就位和定点坐坡，有效执行海洋地质、海洋地球物理、海洋地球化学、海洋地球环境和海洋生物等科学考察。

2．“蛟龙”号具备深海探矿、海底高精度地形测量、可疑物探测与捕获、深海生物考察等功能。

将内容区域中文字的字体设置为宋体，字号设置为 28 磅，行距设置为 1.5 倍行距。

将第 4 张幻灯片标题的动画效果设置为翻转时由远及近，持续时间设置为 1 秒。文本内容的动画效果设置为螺旋飞入，上一动画后开始，持续时间设置为 1.5 秒。

（6）输入第 5 张幻灯片的标题“技术特点:”，将标题文字的字体设置为隶书，字号设置为 50 磅，字体的颜色设置为“深蓝 文字 2”，字形设置为加粗，对齐方式设置为左对齐。

在内容区域中输入以下文字。

1．在世界上同类型中具有最大下潜深度 7000 米，这意味着该潜水器可在占世界海洋面积 99.8%的广阔海域使用。

2．具有针对作业目标稳定的悬停，这为该潜水器完成高精度作业任务提供了可靠保障。

3．具有先进的水声通信和海底微地貌探测能力，可以高速传输图像和语音，探测海底的小目标。

4．配备多种高性能，确保载人潜水器在特殊的海洋环境或海底地质条件下完成保真取样和潜钻取芯等复杂任务。

将内容区域中文字的字体设置为宋体，字号设置为 24 磅，行距设置为 1.5 倍行距。

将第 5 张幻灯片标题的动画效果设置为自左侧擦除，持续时间设置为 1.5 秒。文本内容的动画效果设置为垂直百叶窗，持续时间设置为 2 秒。

（7）输入第 6 张幻灯片的标题“海试意义”，将标题文字的字体设置为隶书，字号设置为 50 磅，字体颜色设置为“深蓝 文字 2”，字形设置为“加粗”，对齐方式设置为左对齐。

在内容区域中输入以下文字。

通过本次海试，“蛟龙”号载人潜水器各项指标得到进一步检验，实现了中国载人深潜新的突破，标志着中国具备了到达全球 70%以上海洋深处进行作业的能力，极大增强了中国科技工作者进军深海大洋，探索海洋奥秘的信心和决心。

将内容区域中文字的字体设置为宋体，字号设置为 26 磅，行距设置为 1.5 倍行距。

将第 6 张幻灯片标题的动画效果设置为展开，持续时间设置为 1 秒。文本内容的动画效果设置为形状，效果为圆，上一动画后开始，持续时间设置为 2 秒。

（8）在第 2 张幻灯片中分别对“基本介绍”“应用领域”“技术特点”“海试意义”设置超链接，分别链接到对应的幻灯片。

（9）在第 3、4、5、6 张幻灯片的右下角分别插入“后退或前一项”动作按钮，超链接到第 2 张幻灯片。在第 6 张幻灯片的左下角插入“结束”动作按钮，超链接到“结束放映”，并设置动画效果为飞入，上一动画后开始。

（10）将所有幻灯片的切换效果设置为推进。

（11）将幻灯片设计主题设置为流畅。

训练 2 的效果图如图 9-24 所示。

图 9-24　训练 2 的效果图

训练 3　制作科普演示文稿

新建演示文稿“训练 3”，并按要求完成以下操作。

（1）创建包含 4 张幻灯片的演示文稿。

（2）第 1 张幻灯片的版式为“仅标题”，第 2、3、4 张幻灯片的版式为“标题和内容”。

（3）分别在 4 张幻灯片中输入以下内容。

第 1 张幻灯片的标题：“科技与生活”。

第 2 张幻灯片的标题：“冰箱的原理”。

在内容区域中输入以下文字。

冰箱（包括空调）里面含有一种常温下呈气态的物质，以前是氟化物，现在用其他物质代替了。首先通过压缩机进行压缩，这种气态的物质放出热量变成液体，然后输入到分布在冰箱背面的细管子中，这些液体在失去强压之后，开始汽化，吸收周围的热量，又重新变成了气体，然后压缩机再将它们压缩成液体，再输入到细管子中……不断循环，于是就可以降低冰箱里的温度了。

第 3 张标题：“星星为什么会发光？”。

在内容区域中输入以下文字。

星星大致可分为行星、恒星、彗星等。

1．行星本身并不会发光，我们看到的光是它反射的太阳光。

2．恒星就是类似太阳的天体，其本身内部会发生反应，并将能量以光的形式向空间辐射。

3．彗星，如哈雷彗星之类，我们看到的光是它在经过太阳系时，其材料被溶化掉，变成彗尾所造成的现象，所以看到的彗星往往拖着长尾巴。

第 4 张标题：“为什么地球在转 我们却不会掉下去？”。

在内容区域中输入以下文字。

宇宙本身没有上和下，客观和主观产生了以地心为参照系的上和下，即远离地心的方向为上，自然接近地心的方向就是下。而地球无论怎么转，地面和空中相对地心而言，地面永远都是下，空中永远都是上，即我们永远掉在地面上，而不会反其道而行之，往上掉。

（4）将第 1 张幻灯片标题文字的字体设置为华文楷体，字号设置为 66 磅，字形设置为加粗，字体颜色设置为红色。

将第 2、3、4 张幻灯片标题文字的字体设置为华文楷体，字号设置为 36 磅，字形设置为加粗，字体颜色设置为红色。将内容区域文本文字的字体设置为华文楷体，字号设置为 28 磅。

（5）将所有幻灯片的切换效果设置为从左侧闪耀的菱形，声音设置为风声。

（6）将所有幻灯片标题的动画效果设置为出现，声音设置为打字机。动画文本设置为按字/词，字 /词之间延迟秒数设置为 0.5 秒。

（7）幻灯片其余文本动画设置为十字形扩展，方向设置为放大，形状设置为菱形。上一动画后开始。

（8）将所有幻灯片的背景设置为“金色年华渐变填充”，类型设置为标题的阴影。

（9）在第 2、3、4 张幻灯片的标题前插入 1 张图 9-25 所示的剪贴画，调整至合适大小。

（10）在第 1 张幻灯片中插入资料包中的音频文件“音频素材.mp3”，播放方式设置为跨幻灯片循环播放，幻灯片放映时隐藏声音图标。

训练 3 的效果图如图 9-25 所示。

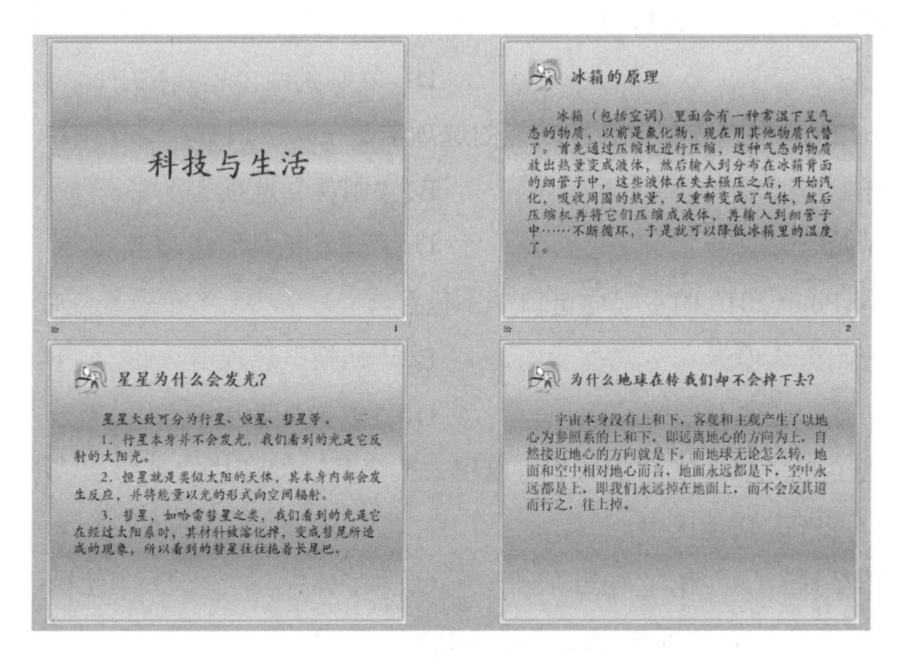

图 9-25 训练 3 的效果图

综合练习一

一、选择题

1．若要使 Word 2010 各选项卡显示快捷键，则需要按下（　　）。

A.【Ctrl】键　　B.【Shift】键　　C.【Alt】键　　D.【Esc】键

2．若要用 Word 2003 打开 Word 2010 创建的文档，则需要在创建时（　　）。

A．另存为“Word 2010 模板”　　B．另存为“Word 2010 文档”

C．另存为“Word 97-2003 模板”　　D．另存为“Word 97-2003 文档”

3．在 Word 2010 中拖动鼠标调整表格行高、列宽时，若要显示精确间距，则可以同时按下（　　）。

A.【Ctrl】键　　B.【Shift】键　　C.【Alt】键　　D.【Tab】键

4．在 Excel 2010 表格中，一个单元格水平拆分为两个单元格后，原单元格中的内容将（　　）。

A．保留在第一个单元格中　　B．保留在第二个单元格中

C．消失　　D．复制到两个单元格中

5．在 Word 2010 中完成邮件合并功能的选项卡是（　　）。

A.“开始”选项卡　　B.“邮件”选项卡

C.“插入”选项卡　　D.“开发工具”选项卡

6．在 PowerPoint 2010 的主界面窗口中不包含（　　）。

A.“开始”选项卡　　B.“切换”选项卡

C.“动画”选项卡　　D.“数据”选项卡

7．在 PowerPoint 2010 中，“版式”可以用来改变某一幻灯片的布局，“版式”按钮在“开始”选项卡的（　　）功能区中。

A.“幻灯片”　　B.“编辑”　　C.“字体”　　D.“绘图”

8．在 Excel 2010 中，单元格引用位置的表示方式为（　　）。

A．列号加行号　　　　B．行号加列号

C．列号　　　　D．行号

9．在 Excel 2010 中，若单元格引用随公式所在单元格位置的变化而改变，则称之为（　　）。

A．相对引用　　　　B．绝对引用

C．混合引用　　　　D．3—D 引用。

10．在 Word 2010 中，使图片按比例缩放应（　　）。

A．拖动中间的句柄　　　　B．拖动四角的句柄

C．拖动图片边框线　　　　D．拖动边框线的句柄

11．在 Word 2010 中，将汉字从小到大分为 16 级，最大的字号是（　　）。

A．八号　　B．小初　　C．初号　　D．五号

12．在 Word 2010 文档的编辑中，单击（　　）选项卡的“分隔符”按钮，可以在文档的指定位置强行分页。

A．开始　　B．插入　　C．页面布局　　D．视图

二、判断题

1．在 Word 2010 中移动或复制文本必须使用剪贴板。（　　）

2．Word 2010 能呈现文档打印效果的是“阅读版式视图”。（　　）

3．Word 2010 中的单元格既可拆分也可合并。（　　）

4．在 Word 2010 中，用户不可以创建自动更正词条内容。（　　）

5．在 Word 2010 中，只能利用鼠标拖放法移动文本。（　　）

6．在 Word 2010 中，组织结构图有标准、左悬挂、右悬挂和两边悬挂等 4 种布局方式。（　　）

7．对 Word 2010 中的图片无法在其上面直接添加文字，但自选图形就可以，且添加文字的大小会随着自选图形的改变而改变。（　　）

8．在 PowerPoint 2010 中，在“切换”选项卡中可以设置幻灯片的版式。（　　）

9．在 PowerPoint 2010 中，在“幻灯片放映”选项卡中可以设置幻灯片的放映方式和幻灯片放映时的分辨率。（　　）

10．在 Excel 2010 中，函数中不可使用引用运算符。（　　）

11．在 Word 2010 中，插入脚注在“审阅”选项中。（　　）

12．在 Excel 2010 中，工作表删除后可通过“撤销”选项操作恢复工作表。（　　）

三、填空题

1．Word 2010 用________________代替了 Word 2007 中的“Office”按钮。

2．在 Word 2010 中，可单击________________按钮来隐藏功能区。

3．在 Word 2010 中，插入脚注的快捷键是____________，插入尾注的快捷键是____________。

4．在 Word 2010 中“替换”命令的快捷键是________________。

5．在 Word 2010 中适用于发送电子邮件和创建网页的视图是______________。

6．在 Excel 2010 中，单元格中输入“=$B1+E$1”是_________引用。

7．在 Excel 2010 中，非当前工作表 Sheet2 的单元格 A4 的地址应表示为__________。

8．在 PowerPoint 2010 中对幻灯片进行页面设置时，应在__________选项卡中操作。

9．在 PowerPoint 2010 中对幻灯片放映条件进行设置时，应在____________在选项卡中进行操作。

10．在 Word 2010 中，若要设置图片不同风格的艺术效果，则可切换到_______选项卡，单击________功能区中的______________按钮进行设置。

11．在 Word 2010 中，若想打印 1、3、8、9、10 页，则应在“打印范围”中输入___________。

12．Word 2010 文档在编辑过程中，若欲把整个文档中的“computer”一词都删除，则最简单的方法是利用____________命令。

四、实操题

1．录入样文内容，并按要求在 Word 2010 中完成一篇关于“风筝”文档的排版。

样文内容。

公元 1600 年，东方的风筝（菱形）传到了欧洲。

风筝由中国古代劳动人民发明于东周春秋时期，至今已 2000 多年。相传墨翟以木头研制 3 年而制成木鸟，是人类最早的风筝起源。后来鲁班用竹子改进了墨翟的风争材质。直至东汉期间，蔡伦改进造纸术后，坊间才开始以纸做风筝，称为“纸鸢”。

到南北朝时，风争开始成为传递信息的工具；从隋唐开始，由于造纸业的发达，民间开始用纸来裱糊风筝；到了宋代，放风筝成为人们喜爱的户外活动。南宋周密在《武林旧事》中写道：“清明时节，人们到郊外放风鸢，日暮方归。”“风鸢”就指风争。北宋张择端的《清明上河图》、苏汉臣的《长春百子图》里都有放风争的生动景象。

风筝的种类有很多，其中包括软翅风筝和硬翅风筝。

软翅风筝　即一般常见的禽鸟风筝。它的升力片（翅）是用一根主翅条构成的，下部是软性的，没有主条依附，主体身架多数做成浮雕式。它的造型多数是禽鸟或昆虫。例如，鹰、蝴蝶、蜜蜂、燕子、仙鹤、凤凰、蜻蜓、寒蝉、螳螂等形状的风筝皆属此类风筝。还有一种可折装的软翅风筝，把传统的上下分开的蝴蝶翅膀改为活翅膀，固定骨架，便于折叠，放飞效果逼真；或顶的翅膀一张一弛，保证了风筝的稳定性。

硬翅风筝　常见的元宝翅沙燕风筝即属此类。它的特点是升力片（翅）用上下两根横竹条做成翅的形状，两侧边缘高，中间凹，形成通风道。翅的端部向后倾，使风从两翅端部逸出，平着看像元宝形。常见的硬翅风筝，如北京流行的米字风筝、花篮、鸳鸯、喜鹊、鹦鹉等形状的风筝，这种风筝的硬翅是固定的形式，而硬翅范围以外的造型与骨架结构则随内容题材的不同而不同。

要求如下。

A. 编辑排版

（1）新建一个空白文档，设置文档的自动保存时间间隔为 5 分钟。

（2）纸张大小设置为 A4，上、下页边距均设置为 2.5 厘米，左、右页边距均设置为 3 厘米。

（3）录入样文，字号设置为小四号。

（4）正文段落要求首行缩进 2 字符，行距设置为 1.5 倍行距。

（5）设置页眉为“谈谈风筝”，对齐方式设置为右对齐。

（6）文中有些“风筝”误写为“风争”，请利用查找替换的方法改正过来。

（7）将正文第 1 段后移，作为正文中的第 3 段内容。

（8）给第 1 段第 1 次出现的“墨翟”加脚注“墨子（生卒年不详），名翟（dí），东周春秋末期战国初期宋国人，一说鲁阳人，一说滕国人。”

B. 图文混排

（1）在文首插入艺术字“风筝”，样式设置为“填充-红色，强调文字颜色 2，暖色粗糙棱台”；文字环绕设置为上下型；字体设置为隶书，字号设置为初号，字符间距设置为加宽 10 磅，对齐方式设置为居中；形状填充设置为中的“雨后初晴”。

（2）在文中插入图 10-1 中所示的剪贴画“风筝”。在锁定纵横比的情况下将剪贴画的高度设置为 10 厘米；文字环绕设置为衬于文字下方；水平相对页边距 7 厘米，垂直相对页边距 7.5 厘米；颜色设置为“橙色、强调文字颜色 6 浅色”。

（3）将文档进行保存，文件名为“风筝”。

图文混排的效果图如图 10-1 所示。

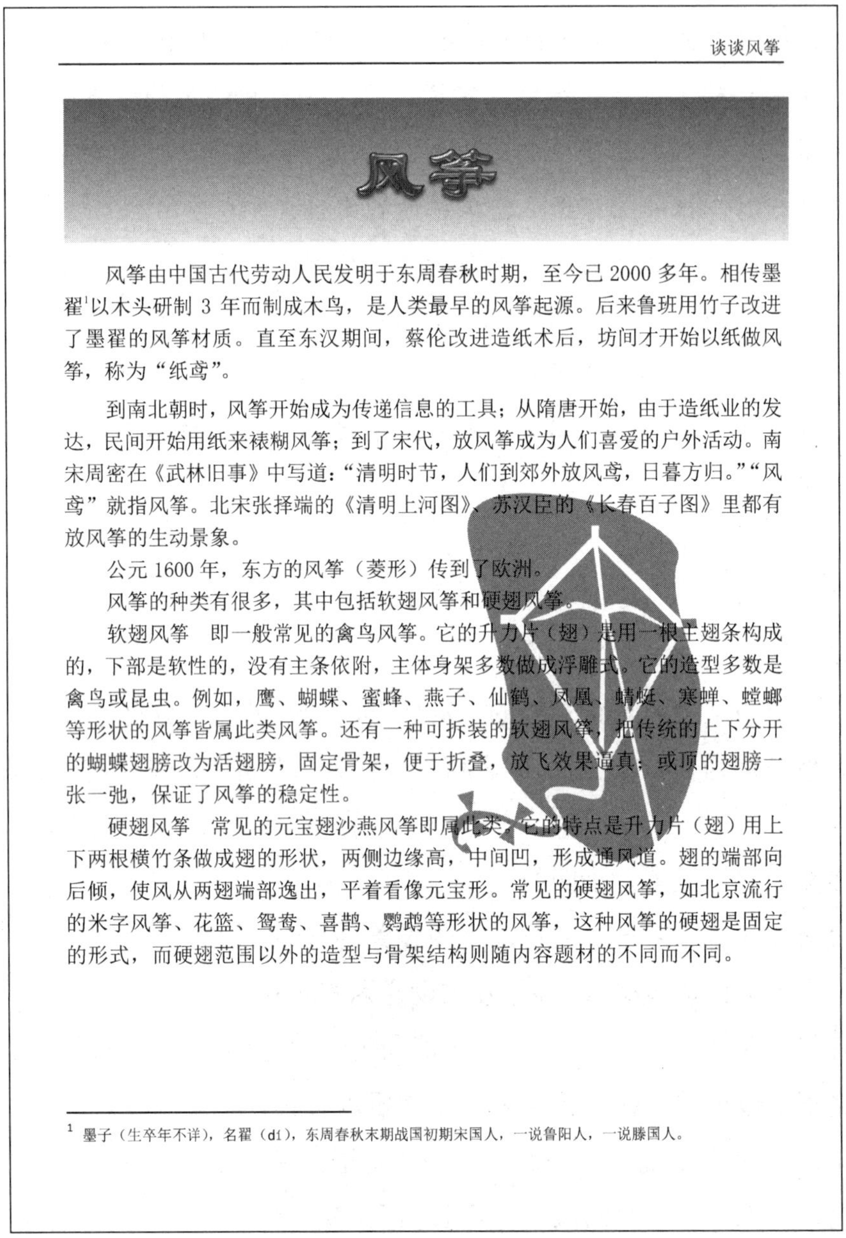

谈谈风筝

风筝

风筝由中国古代劳动人民发明于东周春秋时期，至今已 2000 多年。相传墨翟[1]以木头研制 3 年而制成木鸟，是人类最早的风筝起源。后来鲁班用竹子改进了墨翟的风筝材质。直至东汉期间，蔡伦改进造纸术后，坊间才开始以纸做风筝，称为“纸鸢”。

到南北朝时，风筝开始成为传递信息的工具；从隋唐开始，由于造纸业的发达，民间开始用纸来裱糊风筝；到了宋代，放风筝成为人们喜爱的户外活动。南宋周密在《武林旧事》中写道：“清明时节，人们到郊外放风鸢，日暮方归。”“风鸢”就指风筝。北宋张择端的《清明上河图》、苏汉臣的《长春百子图》里都有放风筝的生动景象。

公元 1600 年，东方的风筝（菱形）传到了欧洲。

风筝的种类有很多，其中包括软翅风筝和硬翅风筝。

软翅风筝　即一般常见的禽鸟风筝。它的升力片（翅）是用一根主翅条构成的，下部是软性的，没有主条依附，主体身架多数做成浮雕式。它的造型多数是禽鸟或昆虫。例如，鹰、蝴蝶、蜜蜂、燕子、仙鹤、凤凰、蜻蜓、寒蝉、螳螂等形状的风筝皆属此类风筝。还有一种可拆装的软翅风筝，把传统的上下分开的蝴蝶翅膀改为活翅膀，固定骨架，便于折叠，放飞效果逼真；或顶的翅膀一张一弛，保证了风筝的稳定性。

硬翅风筝　常见的元宝翅沙燕风筝即属此类，它的特点是升力片（翅）用上下两根横竹条做成翅的形状，两侧边缘高，中间凹，形成通风道。翅的端部向后倾，使风从两翅端部逸出，平着看像元宝形。常见的硬翅风筝，如北京流行的米字风筝、花篮、鸳鸯、喜鹊、鹦鹉等形状的风筝，这种风筝的硬翅是固定的形式，而硬翅范围以外的造型与骨架结构则随内容题材的不同而不同。

[1] 墨子（生卒年不详），名翟（dí），东周春秋末期战国初期宋国人，一说鲁阳人，一说滕国人。

图 10-1　图文混排的效果图

2．新建一个空白文档，并按以下要求创建图 10-2 所示的 Word 表格。

（1）录入标题“幼儿园食谱”，字体设置为幼圆，字号设置为三号，字形设置为加粗，对齐方式设置为居中。

（2）插入一个 6 行 6 列的表格。

（3）将表格第 1 行、第 3 行、第 5 行的行高设置为固定值 1 厘米，其余各行均设置为 1.5 厘米；第 1 列列宽设置为 2 厘米，其余各列列宽均设置为 2.5 厘米。

（4）按图 10-2 所示在表格中录入文字内容。文字对齐方式设置为“左对齐”。

（5）表格样式设置为“中等深浅底纹 1-强调文字颜色 6”，表格设置为水平居中。

（6）保存表格，文件名为“幼儿园食谱”。

幼儿园食谱

星期 项目	星期一	星期二	星期三	星期四	星期五
早餐	果酱面包 牛奶	紫菜馄饨	豆包 玉米粥	面包 牛奶	豆沙包 燕麦粥
果饮	苹果	香蕉	西瓜	水蜜桃	哈密瓜
午餐	发糕 胡萝卜炒肉	面条 蕃茄炒蛋	米饭 玉米排骨	肉包子 鸡蛋汤	小馒头 蘑菇炒肉
果饮	酸奶	牛奶	核桃露	杏仁露	酸奶
晚餐	大米稀饭 鱼、香菇油菜	小笼包 小米粥	苹果派 紫米粥	鸡柳汉堡 牛奶	糖包 皮蛋瘦肉粥

图 10-2　Word 表格

3. 录入以下公式和流程图。

$$\lim_{x\to\infty}\left(x\sin\frac{1}{x}\right)=1$$

绘制求任意 3 个数 a、b、c 平均值的流程图，如图 10-3 所示。

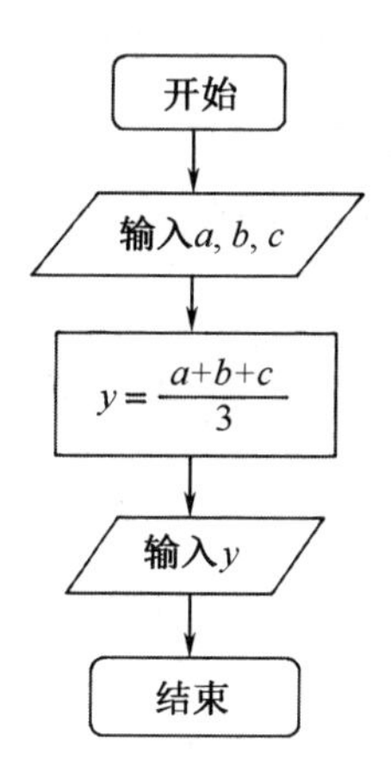

图 10-3　流程图

4．录入图 10-4 所示的样文，并按要求完成以下操作。

（1）利用 HLOOKUP 函数对工作表 Sheet1“停车情况记录表”中的“单价”列进行填充，填充时根据左侧不同的车型进行填充。

（2）利用时间函数计算汽车在停车库中的停放时间，并将结果填充到“停放时间”列中，计算方法为：“停放时间 = 出库时间−入库时间”。

	A	B	C	D	E	F	G
1	停车情况记录表						
2	车牌号	车型	单价	入库时间	出库时间	停放时间	应付金额
3	冀A12345	小汽车		8:12:25	11:15:35		
4	冀A32581	中客车		8:34:12	9:32:45		
5	冀A21584	中客车		9:00:36	15:06:14		
6	冀A66871	小汽车		9:30:49	15:13:48		
7	冀A51271	中客车		9:49:23	10:16:25		
8	冀A54844	大客车		10:32:58	12:45:23		
9	冀A56894	小汽车		10:56:23	11:15:11		
10	冀A33221	中客车		11:03:00	13:25:45		
11	冀A68721	小汽车		11:37:26	14:19:20		
12	冀A33547	大客车		12:25:39	14:54:33		
13	冀A87412	中客车		13:15:06	17:03:00		
14	冀A52485	小汽车		13:48:35	15:29:37		
15	冀A45742	大客车		14:54:33	17:58:48		
16	冀A55711	中客车		14:59:25	16:25:25		
17	冀A78546	小汽车		15:05:03	16:24:41		
18	冀A33551	中客车		15:13:48	20:54:28		
19	冀A56587	小汽车		15:35:42	21:36:14		
20	冀A93355	中客车		16:30:58	19:05:45		
21	冀A05258	大客车		16:42:17	21:05:14		
22	冀A03552	小汽车		17:21:34	18:16:42		
23	冀A57484	中客车		17:29:49	20:38:48		
24	冀A66565	小汽车		18:00:21	19:34:06		
25	冀A54912	大客车		18:33:16	21:56:18		
26	冀A56786	中客车		18:46:48	20:48:12		

	I	J	K
1	停车价目表		
2	小汽车	中客车	大客车
3	5	8	10

图 10-4　样文

（3）根据停放时间的长短计算停车费用，并将结果填入“应付金额”列中。

- 停车按小时收费，对于不满 1 小时的按照 1 小时计费。
- 对于超过整点小时数 15 分钟（包含 15 分钟）的多累积 1 小时（如 1 小时 23 分将以 2 小时计费）。

（4）统计停车费用大于等于 40 元的停车记录条数，并将结果保存在单元格 G27 中。

（5）统计最高的停车费用，并将结果保存在单元格 G28 中。

（6）将工作表 Sheet1 中的“停车情况记录表”复制到工作表 Sheet2 中，对工作表 Sheet2 进行高级筛选。

- 筛选条件为“车型”=小汽车且“应付金额”>＝30。
- 条件区域要求建立在以 I9 开始的单元格区域。
- 将结果保存在工作表 Sheet2 中以 A29 开始的单元格区域。

（7）将工作表 Sheet1 中的“停车情况记录表”复制到工作表 Sheet3 中，对工作表 Sheet3 进行分类汇总。

- 分类字段设置为“车型”。
- 汇总方式设置为“求和”。
- 汇总字段设置为“应付金额”。

（8）在工作表 Sheet3 中，利用分类汇总后的二级数据，创建一个图表。

- 数据源设置为“车型”和“应付金额”两列的数据。
- 分类轴设置为“车型”。
- 数值轴设置为“应付金额”。

- 图表类型设置为二维柱形图。
- 图表标题设置为“三种车型应付金额”，并且字体设置为楷体，字形设置为加粗，字体颜色设置为红色，字号设置为 18 磅。
- 分类轴标题设置为“车型”。
- 数值轴标题设置为“金额”。
- 图例位置设置为顶部。
- 图表位置设置为作为新的工作表插入，名称设置为“车型汇总图表”。

5．建立演示文稿《钱塘湖春行》，练习插入不同版式的幻灯片和设置链接。

（1）第 1 张幻灯片的版式只有标题，第 2 张幻灯片的版式为标题和内容，第 3 张幻灯片的版式为垂直排列标题和文本的幻灯片，第 4 张幻灯片的版式为标题和内容。

在第 1 张幻灯片中输入标题“钱塘湖春行”。

在第 2 张幻灯片中输入标题“内容简介”。

在第 2 张幻灯片的文本区域输入“景中寄情是这首诗的主要特点。它既写出了浓郁的春意，又写出了自然之美给人的强烈感受。把感情寄托在景色中，诗中字里行间流露着喜悦轻松的情绪和对西湖春色细腻新鲜的感受。”

在第 3 张幻灯片中输入标题“诗文欣赏”。

在第 3 张幻灯片的文本区域中输入诗文。

孤山寺北贾亭西，水面初平云脚低。

几处早莺争暖树，谁家新燕啄春泥。

乱花渐欲迷人眼，浅草才能没马蹄。

最爱湖东行不足，绿杨阴里白沙堤。

在第 4 张幻灯片中输入标题“作者生平”。

在第 4 张幻灯片的文本区域输入“白居易（772－846 年），字乐天，号香山居士，又号醉吟先生，是唐代伟大的现实主义诗人，有‘诗魔’和‘诗王’之称。其官至翰林学士、左赞善大夫，有《白氏长庆集》传世，代表诗作有《长恨歌》《卖炭翁》《琵琶行》等。”

（2）在第 1 张幻灯片中插入三个自选图形（星与旗帜下的横卷形），纵向排列，分别输入文字“内容简介”、“诗文欣赏”和“作者生平”。

（3）将第 1 张幻灯片的自选图形的填充颜色设置为无，线条设置为黄色。字体设置为隶书，字号设置为 48 磅。在自选图形上设置到对应幻灯片的链接。

（4）设置动画效果：第 1 个自选图形自左侧飞入，第 2 个自选图形自右侧飞入，第 3 个自选图形自动自底部飞入。

（5）在第 1 张幻灯片的右下角插入剪贴画（风景—乡村）。

（6）将所有幻灯片的背景设置为纹理填充“褐色大理石”。

（7）将所有幻灯片标题文字的字体设置为宋体，字体颜色设置为白色，字号设置为 44 磅，字形设置为加粗。

（8）将其他文本区域文字的字体设置为楷体，字体颜色设置为黄色，字号设置为 32 磅，字形设置为加粗。

（9）保存演示文稿。第 5 题的效果图如图 10-5 所示。

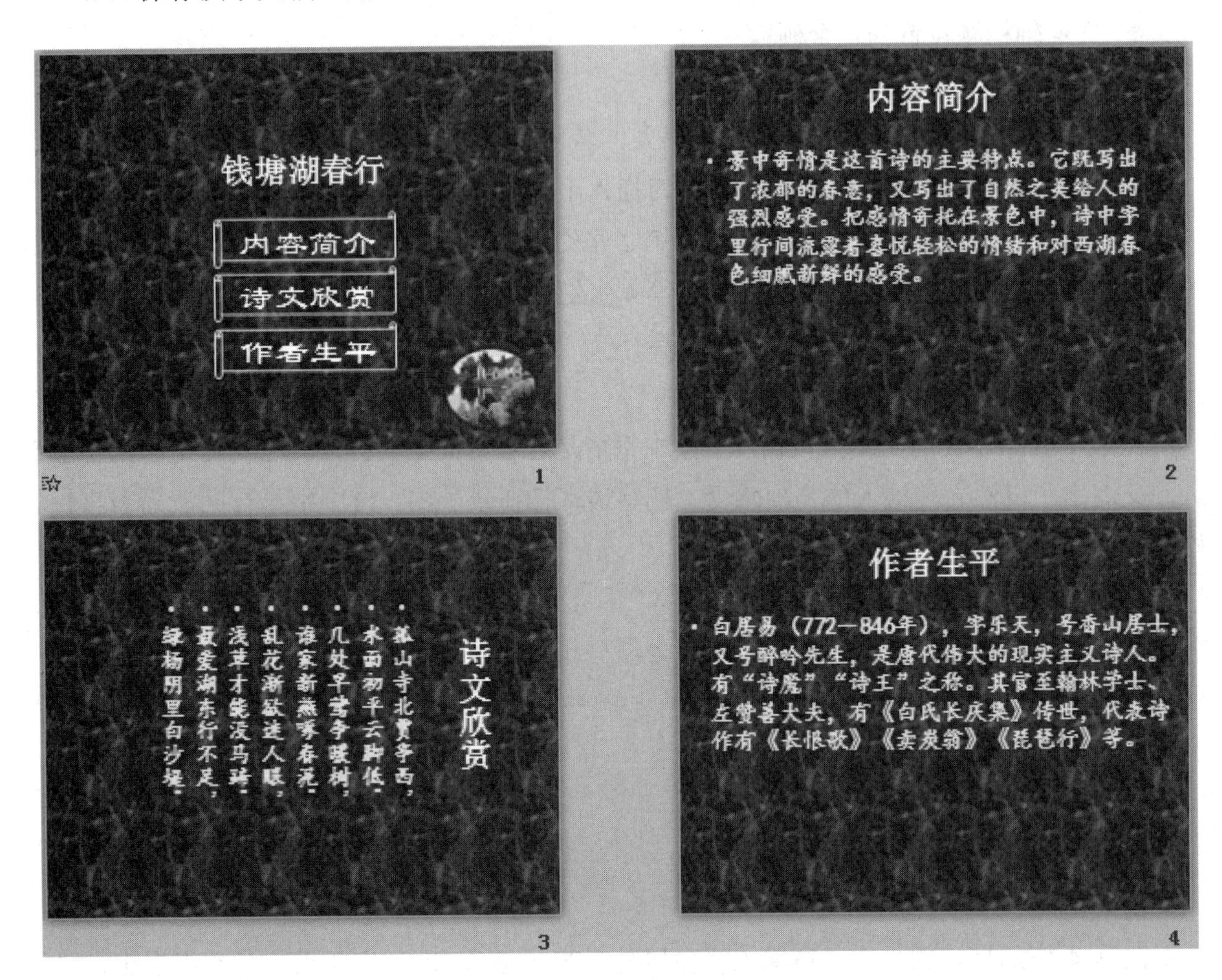

图 10-5　第 5 题的效果图

综合练习二

一、选择题

1．关于 Word 2010 窗口，下列说法正确的是（　　）。

A．只能打开一个窗口

B．可以同时打开多个窗口，可以同时在多个窗口中编辑

C．可以同时打开多个窗口，但只能在一个窗口中编辑

D．以上都不对

2．Word 2010 在编辑状态下切换“插入”和“改写”状态的按键是（　　）。

A．【Ctrl】键　　B．【Esc】键　　C．【Insert】键　　D．【Shift】键

3．在 Word 2010 中，若删掉段落格式不同的两段中的段落标记，使两段合为一段，则字体格式的变化是（　　）。

A．原前一段落采用原后一段落的格式

B．原后一段落采用原前一段落的格式

C．都变成默认字体格式

D．都保持原有字体格式

4．能使 Word 表格计算结果刷新的是（　　）按键。

A．【F5】　　B．【F6】　　C．【F9】　　D．【F4】

5．在 Word 2010 中邮件合并的两个基本要素是（　　）。

A．标签和信函　　B．信函和信封

C．主文档和数据源　　D．邮件地址和收件人姓名

6．在 PowerPoint 2010 中，下列说法正确的是（　　）。

A．不可以在幻灯片中插入剪贴画和来自文件的图片

B．不可以在幻灯片中插入艺术字

C．不可以在幻灯片中插入超链接

D．可以在幻灯片中插入声音和影像

7．从第 1 张幻灯片开始放映幻灯片的快捷键是（　　）按键。

A.【F2】　B.【F3】　C.【F4】　D.【F5】

8. 在 Excel 2010 中进行操作时，若某单元格出现“#####”的信息，其含义是（　　）。

A. 公式单元格引用不再有效

B. 单元格中的数字太大

C. 计算结果太长超出了单元格宽度

D. 在公式中使用了错误的数据类型

9. 在 Excel 2010 中，在单元格 A1 中有公式“=B1+B2”，若将其复制到单元格 C1 中，则公式为（　　）。

A. D1+D2　B. D1+A2　C. A1+A2+C1　D. A1+C1

10. 在 Word 2010 中，形状按钮所在的功能区是（　　）。

A. 排列　B. 表格　C. 插图　D. 符号

11. 在 Word 2010 中，若要设置行距小于标准的单倍行距，则需要选择（　　）再输入磅值。

A. 两倍　B. 单倍　C. 固定值　D. 最小值

12. 在 Word 2010 中，“页面设置”功能区在（　　）选项卡中。

A. 开始　B. 插入　C. 页面布局　D. 引用

二、判断题

1. 对 Word 新创建的文档进行保存，只能执行“另存为”命令。（　　）

2. 在 Word 2010 中，选取文本内容后，按住【Ctrl】键的同时拖动鼠标可以完成复制操作。（　　）

3. 最节省计算机资源的视图方式是“草稿”视图。（　　）

4. 在显示编辑标记状态下，可以打印段落标记。（　　）

5. 在“插入表格”对话框中“列数”文本框的默认值是“5”。（　　）

6. 在 Word 2010 中，SmartArt 图形包括组织结构图、维恩图、循环图等多种类型。（　　）

7. 要使文本框中的文本由横排改为竖排，不必选定所有文本，只需在“格式”选项卡的“文本”功能区中设置“文字方向”即可。（　　）

8. 在 PowerPoint 2010 中，利用文本框可以在空白幻灯片上输入文字。（　　）

9. 在 PowerPoint 2010 中，如果要求幻灯片能够在无人操作的环境下自动播放，应该事先对演示文稿进行排练计时设置，并在“设置”功能区中选择“使用计时”。（　　）

10. 在 Excel 2010 中，单元格中只能显示公式计算结果，不能显示公式。（　　）

11. 在 Excel 2010 中，不可以对没有合并过的单元格进行拆分。（　　）

12．在 Excel 2010 中，选中单元格并按下【Delete】键，则单元格的内容被删除而格式保持不变。 （　　）

三、填空题

1．在 Word 2010 中，切换输入法的组合键是____________。

2．若要在 Word 2010 中插入货币符号，则需要单击“插入”选项卡的____________功能区中的“符号”按钮。

3．如果不想使用自动更正功能，那么可以在自动更正后，按___________组合键取消自动更正的内容。

4．如果不需要某自动更正词条，那么可以在“自动更正”对话框中选取该词条，单击_______________按钮。

5．若要查看最近使用过的文件，则需要选择_________选项卡中的“最近所用文件”选项。

6．在 Excel 2010 中，若单元格 C5 中的公式为“=A3+$C$3”，在第 3 行之前插入 1 行，则公式变为____________。

7．在工作表 Sheet1 中，设一对单元格 A1、B1，分别输入 20、40，若对单元格 C1 输入公式“=A1&B1”，则单元格 C1 的值为___________。

8．在___________视图中，可以看到以缩略图方式显示的多张幻灯片。

9．演示文稿的基本组成单元是____________。

10．在 Word 2010 中，设置图片的文字环绕，可切换到_________选项卡，单击____________功能区中的_____________按钮进行设置。

11．在 Word 2010 中，若要设定打印纸张大小，则应利用______________选项卡的“纸张大小”按钮。

12．在 Word 2010 中，一部分字符格式设置好后，若其他字符也需要利用相同的字符格式，则可以利用____________________将字符格式应用到其他字符上。

四、实操题

1．中国是茶的故乡，中国的茶文化历史悠久，请录入样文内容，并按要求在 Word 2010 中排版一篇关于中国饮茶起源的文档。

样文内容。

中国饮茶起源

中国是文明古国、礼仪之邦，很重礼节。凡来了客人，沏茶、敬茶的礼仪是必不可少的。然而，中国饮茶起源众说纷纭，按时代起源划分，可分为神农说、西周说、秦汉说和六朝说。

一、神农说

唐·陆羽《茶经》："茶之为饮，发乎神农氏"在中国的文化发展史上，往往把一切与农业、植物相关的事物起源最终都归结于神农。而中国饮茶起源于神农的说法也因民间传说而衍生出不同的观点。有人认为茶是神农在野外以釜锅煮水时，刚好有几片叶子落入锅中，煮好的水，其色微黄，喝入口中生津止渴、提神醒脑，以神农过去尝百草的经验，判断它是一种药而发现的，这是有关中国饮茶起源较普遍的说法。

二、西周说

晋·常璩《华阳国志》："周武王伐纣，实得巴蜀之师，……茶蜜……皆纳贡之。"这一记载表明在周朝的武王伐纣时，巴国就已经以茶与其他珍贵产品纳贡与周武王了。并且《华阳国志》中还记载，那时就有了人工栽培的茶园了。"古者民茹草饮水""民以食为天"，食在先符合人类社会的进化规律。

三、秦汉说

现存最早较可靠的茶学资料是在汉代，以王褒撰的《僮约》为主要依据。此文撰于汉宣帝三年（公元前五十九年）正月十五日，是在茶经之前，茶学史上最重要的文献，其文内笔墨间说明了当时茶文化的发展状况。

四、六朝说

中国饮茶起于六朝的说法，有人认为起于"孙皓以茶代酒"，有人认为系"王肃茗饮"而始，日本、印度则流传饮茶系起于"达摩禅定"的说法。然而秦汉说具有史料证据确凿可考，因而削弱了六朝说的正确性。

要求如下。

A. 编辑排版

（1）新建一个空白文档。

（2）将纸张大小设置为 A4，纸张方向设置为横向；上、下页边距均设置为 2.5 厘米，左、右页边距均设置为 3 厘米。

（3）录入样文，将字体设置为楷体，字号设置为四号，文字方向设置为垂直。

（4）将 4 个小标题（一、神农说，二、西周说，三、秦汉说，四、六朝说）的文字设置为加粗。

（5）各段落首行缩进 2 字符，行距为 1.2 倍行距。

（6）将"西周说"段落的最后一句（"古者民茹草饮水""民以食为天"，食在先符合人类社会的进化规律。）删除。

（7）将正文第 1 段中的文字"神农说""西周说""秦汉说"和"六朝说"分别超链接至文中的 4 小标题（一、神农说，二、西周说，三、秦汉说，四、六朝说）。

B. 图文混排

（1）文首插入 1 行，录入题目“中国饮茶起源”，字体设置为隶书，字号设置为小初。将题目设置为艺术字：样式设置为“渐变填充　橙色、强调文字颜色 6、内部阴影”；文字方向设置为垂直；环绕方式设置为上下型；对齐方式设置为居中。

（2）在文中插入资料包中的图片文件“茶 1.jpg”。在锁定纵横比的情况下，将剪贴画的高度设置为 5 厘米；位置设置为底端居左，文字环绕设置为“四周型”；图片样式设置为“柔化边缘矩形”。

（3）将文档进行保存，文件名为“中国饮茶起源”，设置文档的打开密码为“123”。第 1 题的效果图如图 11-1 所示。

中国饮茶起源

中国是文明古国、礼仪之邦，很重礼节。凡来了客人，沏茶、敬茶的礼仪是必不可少的。然而，中国饮茶起源众说纷纭，按时代起源划分，可分为神农说、西周说、秦汉说和六朝说。

一、神农说

唐·陆羽《茶经》:「茶之为饮，发乎神农氏」在中国的文化发展史上，往往把一切与农业、植物相关的事物起源最终都归结于神农。而中国饮茶起源于神农的说法也因民间传说而衍生出不同的观点。有人认为茶是神农在野外以釜锅煮水时，刚好有几片叶子落入锅中，煮好的水，其色微黄，喝入口中生津止渴、提神醒脑，以神农过去尝百草的经验，判断它是一种药而发现的，这是有关中国饮茶起源较普遍的说法。

二、西周说

晋·常璩《华阳国志》:「周武王伐纣，实得巴蜀之师，……茶蜜……皆纳贡之。」这一记载表明在周朝的武王伐纣时，巴国就已经以茶与其他珍贵产品纳贡与周武王了。并且《华阳国志》中还记载，那时就有了人工栽培的茶园了。

三、秦汉说

现存最早较可靠的茶学资料是在汉代，以王褒撰的《僮约》为主要依据。此文撰于汉宣帝三年（公元前五十九年）正月十五日，是在茶经之前，茶学史上最重要的文献，其文内笔墨间说明了当时茶文化的发展状况。

四、六朝说

中国饮茶起于六朝的说法，有人认为起于「孙皓以茶代酒」，有人认为系「王肃茗饮」而始，日本、印度则流传饮茶系起于「达摩禅定」的说法。然而秦汉说具有史料证据确凿可考，因而削弱了六朝说的正确性。

图 11-1　第 1 题的效果图

2．为了便于住宿学生请假制度的管理，请利用 Word 2010 的制表功能，并按要求完成以下操作，创建图 11-2 所示的住宿生请假条。

（1）将表格第 1 行行高设置为固定值 1.2 厘米，其余各行设置为 0.8 厘米。

（2）将表格外框线设置为 1.5 磅实线，内框线设置为 1 磅实线。

（3）如图 11-2 所示，将表格进行合并及拆分处理。

（4）如图 11-2 所示，在单元格中录入文字。

住宿生请假条					
请假人		班级		宿舍	
请假时间	自　年　月　日至　年　月　日，共计　天				
请假理由					
请假期间联系方式					
家长签字		班主任签字			
宿舍老师签字		教育处签字			

图 11-2　住宿生请假条

（5）将第 1 行文字的字体设置为楷体，字号设置为三号，字间距设置为加宽 5 磅，对齐方式设置为水平居中。

（6）其他文字的字体设置为宋体，字号设置为五号，对齐方式设置为左对齐。

（7）保存表格，文件名为“住宿生请假条”。

3．录入图 11-3 所示的公式和图 11-4 所示的流程图。

$$\sqrt{\frac{1}{b-a}\int_{a}^{b} f^{2}(t)dt}$$

图 11-3　公式

绘制出求任意一个数 x 的绝对值的流程图，如图 11-4 所示。

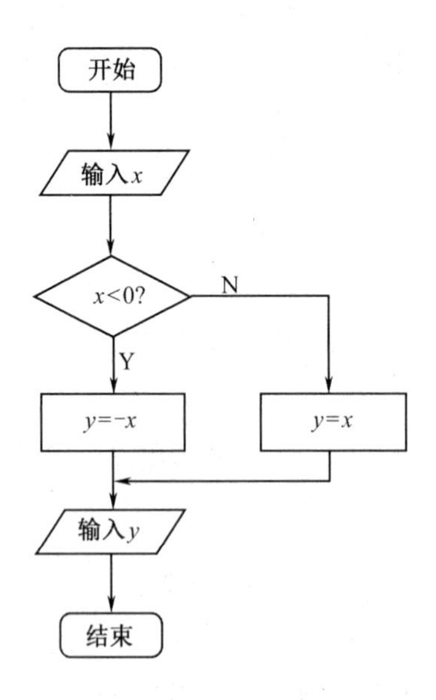

图 11-4　流程图

4．录入图 11-5 所示的数据清单，并按要求完成以下操作。

	A	B	C	D	E	F	G
1	姓 名	性 别	出生年月	年 龄	所在区域	原电话号码	是否>=40男性
2	胡四	女	1986/3/30		拱墅区	05716742804	
3	陆七	女	1972/11/4		拱墅区	05716742807	
4	姚五	男	1981/9/16		拱墅区	05716742814	
5	陈一	男	1958/6/10		拱墅区	05716742819	
6	项二	男	1964/3/31		江干区	05716742811	
7	孙四	女	1977/11/25		江干区	05716742813	
8	金七	女	1966/4/20		江干区	05716742816	
9	张二	女	1974/9/27		上城区	05716742802	
10	章六	女	1959/5/12		上城区	05716742806	
11	苏八	男	1988/7/1		上城区	05716742808	
12	周六	女	1993/5/4		上城区	05716742815	
13	程二	女	1964/3/20		上城区	05716742820	
14	王一	男	1967/6/15		西湖区	05716742801	
15	韩九	女	1973/4/17		西湖区	05716742809	
16	许九	女	1972/9/1		西湖区	05716742818	
17	林三	男	1953/2/21		下城区	05716742803	
18	吴五	男	1953/8/3		下城区	05716742805	
19	徐一	女	1954/10/3		下城区	05716742810	
20	顾三	男	1999/10/24		下城区	05716742821	
21	贾三	男	1995/5/8		余杭区	05716742812	
22	赵八	男	1976/8/14		余杭区	05716742817	

图 11-5　数据清单

（1）在第 1 行上方插入 1 行，输入“电话号码记录表”，并将字体设置为楷体，字号设置为 18 磅，且在 A～G 列合并居中，底纹颜色设置为浅蓝色。

（2）将表头格式的字体设置为宋体，字号设置为 12 磅，添加“白色背景 1 深色 25%的底纹，水平居中”。

（3）将其余数据的字体设置为宋体，字号设置为 10 磅，对齐方式设置为居中，各列列宽设置为自动调整列宽。

（4）根据用户的出生年月，计算用户的年龄，并将结果保存在“年龄”列中（计算方法为两个时间年份之差）。

（5）根据“性别”及“年龄”列中的数据，判断所有用户是否为大于等于 40 岁的男性，并将结果保存在“是否>=40 男性”列，返回值为“是”或“否”（利用 IF 函数）。

（6）统计性别为“男”的用户人数，将结果填入单元格 B24。

（7）统计年龄为“>40”的用户人数，将结果填入单元格 D24。

（8）将工作表 Sheet1 中的“电话号码记录表”复制到工作表 Sheet2 中，对工作表 Sheet2 进行自动筛选，筛选条件：“所在区域”为“江干区”。

（9）将工作表 Sheet1 中的“电话号码记录表”复制到工作表 Sheet3 中，对工作表 Sheet3 进行高级筛选。

- 筛选条件：“性别”=“女”、“所在区域”=“西湖区”。
- 条件区域要求建立在以单元格 A27 开始的单元格区域。
- 将结果保存在工作表 Sheet3 中以单元格 A29 开始的单元格区域。

（10）将工作表 Sheet1 中的“电话号码记录表”复制到工作表 Sheet4 中，对工作表 Sheet4 进行分类汇总。

- 分类字段设置为“所在区域”。

● 汇总方式设置为计数。

● 汇总字段设置为“是否>=40 男性”。

（11）在工作表 Sheet4 中，利用分类汇总后的二级数据，创建一个图表。

● 数据源为“所在区域”和“各区域计数”中的数据。

● 图表类型设置为分离型饼图。

● 在图表上方添加图表标题“各个区域号码分布图表”。

● 图例位置设置为靠左。

● 图表区域填充设置为“渐变颜色”，效果设置为“雨后初晴”。

● 数据标签显示百分比。

● 图表位置设置为作为新的工作表插入，名称为“各个区域号码分布图表”。

“各个区域号码分布图表”的效果图如图 11-6 所示。

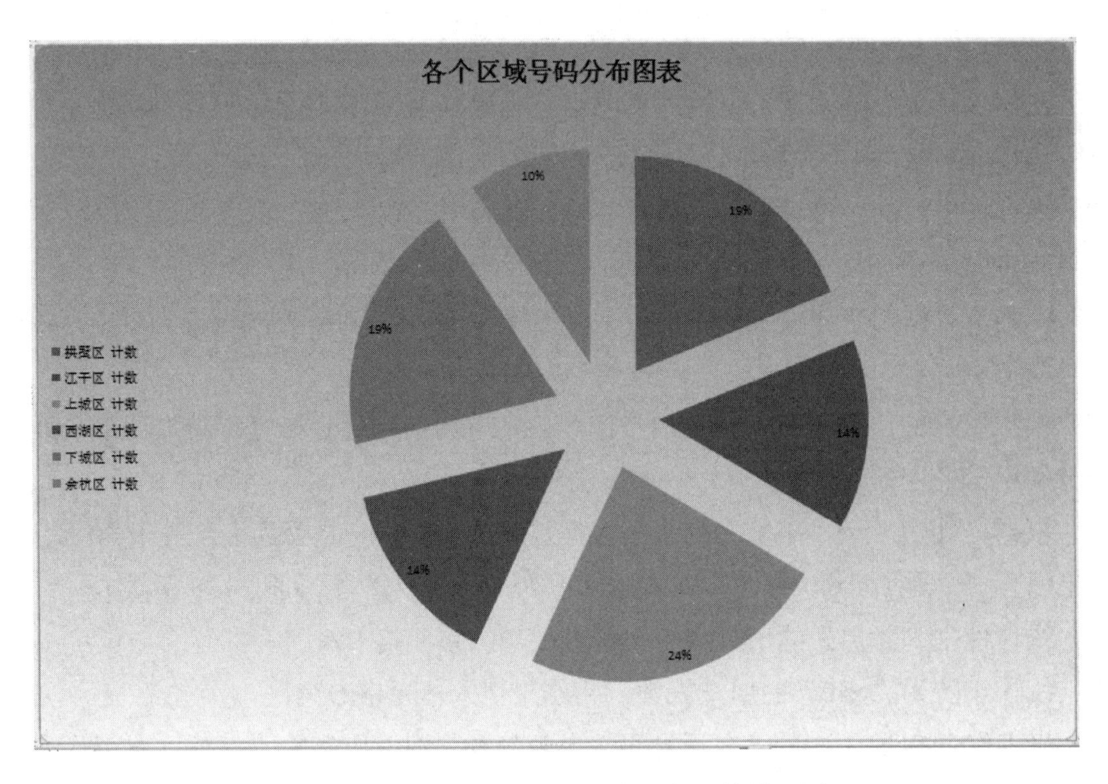

图 11-6 “各个区域号码分布图表”的效果图

5．按要求建立演示文稿《PowerPoint 2010 培训安排》。

（1）插入 4 张版式为标题和内容的幻灯片，分别输入图 11-7 所示的幻灯片内容。第 4 张幻灯片的表格设置为无样式，网格型，高度设置为 2 厘米，宽度设置为 9.9 厘米。所有幻灯片内容区域文本的行距设置为 1.5 倍行距。

（2）将第 1 张幻灯片的标题的字体设置为华文行楷，字号设置为 66 磅，字体颜色设置为深蓝色。自定义动画设置为中央向左右展开劈裂，持续时间设置为 2 秒。文本区域文本设置为华文新魏，字号设置为 44 磅，字体颜色设置为深蓝色。自定义动画设置为圆形扩展，并将文本设置到对应幻灯片的超链接。

（3）将第 2 张幻灯片标题文字的字体设置为华文行楷，字号设置为 44 磅，字体颜色设置为深蓝色。自定义动画设置为淡出，持续时间设置为 1 秒。文本区域的文字设置为华文新魏，字号设置为 32 磅。自定义动画设置为方框形状，持续时间设置为 1 秒，开始时间为上一动画后。

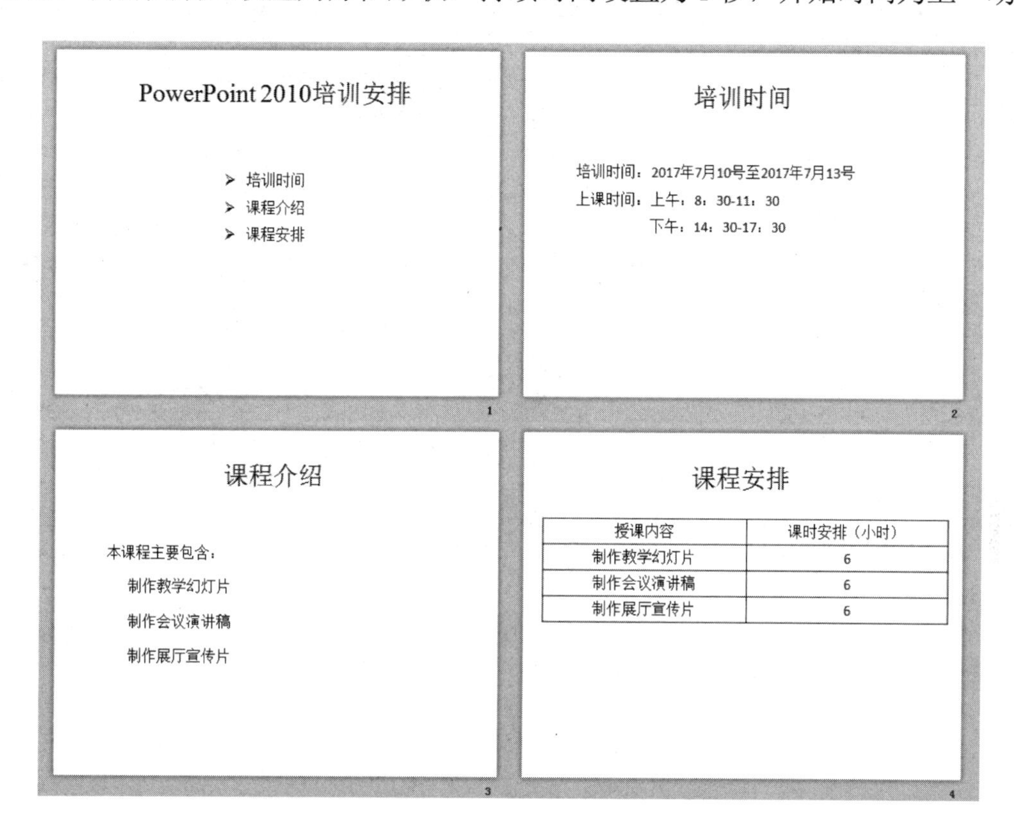

图 11-7　幻灯片内容

（4）将第 3 张幻灯片标题文字的字体设置为华文行楷，字号设置为 44 磅，字体颜色设置为深蓝色。自定义动画设置为淡出，持续时间设置为 1 秒。文本区域文字的字体设置为华文新魏，字号设置为 32 磅。自定义动画设置为按段落向下浮入，持续时间设置为 1 秒。开始时间为上一动画后。

（5）将第 4 张幻灯片标题文字的字体设置为华文行楷，字号设置为 44 磅，字体颜色设置为深蓝色。自定义动画设置为自左侧擦除，持续时间设置为 1.5 秒。文本区域文字的字体设置为华文新魏，字号设置为 32 磅。对齐方式设置为水平居中、垂直对齐。自定义动画设置为缩放，持续时间设置为 1.5 秒，开始时间为上一动画后。

（6）分别在第 2、3、4 张幻灯片的右下角添加“第 1 张”形状按钮。形状样式设置为“细微效果-蓝色，强调颜色 1”。设置超链接，链接到第 1 张幻灯片。

（7）将所有幻灯片的切换方式设置为时钟，切换效果为楔入，持续时间设置为 2 秒，换片方式设置为 3 秒后自动换片。

（8）将幻灯片的主题设置为“暗香扑面”。

（9）保存演示文稿。

第 5 题的效果图如图 11-8 所示。

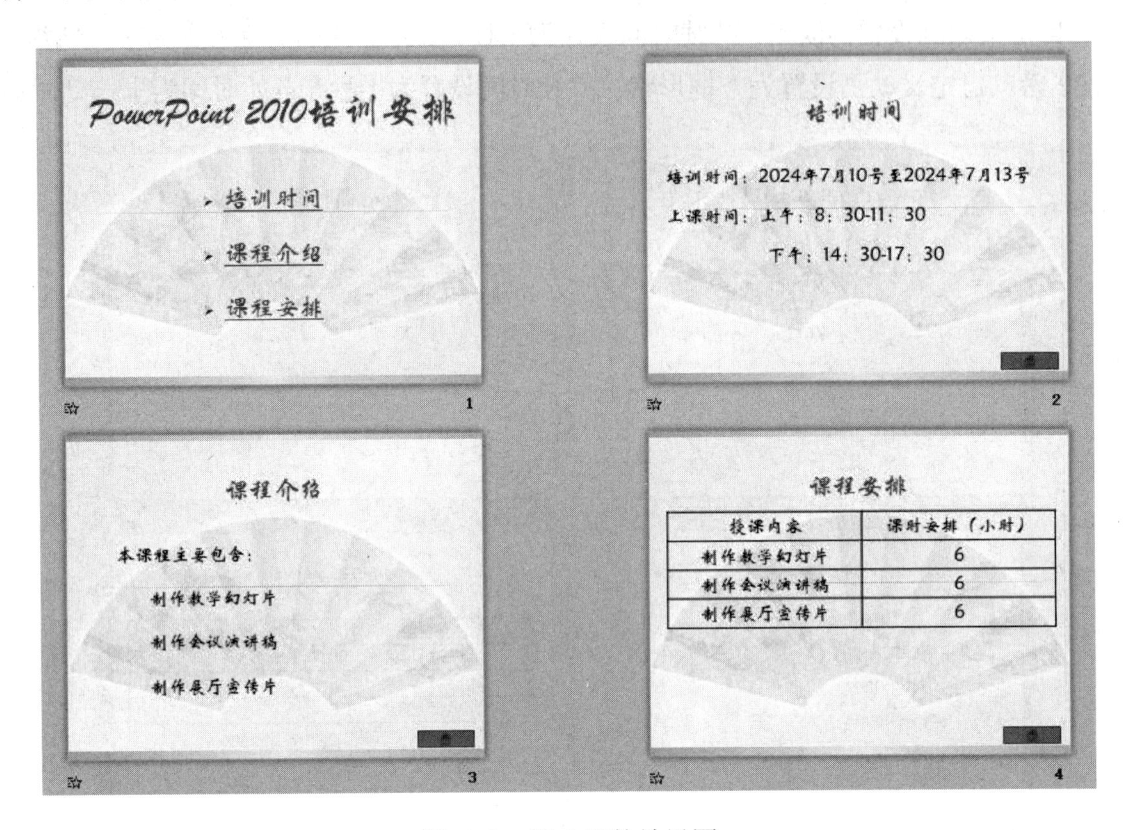

图 11-8　第 5 题的效果图

综合练习三

一、选择题

1.【Ctrl+C】组合键的功能是（　　）。

A. 剪切　　B. 粘贴　　C. 全选　　D. 复制

2. 下列不属于 Word 2010 视图模式的是（　　）。

A. 页面视图　　B. 母版视图　　C. 草稿视图　　D. 大纲视图

3. 在 Word 2010 中，下列关于拆分单元格的说法正确的是（　　）。

A. 一个单元格只能拆分为两个单元格

B. 一个单元格可以拆分成若干个单元格

C. 单元格只能水平拆分

D. 单元格只能纵向拆分

4. 在 Word 2010 表格中，将两个单元格合并，原有两个单元格的内容（　　）。

A. 完全合并　　B. 丢失　　C. 有条件的合并　　D. 部分合并

5. 在 Word 2010 中可以作为子文档容器的是（　　）。

A. 数据源文档　　B. 主文档　　C. 主控文档　　D. 大纲文档

6. 按住鼠标左键，并拖动幻灯片到其他位置，这是进行幻灯片的（　　）操作。

A. 移动　　B. 复制　　C. 删除　　D. 插入

7. 在 Excel 2010 中，正确的 Excel 公式形式是（　　）

A. =B3*Sheet3!A2　　B. =B3*Sheet3$A2

C. =B3*Sheet3:A2　　D. =B3*Sheet3%A2

8. 利用（　　）功能区中的工具可设置图片浮于文字上方。

A. 修订　　B. 图片样式　　C. 排列　　D. 更改

9. 对 Word 2010 中的图片进行编辑时，裁剪是按照（　　）方向展开的。

A. 矩形　　B. 圆形　　C. 椭圆形　　D. 三角形

10. 若想使 Word 2010 中的图片达到镜像效果，则可以单击“旋转”箭头，选择（　　）。

A. 向右旋转 90°　　B. 向左旋转 90°　　C. 垂直翻转　　D. 水平翻转

11．Excel 2010 工作簿文件的默认扩展名为（　　）。

A．.docx　　B．.xlsx　　C．.pptx　　D．.mdbx

12．在 Excel 2010 中，输入数字作为文本使用时，需要输入的先导字符为（　　）。

A．逗号　　B．分号　　C．单引号　　D．双引号

二、判断题

1．Word 2010 的显示比例改变后，文本的字号也发生变化。（　　）

2．图书签名可以包含数字和空格。（　　）

3．表格中的数据只能进行升序排序，不能进行降序排序。（　　）

4．表格中数据的排序类型可以是“笔画”。（　　）

5．主控文档是一个独立的文件。（　　）

6．在 Word 2010 中，文本框中的文字环绕方式都是浮于文字上方的。（　　）

7．若要对幻灯片进行保存、打开、新建、打印等操作，则应在“开始”选项卡中进行。（　　）

8．在 Excel 2010 中，同一工作簿不能引用其他工作表。（　　）

9．在 Excel 2010 工作表单元格中输入 1/2，单元格中会显示 0.5。（　　）

10．在 Excel 2010 单元格内的公式中有 0 做除数时，会显示错误值“#DIV/0!”。（　　）

11．在 Word 2010 中，选择“插入”选项卡中的“页眉和页脚”选项，可以为文档设置页眉和页脚。（　　）

12．在 Excel 2010 中，可以利用“条件格式”功能将满足条件的数据进行突出显示。（　　）

三、填空题

1．设置________________可以防止他人修改文档。

2．如果不希望其他人阅读文档，可以设置____________。

3．打开文档后，按下_________组合键，可以将插入点移至上次保存该文档时编辑的位置。

4．在剪贴板存满 24 项剪贴内容后，如果再复制新内容，那么新内容就被添加到剪贴板的_________，并清除_________。

5．在 Word 2010 绘制表格时，“笔样式”和“笔划粗细”的设置需要在____________功能区中进行。

6．在 Excel 2010 中，单元格 E5 中有公式“=SUM(C5:D5)*SHEET3!B5”，在公式中

“SHEET3!B5”表示______________________。

7．在 PowerPoint 2010 中，若要设置幻灯片循环放映，则应使用__________选项卡，然后选择“设置幻灯片放映”选项。

8．更改方向即更改 SmartArt 图形的连接线方向，可以通过单击“设计”选项卡的“创建图形”功能区中的________按钮来更改 SmartArt 图形的方向。

9．在为形状添加文字时，不仅可以通过单击“开始”选项卡的“字体”功能区中的按钮来添加，而且还可以通过_________单击“添加文字”按钮的方法添加。

10．在旋转图片时，除了可以向左、向右、垂直与水平 4 个方向旋转，还可以在______对话框中自由旋转。

11．在 Excel 2010 中，表示工作表 Sheet1 中的第 4 行第 4 列的地址是_________。

12．在 Excel 2010 中单元地址的名称是由______和_______组成。

四、实操题

1．录入样文内容，并按要求在 Word 2010 中完成一篇关于“夏季食补”文档的排版。

样文内容。

夏季食补

夏季时各种生命活动都较为亢进，机体需要通过分泌汗液来达到散热的目的，如果汗液过度丢失，就有可能导致机体的水分和电解质代谢紊乱，使血容量下降，血黏度增高，从而影响到心血管功能的正常运行。因为夏季时人体中的能量与营养物质被大量消耗，所以夏季是人体最需要进补的时机之一。

进补原则

冬令进补有一定道理，不过只要症状需要，夏令进补也是在所难免的，但必须区分虚弱症状后选择应用，选用原则如下。

滋补

就是服用具有滋腻性质的补品、补药来补益虚弱的方法。常用的滋补食品有猪、牛、羊、母鸡、鹅、鸭、鳖、海参等，滋补药物有熟地黄、阿胶、鳖甲、鹿角胶，以及各种补膏。由于这些补品、补药都会增加消化道负担，有的还偏于温性，所以在夏季一般很少服用。然而它们的补益作用较强，对比较严重的体质虚弱者有很好的调治作用，因此像患重症、手术后或分娩后的人，即使在夏天也可以服用。不过要注意：①适量服用，不要过量；②胃口不好、舌苔厚腻，或发热、腹痛腹泻时不宜服用。

清补

就是服用具有补益、清热功效的补品、补药来补益虚弱的方法。常用的清补食品有百合、绿豆、西瓜等；清补药物有西洋参、沙参、麦冬、石斛等。但要注意：①身体阳虚、有畏寒肢冷症状的人必须少食或不食；②服用应该有所节制，在春夏两季过于用寒凉药物会损伤人体的阳气。

平补

就是服用性质平和的补品、补药来补益虚弱的方法。这一类补品、补药数量较多，如人参、党参、太子参、黄芪、莲子、芡实、薏仁、赤豆、大枣、燕窝、蛤士蟆、紫河车、银耳、猪肝等。这些补品、补药既无偏寒、偏温的特性，又无滋腻碍胃的不足，若能在夏季正确服食，同样可取得良好效果，只是在吸收蕴蓄方面略逊于冬令进补。

为了取得良好的进补效果，进补者应该以虚弱的类型选用相适应的补品、补药，如气虚的应补气，阴虚的要补阴，心神不宁的要补心，脾虚食少的要补脾，等等。至于自己的体征需要何种补法，应在中医的指导下进行。

要求如下。

A. 编辑排版

（1）新建一个空白文档，录入样文。

（2）将纸张大小设置为 A4，上、下页边距均设置为 2 厘米，左、右页边距均设置为 2.5 厘米。

（3）在大纲视图下，将标题“夏季食补”设置为 1 级，将标题“进补原则”设置为 2 级，将其他 3 个小标题设置为 3 级。大纲视图显示的 3 级图如图 12-1 所示。

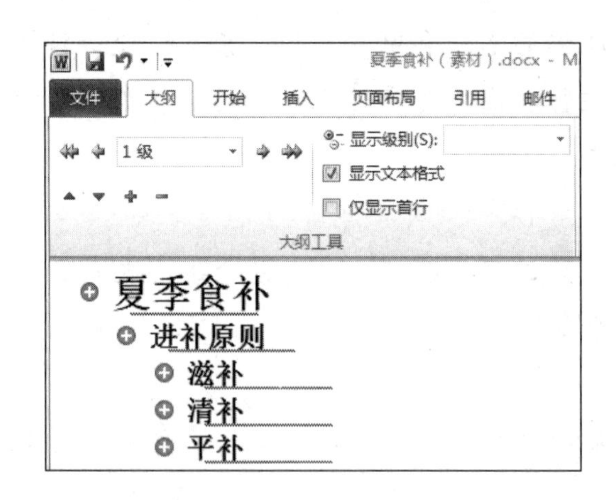

图 12-1　大纲视图显示的 3 级图

（4）将标题“夏季食补”的字间距设置为加宽 5 磅，对齐方式设置为居中。

（5）将 4 个标题（进补原则、滋补、清补、平补）文字的字体设置为黑体，字号设置为小四，对齐方式设置为居中。给标题“进补原则”添加底纹“白色，背景 1，深色 15%”。

（6）将正文分两栏。除小标题外，各段落首行缩进 2 字符，行距设置为 1.3 倍行距。

（7）插入页眉“食补养生”，对齐方式设置为左对齐。

（8）为标题“夏季食补”添加尾注“信息来自互联网”；为第 2 栏第 1 行的“石斛”添

加脚注“包括枫斗”。

B. 图文混排

（1）在文档中插入资料包中的图片文件“食补.jpg”。锁定纵横比，将图片的高度设置为5 厘米；文字环绕设置为“四周型”；图片样式设置为“矩形投影”；水平位置相对页边距设置为 8.6 厘米，垂直位置相对页边距设置为 18 厘米。

（2）将文档进行保存，文件名为“夏季食补”，将文档的编辑密码设置为“123”。图文混排的效果图如图 12-2 所示。

食补养生

夏 季 食 补 [i]

夏季时各种生命活动都较为亢进，机体需要通过分泌汗液来达到散热的目的，如果汗液过度丢失，就有可能导致机体的水分和电解质代谢紊乱，使血容量下降，血黏度增高，从而影响到心血管功能的正常进行。因为夏季时人体中的能量与营养物质被大量消耗，所以夏季是人体最需要进补的时机之一。

进补原则

冬令进补有一定道理，不过只要症状需要，夏令进补也是在所难免的，但必须区分虚弱症状后选择应用，选用原则如下。

滋补

就是服用具有滋腻性质的补品、补药来补益虚弱的方法。常用的滋补食品有猪、牛、羊、母鸡、鹅、鸭、鳖、海参等，滋补药物有熟地黄、阿胶、鳖甲、鹿角胶，以及各种补膏。由于这些补品、补药都会增加消化道负担，有的还偏于温性，所以在夏季一般很少服用。然而它们的补益作用较强，对比较严重的体质虚弱者有很好的调治作用，因此像患重症、手术后或分娩后的人，即使在夏天也可以服用。不过要注意：①适量服用，不要过量；②胃口不好、舌苔厚腻，或发热、腹痛腹泻时不宜服用。

清补

就是服用具有补益、清热功效的补品、补药来补益虚弱的方法。常用的清补食品有百合、绿豆、西瓜等；清补药物有西洋参、沙参、麦冬、石斛[1]等。但要注意：①身体阳虚，有畏寒肢冷症状的人必须少食或不食；②服用应该有所节制，在春夏两季过于用寒凉药物会损伤人体的阳气。

平补

就是服用性质平和的补品、补药来补益虚弱的方法。这一类补品、补药数量较多，如人参、党参、太子参、黄芪、莲子、芡实、薏仁、赤豆、大枣、燕窝、蛤士蟆、紫河车、银耳、猪肝等。这些补品、补药既无偏寒、偏温的特性，又无滋腻妨胃的不足，若能在夏季正确服食，同样可取得良好效果，只是在吸收蕴蓄方面略逊于冬令进补。

为了取得良好的进补效果，进补者应该以虚弱的类型选用相适应的补品、补药，如气虚的应补气，阴虚的要补阴，心虚不宁的要补心，脾虚食少的要补脾，等等。至于自己的体征需要何种补法，应在中医的指导下进行。

[i] 信息来自互联网

[1] 包括枫斗

图 12-2　图文混排的效果图

2．按要求创建一个图 12-3 所示的学生成绩表，并利用函数的方法填充表中空白单元格的值。

课程 姓名		语文	数学	英语	平均成绩
安明		80	90	85	
柳津坤		83	85	76	
程小云		85	83	68	
李争		95	99	90	
孟光谦		86	80	78	
吴维扬		77	86	88	
郑亮		65	64	92	
王强		96	96	93	
冯晓桐		89	86	79	
陈光希		82	75	85	
统计	平均				
	最高				
	最低				

图 12-3　学生成绩表

（1）第 1 行的行高设置为 1 厘米，其余行的行高设置为 0.7 厘米；姓名列的列宽设置为 2.5 厘米，其余列的列宽设置为 2 厘米。

（2）外框线笔画粗细设置为 1.5 磅，第 1 列的右框线、第 1 行的下框线设置为双实线，其余设置为默认值。

（3）按照样表绘制斜线表头，并对表格进行拆分与合并。

（4）按照样表录入字符内容。除斜线表头外，表中其余内容的对齐方式设置为水平居中。

（5）利用函数的方法填充空白单元格。

（6）保存表格，文件名为“学生成绩表”。

第 2 题的效果图如图 12-4 所示。

课程 姓名		语文	数学	英语	平均成绩
安明		80	90	85	85
柳津坤		83	85	76	81.33
程小云		85	83	68	78.67
李争		95	99	90	94.67
孟光谦		86	80	78	81.33
吴维扬		77	86	88	83.67
郑亮		65	64	92	73.67
王强		96	96	93	95
冯晓桐		89	86	79	84.67
陈光希		82	75	85	80.67
统计	平均	83.8	84.4	83.4	
	最高	96	99	93	95
	最低	65	64	68	73.67

图 12-4　第 2 题的效果图

3．录入如图 12-5 所示的公式和如图 12-6 所示的流程图。

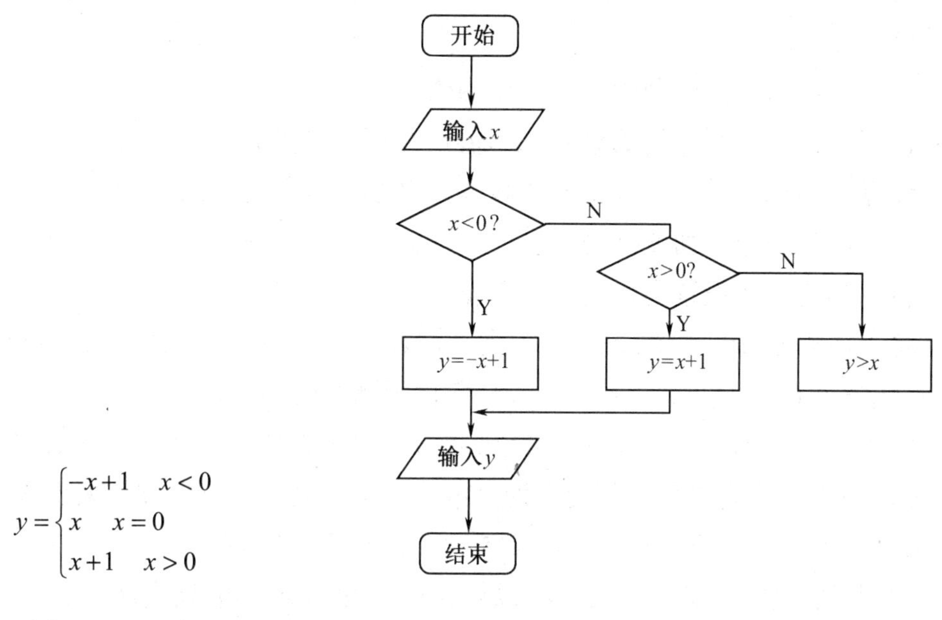

图 12-5　公式

图 12-6　流程图

4．录入图 12-7 所示的数据清单，并按要求完成以下操作。

	A	B	C	D	E	F	G	H
1	3 月 份 销 售 统 计 表							
2	销售日期	产品型号	产品名称	产品单价	销售数量	经办人	所属部门	销售金额
3	2007/3/1	A01			4	甘倩琦	市场1部	
4	2007/3/1	A011			2	许　丹	市场1部	
5	2007/3/1	A011			2	孙国成	市场2部	
6	2007/3/2	A01			4	吴小平	市场3部	
7	2007/3/2	A02			3	甘倩琦	市场1部	
8	2007/3/2	A031			5	李成蹊	市场2部	
9	2007/3/5	A03			4	刘　惠	市场1部	
10	2007/3/5	B03			1	赵　荣	市场3部	
11	2007/3/6	A01			3	吴　仕	市场2部	
12	2007/3/6	A011			3	刘　惠	市场1部	
13	2007/3/7	B01			2	许　丹	市场1部	
14	2007/3/7	B03			2	王　勇	市场3部	
15	2007/3/8	A01			4	甘倩琦	市场1部	
16	2007/3/8	A01			3	许　丹	市场1部	
17	2007/3/9	A01			5	孙国成	市场2部	
18	2007/3/9	A03			4	吴小平	市场3部	
19	2007/3/9	A011			4	刘　惠	市场1部	
20	2007/3/12	A01			2	刘　惠	市场1部	
21	2007/3/12	A03			4	许　丹	市场1部	
22	2007/3/13	A03			3	吴　仕	市场2部	
23	2007/3/13	A03			5	吴　仕	市场2部	
24	2007/3/14	A02			4	刘　惠	市场1部	
25	2007/3/15	A02			1	许　丹	市场1部	
26	2007/3/15	A02			3	吴　仕	市场2部	
27	2007/3/16	A01			3	甘倩琦	市场1部	
28	2007/3/16	A01			5	许　丹	市场1部	
29	2007/3/19	A02			4	孙国成	市场2部	
30	2007/3/19	A03			2	李成蹊	市场2部	
31	2007/3/20	B01			4	刘　惠	市场1部	
32	2007/3/22	A01			3	赵　荣	市场3部	
33	2007/3/23	A01			5	吴　仕	市场2部	
34	2007/3/23	A011			4	许　丹	市场1部	
35	2007/3/26	A01			4	赵　荣	市场3部	
36	2007/3/26	A01			2	吴　仕	市场2部	
37	2007/3/27	A01			3	吴　仕	市场2部	
38	2007/3/27	B01			5	刘　惠	市场1部	
39	2007/3/28	A011			4	赵　荣	市场3部	
40	2007/3/28	B01			1	吴　仕	市场2部	
41	2007/3/29	A01			3	刘　惠	市场1部	
42	2007/3/29	A01			3	许　丹	市场1部	
43	2007/3/30	A01			2	吴　仕	市场2部	
44	2007/3/30	A011			4	孙国成	市场2部	

	J	K	L
1	企业销售产品清单		
2	产品型号	产品名称	产品单价
3	A01	卡特扫描枪	368
4	A011	卡特定位扫	468
5	A02	卡特刷卡器	568
6	A03	卡特报警器	488
7	A031	卡特定位报	688
8	B01	卡特扫描系	988
9	B02	卡特刷卡系	1088
10	B03	卡特报警系	1988

图 12-7　数据清单

（1）利用 VLOOKUP 函数对工作表的“3 月份销售统计表”中的“产品名称”列和“产品单价”列进行填充，填充时根据“企业销售产品清单”中的“产品名称”“产品单价”两列的数据进行相应的填充。

（2）计算并填充“销售金额”列数据的值。

（3）计算“销售金额”列数据的总和值，并填充到单元格 H45 中。

（4）计算“销售数量”列数据的总和值，并填充到单元格 E45 中。

（5）对“产品型号”列数据进行升序排序。

（6）将各列的列宽设置为自动调整列宽。

（7）将工作表 Sheet1 中的数据复制到工作表 Sheet2 中，对工作表 Sheet2 进行自动筛选。

- 筛选条件设置为产品型号为“A01”且所属部门为“市场 1 部”的记录。

（8）将工作表 Sheet1 中的数据复制到工作表 Sheet3 中，对工作表 Sheet3 进行高级筛选。

- 筛选条件设置为“所属部门”为“市场 2 部”且“销售金额”大于等于 1500 的记录。
- 条件区域要求建立在以单元格 J15 开始的单元格区域。
- 将结果保存在工作表 Sheet3 中以单元格 A48 开始的单元格区域。

（9）将工作表 Sheet1 中的数据复制到工作表 Sheet4 中，对工作表 Sheet4 进行分类汇总。

- 分类字段设置为“所属部门”。
- 汇总方式设置为求和。
- 汇总字段设置为“销售金额”和“销售数量”。

（10）在工作表 Sheet4 中，利用分类汇总后的二级数据，创建一个图表。

- 数据源为三个部门的“销售金额”，汇总数据不包含“总计”一行。
- 图表类型设置为带数据标志的折线图。
- 系列名称设置为“销售金额”。
- 在图表上方添加图表标题“销售金额对比图”，并将字体设置为黑体，字号设置为 20 磅，字形设置为加粗，字体颜色设置为红色。
- 分类轴的标题为“部门”。
- 数值轴的标题为“金额”。
- 数据标签要求居中显示值。
- 图例位置设置为靠右。
- 绘图区填充设置为“渐变颜色”，效果设置为“心如止水”。
- 将图表位置作为新的工作表插入，名称为“对比图表”，并把此工作表图表放置在工作表 Sheet4 的后面。

图表的效果图如图 12-8 所示。

5．建立演示文稿《石家庄远程教育集团》，练习在幻灯片中插入表格和图表，以及表格和图表的格式设置。

（1）新建一张幻灯片，利用标题版式，在标题区输入“石家庄远程教育集团”，字体设置为黑体，字形设置为加粗，字号设置为 60 磅，字体颜色设置为红色。将动画效果设置为菱形形状，持续时间设置为 2 秒。在副标题区输入“石家庄启航大学”，字体设置为隶书，字形设置为加粗，字号设置为 40 磅，字体颜色设置为红色。将动画效果设置为从下侧飞入，在上一动画后，持续时间设置为 1.5 秒。

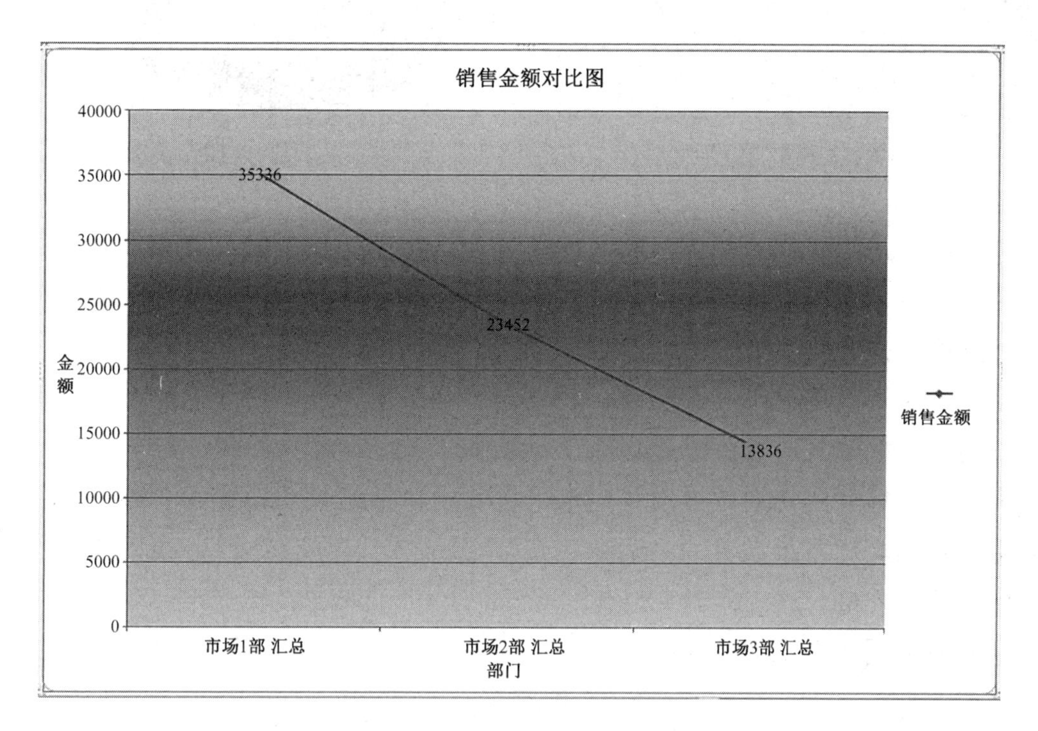

图 12-8　图表的效果图

（2）插入版式为“标题和内容”的新幻灯片，标题为“部门信息”；标题文字的字体设置为华文中宋，字号设置为 60 磅，字体颜色设置为深蓝色，字形设置为加粗。在内容区域输入“文学艺术系”“信息与工程系”“管理系”。内容区域文字的字体设置为宋体，字号设置为 48 磅，字体颜色设置为深蓝色，行距设置为 1.5 倍行距。将动画效果设置为上下向中央收缩劈裂，持续时间设置为 1.5 秒。

（3）插入版式为“空白”的新幻灯片，插入一个横排文本框，文本内容设置为“各系学生人数”。文本文字的字体设置为华文中宋，字号设置为 40 磅，字体颜色设置为深蓝色，字形设置为加粗。插入一个 4 行 5 列的表格，输入图 12-9 中的内容，设置第 1 列列宽为 6 厘米，第 2、3、4 列列宽为 5 厘米；第 1 行行高为 2.4 厘米，第 2、3、4 行行高为 1.3 厘米。将表格内文本文字的字体设置为黑体，字号设置为 24 磅，对齐方式设置为水平、垂直居中，表格样式设置为“中度样式 2-强调 1”，外边框颜色设置为深红、3 磅实线，内边框颜色设置为紫色、3 磅虚线。将动画效果设置为缩放，持续时间设置为 1.5 秒。

表格效果图如图 12-9 所示。

（4）插入版式为“标题和内容”的新幻灯片，标题为“总人数比例关系图”，在内容区域创建一张图表，如图 12-10 所示。图表数据源使用图 12-9 中的“部门信息”和“总人数”列数据。将图表动画设置为轮子、轮辐图案 3，在上一动画后，持续时间设置为 2 秒。

部门信息	学员人数（男生）	学员人数（女生）	总人数
文学艺术系	765	1054	1819
信息与工程系	546	321	867
管 理 系	782	390	1172

图 12-9　表格效果图

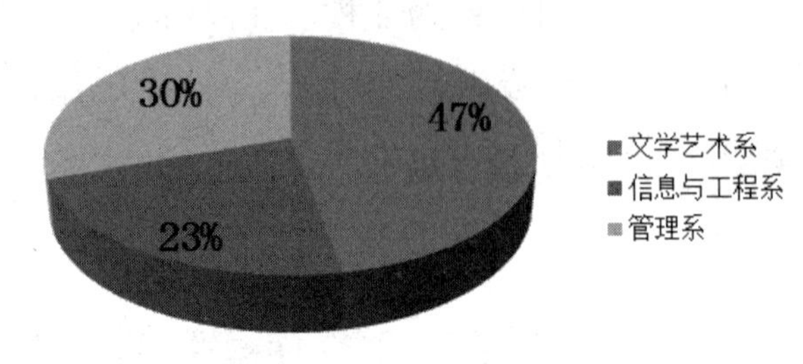

图 12-10　图表

（5）在最后一张幻灯片的左下方插入一张与 people 有关的剪贴画，将图片的高度和宽度分别设置为 5 厘米。在幻灯片的右下角插入一个直径为 4 厘米的圆，并将其形状样式设置为“强烈效果-蓝色、强调颜色 1”，形状效果设置为“棱台-柔圆”。

（6）将幻灯片中的剪贴画和圆组合。将动画效果设置为从右侧飞入、在上一动画后，持续时间设置为 1.5 秒。

（7）将所有幻灯片的切换效果设置为水平百叶窗，持续时间设置为 3 秒。

（8）将所有幻灯片背景设置为“渐变填充”，预设为“薄雾浓云”，线性向下。

（9）保存演示文稿。

第 5 题的效果图如图 12-11 所示。

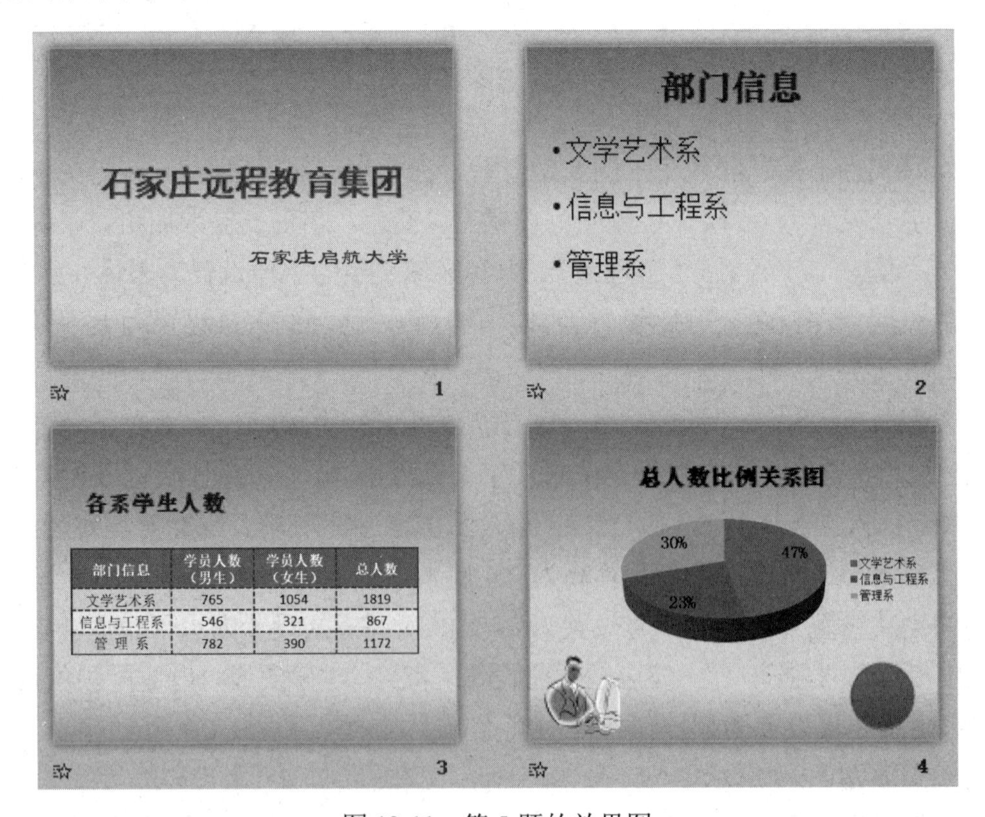

图 12-11　第 5 题的效果图

反侵权盗版声明